普通高等教育"十四五"规划教材

微 积 分 （下册）

WEI JI FEN

柯小玲 主编

魏首柳 许晓玲 吴霖芳 林 耿 副主编

U0395525

上海远东出版社

内容简介

本书根据教育部高等学校大学数学课程教学指导委员会制定的《经济和管理类本科数学基础课程教学基本要求》,结合编者长期从事微积分教学的经验及应用型本科院校学生的基础和特点编写而成.

全书分为上、下两册.本书为下册,内容包括:向量代数与空间解析几何、多元函数微分学、多元函数积分学、无穷级数、微分方程和差分方程.每章分若干节,每节后均配有相应的习题,每章后有相应的综合练习,书末附有习题及综合练习的参考答案.

本书内容难度适宜、语言通俗易懂、例题习题丰富,可作为普通高等院校经济管理类相关专业的微积分课程教材,可作为相关专业学生考研的参考材料,也可作为大学本科、专科理工类学生高等数学课程的教学参考书,还可供相关专业工作者和广大教师参考.

图书在版编目(CIP)数据

微积分. 下册 / 柯小玲主编. —— 上海:上海远东出版社,2024. —— ISBN 978-7-5476-2058-8

Ⅰ. O172

中国国家版本馆 CIP 数据核字第 2024D2B960 号

责任编辑　曹　建　祁东城
特约编辑　徐逢乔
封面设计　陈　月

普通高等教育"十四五"规划教材

微积分(下册)

柯小玲　主编

魏首柳　许晓玲　吴霖芳　林　耿　副主编

出　　版　**上海远东出版社**
　　　　　　(201101　上海市闵行区号景路159弄C座)
发　　行　上海人民出版社发行中心
印　　刷　上海信老印刷厂
开　　本　787×1092　1/16
印　　张　12.25
字　　数　300,000
版　　次　2024年10月第1版
印　　次　2024年10月第1次印刷
ISBN 978 - 7 - 5476 - 2058 - 8/O・2
定　　价　45.00元

前　言

随着社会的进步以及科学技术的不断发展,数学已经渗透到经济、金融、社会等各个领域,数学对经济和管理科学的发展起着极其重要的作用.当然,不同的专业对数学的要求和内容会有所不同."微积分"是普通高等院校经济和管理类专业的一门重要的公共基础课程,对培养学生数学思维能力和提高学生数学素质起着特别重要的作用.本书是根据21世纪教学改革的需要与科技人才对数学素质的需求,满足应用型本科院校的学生基础和教学特点,根据编者多年的教学改革实践和经验,在多次研讨和反复实践的基础上,编写而成的微积分教材.

编写中,本书紧扣教育部高等学校大学数学课程教学指导委员会制定的"经济和管理类本科数学基础课程教学基本要求",并充分考虑应用型本科院校学生的基础和特点,参考了近几年来国内出版的一些优秀教材,结合编者多年的教学实践经验编写而成的.全书以严谨的知识体系,通俗易懂的语言,丰富的例题,深入浅出地讲解微积分的知识,培养学生分析问题和解决问题的能力.

全书分为上、下两册.本书为下册,内容包括:向量代数与空间解析几何、多元函数微分学、多元函数积分学、无穷级数、微分方程和差分方程.书内各节后均配有相应的习题,各章后有相应的综合练习,书末附有习题及综合练习的参考答案.本书有如下特点:

(1) 注重教学适用性.在满足教学基本要求的前提下,淡化理论推导过程,使得内容较为通俗、易懂,便于教师授课,也便于学生阅读和理解.

(2) 充分重视培养学生解决实际问题的能力.增加了数学在经济上应用的例子,培养学生应用数学知识解决实际问题的的意识和能力.

(3) 加强训练强化应用.除了各节后的习题外,每章均有相应的综合练习题,题型丰富,以提高读者的运算能力、抽象思维能力、逻辑推理能力及自学能力.

(4) 增加了利用计算机解决数学问题的内容,在每章后均有解决本章主要问题的Python程序和例题演示.希望可以激发读者学习数学的热情和兴趣.

本书由柯小玲担任主编,编写大纲由柯小玲提出,并经过编者充分讨论而确定.具体分工如下：第 6 章由许晓玲编写，第 7 章由柯小玲编写，第 8 章由林耿编写，第 9 章由吴霖芳编写，第 10 章由魏首柳编写.

本书在编写过程中得到单位领导、同事的大力支持和热情帮助. 在此我们表示诚挚的谢意！在编写过程中参考了书后所列的参考文献，在此一并表示感谢.

虽然编者力求本书通俗易懂，简明流畅，便于教学，但由于编者水平与学识有限，书中难免存在疏漏与错误之处，敬请专家和读者批评指正，多提出宝贵意见，我们将万分感激.

编　者

2024 年 8 月

目　　录

前言

第6章　向量代数与空间解析几何 ·· 1

6.1　空间直角坐标系 ·· 1

　　6.1.1　空间直角坐标系 ··· 1

　　6.1.2　空间两点间的距离 ·· 2

　　习题 6-1 ··· 3

6.2　向量及其线性运算 ·· 3

　　6.2.1　向量的概念 ··· 3

　　6.2.2　向量的线性运算 ·· 4

　　6.2.3　向量在轴上的投影和向量的坐标 ······································· 5

　　6.2.4　向量的模、方向余弦的坐标表达式 ···································· 7

　　习题 6-2 ··· 9

6.3　数量积与向量积 ·· 9

　　6.3.1　两向量的数量积 ·· 9

　　6.3.2　两向量的向量积 ··· 11

　　习题 6-3 ··· 13

6.4　平面及其方程 ··· 14

　　6.4.1　平面的点法式方程 ·· 14

　　6.4.2　平面的一般式方程 ·· 15

　　6.4.3　两平面的夹角 ·· 17

　　习题 6-4 ··· 18

6.5　空间直线及其方程 ·· 19

　　6.5.1　空间直线的一般方程 ··· 19

　　6.5.2　空间直线的对称式方程与参数方程 ······································· 19

　　6.5.3　两直线的夹角，平面与直线的夹角 ····································· 21

　　习题 6-5 ··· 22

6.6　曲面及其方程 ··· 23

　　6.6.1　曲面方程的概念 ··· 23

　　6.6.2　旋转曲面 ··· 24

　　6.6.3　柱面 ··· 25

　　6.6.4　其他常见的二次曲面 ··· 27

　　习题 6-6 ··· 30

6.7 空间曲线及其方程 ·································· 30
 6.7.1 空间曲线的一般方程及参数方程 ·············· 30
 6.7.2 空间曲线在坐标面上的投影 ·················· 31
 习题 6-7 ······································ 33
综合练习 6 ·· 33

第 7 章 多元函数微分学 ································ 36
7.1 多元函数的概念、极限与连续性 ···················· 36
 7.1.1 平面点集与区域 ·························· 36
 7.1.2 多元函数的概念 ·························· 38
 7.1.3 多元函数的极限 ·························· 39
 7.1.4 多元函数的连续性 ························ 42
 习题 7-1 ······································ 44
7.2 偏导数及其应用 ································ 44
 7.2.1 偏导数的定义及其计算方法 ·················· 44
 7.2.2 高阶偏导数 ···························· 48
 7.2.3 偏导数在经济学中的应用——偏边际与偏弹性 ······ 49
 习题 7-2 ······································ 51
7.3 全微分 ······································ 52
 7.3.1 全微分的定义 ·························· 52
 7.3.2 可微的必要条件 ·························· 53
 7.3.3 可微的充分条件 ·························· 54
 7.3.4 全微分在近似计算中的应用 ·················· 56
 习题 7-3 ······································ 57
7.4 多元复合函数的求导法则 ························ 57
 7.4.1 复合函数的中间变量均为一元函数的情形 ·········· 57
 7.4.2 复合函数的中间变量均为多元函数的情形 ·········· 58
 7.4.3 其他情形 ······························ 60
 7.4.4 全微分形式不变性 ························ 61
 习题 7-4 ······································ 61
7.5 隐函数的求导公式 ······························ 62
 7.5.1 一元隐函数的求导公式 ···················· 62
 7.5.2 二元隐函数的求导公式 ···················· 63
 习题 7-5 ······································ 65
7.6 多元函数的极值及其求法 ························ 65
 7.6.1 多元函数的无条件极值 ···················· 65
 7.6.2 二元函数的最值 ·························· 67
 7.6.3 条件极值 拉格朗日乘数法 ·················· 68
 习题 7-6 ······································ 71
综合练习 7 ·· 72

第 8 章 二重积分 ··· 74

8.1 二重积分的概念与性质 ·· 74

8.1.1 二重积分的概念 ·· 74

8.1.2 二重积分的性质 ·· 77

习题 8-1 ··· 79

8.2 直角坐标系下二重积分的计算 ·· 80

习题 8-2 ··· 87

8.3 极坐标系下二重积分的计算 ··· 88

习题 8-3 ··· 93

综合练习 8 ··· 94

第 9 章 无穷级数 ··· 97

9.1 常数项级数的概念与基本性质 ·· 97

9.1.1 常数项级数的概念 ·· 97

9.1.2 无穷级数的基本性质 ··· 100

习题 9-1 ··· 104

9.2 常数项级数的审敛法 ·· 104

9.2.1 正项级数及其审敛法 ··· 105

9.2.2 交错级数及莱布尼茨定理 ·· 110

9.2.3 级数的绝对收敛与条件收敛 ·· 112

习题 9-2 ··· 114

9.3 幂级数 ··· 115

9.3.1 函数项级数的概念 ·· 115

9.3.2 幂级数及其收敛区间 ··· 116

9.3.3 幂级数的运算及性质 ··· 119

习题 9-3 ··· 121

9.4 函数的幂级数展开 ··· 121

9.4.1 泰勒级数 ··· 121

9.4.2 初等函数的幂级数展开 ··· 124

习题 9-4 ··· 128

9.5 无穷级数的应用 ·· 128

9.5.1 近似计算 ··· 128

9.5.2 无穷级数的应用实例 ··· 129

习题 9-5 ··· 131

综合练习 9 ··· 131

第 10 章 微分方程和差分方程 ··· 134

10.1 微分方程的基本概念 ··· 134

10.1.1 引例 ··· 134

10.1.2 基本概念 ··· 135

习题 10-1 ……………………………………………………………… 137

10.2　一阶微分方程 …………………………………………………… 137

　　10.2.1　可分离变量的微分方程 ………………………………… 138

　　10.2.2　齐次方程 ………………………………………………… 140

　　10.2.3　一阶线性微分方程 ……………………………………… 141

　　习题 10-2 …………………………………………………………… 146

10.3　可降阶的高阶微分方程 ………………………………………… 147

　　10.3.1　$y^{(n)} = f(x)$ 型的微分方程 ……………………………… 147

　　10.3.2　$y'' = f(x, y')$ 型的微分方程 ……………………………… 148

　　10.3.3　$y'' = f(y, y')$ 型的微分方程 ……………………………… 149

　　习题 10-3 …………………………………………………………… 150

10.4　高阶线性微分方程 ……………………………………………… 150

　　10.4.1　二阶线性微分方程的通解结构 ………………………… 151

　　10.4.2　二阶常系数线性微分方程 ……………………………… 153

　　习题 10-4 …………………………………………………………… 161

10.5　差分方程 ………………………………………………………… 162

　　10.5.1　差分的概念与性质 ……………………………………… 162

　　10.5.2　差分方程的基本概念 …………………………………… 164

　　10.5.3　常系数线性差分方程解的结构 ………………………… 165

　　10.5.4　一阶常系数齐次线性差分方程 ………………………… 166

　　10.5.5　一阶常系数非齐次线性差分方程 ……………………… 167

　　习题 10-5 …………………………………………………………… 172

综合练习 10 ……………………………………………………………… 173

部分习题参考答案 ……………………………………………………… 175

参考文献 ………………………………………………………………… 188

第6章　向量代数与空间解析几何

解析几何的基本思想是用代数的方法来研究几何问题,平面解析几何的知识对学习一元函数微积分十分重要.同样,空间解析几何对学习多元函数微积分也是必不可少的.本章在建立空间直角坐标系的基础上,先讨论向量代数,然后用向量代数讨论空间的直线与平面,并介绍空间的曲面与曲线及空间解析几何的有关内容.

6.1　空间直角坐标系

6.1.1　空间直角坐标系

在空间中任取一定点 O,并规定长度单位和正向,作以 O 为原点,且两两互相垂直的三条数轴,它们所构成的坐标系称为**空间直角坐标系**. O 为原点,这三条数轴分别称为 x 轴(横轴)、 y 轴(纵轴)、 z 轴(竖轴),统称为**坐标轴**.习惯上,把 x 轴与 y 轴放在水平面上, z 轴放在铅垂线上,它们的正向符合**右手法则**,即当右手的四个手指从 x 轴正向旋转 $\frac{\pi}{2}$ 到 y 轴正向时,大拇指的指向就是 z 轴的正向(图 6-1).这样的坐标系就是本章使用的右手直角坐标系.

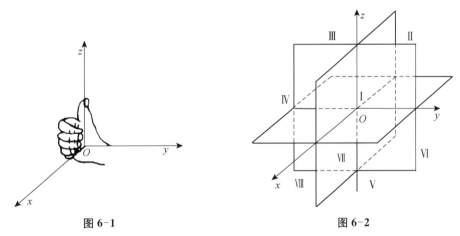

图 6-1　　　　　　　　　　　　图 6-2

三个坐标轴两两确定一个平面,称为**坐标面**.三个坐标面把整个空间划分为八个部分,每个部分称为卦限,共有八个卦限. xOy 平面把空间分为两部分,在含有 z 轴的正半轴的空间(称为上半空间)中,按照象限的顺序(逆时针), xOy 平面的第一、二、三、四象限上方的四个卦限依次记为Ⅰ、Ⅱ、Ⅲ、Ⅳ卦限;在含有 z 轴的负半轴的空间(称为下半空间)中,Ⅰ、Ⅱ、Ⅲ、Ⅳ卦限关于 xOy 平面对称的四个卦限依次记为Ⅴ、Ⅵ、Ⅶ、Ⅷ卦限(图 6-2).

在空间建立了直角坐标系后,可以按下述方法建立空间中的点与三元有序数组之间的一一对应关系.

设 M 为空间内任一点,过 M 点作三个分别与 x 轴、y 轴、z 轴垂直的平面,分别交 x 轴,y 轴,z 轴于 P,Q,R 三点(图 6-3),若 P,Q,R 三点在坐标轴上的坐标依次是 x,y,z,则空间的一点 M 就唯一地确定了一个三元有序数组 (x,y,z). 反之,任给一三元有序数组 (x,y,z),可以在 x 轴、y 轴、z 轴上取坐标为 x,y,z 的点 P,Q,R,并过点 P,Q,R 分别作与坐标轴垂直的平面,则它们相交于唯一的点 M. 这样就建立了空间内的点 M 与三元有序数组 (x,y,z) 之间的一一对应关系,三元有序数组 (x,y,z) 称为**点 M 的坐标**,记为 $M(x,y,z)$,其中 x,y,z 分别称为点 M 的**横坐标**、**纵坐标**和**竖坐标**.

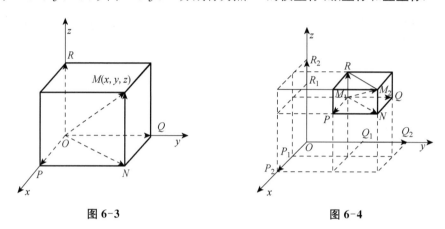

图 6-3　　　　　　　　　　　　　　图 6-4

6.1.2　空间两点间的距离

设 $M_1(x_1,y_1,z_1)$,$M_2(x_2,y_2,z_2)$ 为空间内两点,为了求它们之间的距离 d,过点 M_1,M_2 各作三个分别垂直于三条坐标轴的平面,则这六个平面围成了一个以 M_1M_2 为对角线的长方体(图 6-4),由勾股定理可得

$$d^2=|M_1M_2|^2=|M_1P|^2+|PN|^2+|NM_2|^2$$

由于 $|M_1P|=|P_1P_2|=|x_2-x_1|$,$|PN|=|Q_1Q_2|=|y_2-y_1|$,$|NM_2|=|R_1R_2|=|z_2-z_1|$,

所以

$$d=|M_1M_2|=\sqrt{(x_2-x_1)^2+(y_2-y_1)^2+(z_2-z_1)^2}.$$

这就是**空间两点间的距离公式**.

特殊地,空间任一点 $M(x,y,z)$ 与坐标原点 $O(0,0,0)$ 的距离为

$$d=|OM|=\sqrt{x^2+y^2+z^2}.$$

例 6.1.1　证明以 $A(4,3,1)$,$B(7,1,2)$,$C(5,2,3)$ 为顶点的三角形是等腰三角形.

证明　因为

$$|AB|=\sqrt{(7-4)^2+(1-3)^2+(2-1)^2}=\sqrt{14},$$

$$|AC|=\sqrt{(5-4)^2+(2-3)^2+(3-1)^2}=\sqrt{6},$$

$$|BC|=\sqrt{(5-7)^2+(2-1)^2+(3-2)^2}=\sqrt{6},$$

有 $|AC|=|BC|$，所以 $\triangle ABC$ 为等腰三角形.

例 6.1.2　求点 $M(-1,3,2)$ 到各坐标轴的距离.

解　点 M 向各坐标轴作垂线，垂足依次为 $A(-1,0,0)$，$B(0,3,0)$，$C(0,0,2)$，因此 M 到三个坐标轴的距离依次为

$$d_x=|MA|=\sqrt{0^2+(-3)^2+(-2)^2}=\sqrt{13},$$

$$d_y=|MB|=\sqrt{1^2+0^2+(-2)^2}=\sqrt{5},$$

$$d_z=|MC|=\sqrt{1^2+(-3)^2+0^2}=\sqrt{10}.$$

例 6.1.3　在 z 轴上求与两点 $A(-4,1,2)$ 和 $B(3,1,5)$ 距离相等的点.

解　因为所求的点 M 在 z 轴上，所以设该点为 $M(0,0,z)$，依题意有

$$|MA|=|MB|,$$

即

$$\sqrt{(0+4)^2+(0-1)^2+(z-2)^2}=\sqrt{(0-3)^2+(0-1)^2+(z-5)^2}.$$

等式两端取平方，可得

$$z=\frac{7}{3},$$

因此，所求的点为 $M\left(0,0,\dfrac{7}{3}\right)$.

习 题　6-1

1. 在空间直角坐标系中，指出下列各点所在的卦限.

$A(1,-2,-3)$；$B(2,3,-4)$；$C(-4,-5,6)$；$D(5,-6,7)$；$E(-1,-2,-3)$；$F(-2,1,-3)$

2. 在空间直角坐标系中，指出下列各点所在的位置.

$A(3,4,0)$；$B(0,2,3)$；$C(0,3,0)$；$D(0,0,-1)$

3. 试写出点 (a,b,c) 关于 xOy 平面，关于 y 轴及关于原点对称点的坐标.

4. 求点 $M(4,-3,5)$ 到各坐标轴的距离.

5. 在 yOz 平面上求一点，使该点与点 $A(3,0,4)$ 和 $B(3,4,0)$ 的距离相等，且与原点的距离为 $3\sqrt{2}$.

6. 试证明以 $A(4,1,9)$，$B(10,-1,6)$，$C(2,4,3)$ 为顶点的三角形是一个等腰直角三角形.

6.2　向量及其线性运算

6.2.1　向量的概念

在研究力学、物理学、工程技术及其它一些实际问题时，我们经常遇到这样一类量，它既有大小又有方向，我们把这一类量叫**向量**（或**矢量**）. 例如：力、速度、位移、力矩等.

向量有两个特征：大小和方向. 在数学上通常用有向线段来表示向量，有向线段的起点和终点分别称为向量的起点和终点. 有向线段的方向表示向量的方向，有向线段的长度表示

向量的大小.以 A 为起点、B 为终点的有向线段所表示的向量记为 $\overrightarrow{AB}$，有时也用粗体小写字母 a，b，c 或 $\vec{a}$，$\vec{b}$，$\vec{c}$ 等表示向量.

向量的大小称为向量的**模**，向量 $\overrightarrow{AB}$ 的模记为 $|\overrightarrow{AB}|$，模等于1的向量叫**单位向量**，模为零的向量叫**零向量**.零向量的方向是任意的.与起点无关的向量称为**自由向量**，本章所研究的向量主要就是这种自由向量.

若两个向量 a，b 所在的线段平行，我们说两个向量平行，记作 $a \parallel b$.两个向量只要大小相等且方向相同，我们称这两个向量相等，记作 $a = b$.

设有两个向量平行，则这两个向量经过移动可以共线，我们称这两个向量共线.

设有 $k(k \geqslant 3)$ 个向量，把它们的起点移到同一点，如果 k 个终点与公共起点在同一个平面上，则称这 k 个向量共面.

6.2.2　向量的线性运算

1. 向量的加法

设有两个向量 a 和 b，任取一点 A 为起点，作 $\overrightarrow{AB} = a$，以 B 为起点作 $\overrightarrow{BC} = b$，则向量 $\overrightarrow{AC} = c$ 称为向量 a 与 b 的和，记作 $c = a + b$（图6-5）.

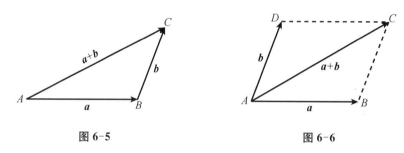

图6-5　　　　　　　　　　　　图6-6

这种求向量和的方法称为**三角形法则**.当 a 与 b 不平行时可以以 $\overrightarrow{AB} = a$ 和 $\overrightarrow{AD} = b$ 为邻边作平行四边形 $ABCD$，则 $\overrightarrow{AC} = a + b$（图6-6），这种求向量和的方法称为**平行四边形法则**.

容易验证向量的加法满足以下运算定律：

（1）交换律　　$a + b = b + a$；

（2）结合律　　$(a + b) + c = a + (b + c)$.

2. 向量的减法

设 a 为一向量，与 a 方向相反且模相等的向量叫做 a 的负向量，记作 $-a$.我们规定两个向量 b 与 a 的差为 $b - a = b + (-a)$，即把 $-a$ 与 b 相加，便得到 b 与 a 的差 $b - a$（图6-7）.

由三角形两边之和大于第三边的原理，我们可以得到常用的三角不等式

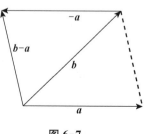

图6-7

$$|a + b| \leqslant |a| + |b|,$$
$$|a - b| \leqslant |a| + |b|.$$

3. 向量与数的乘法

向量 a 与实数 λ 的乘数是一个向量,记作 λa,它的模 $|\lambda a|=|\lambda||a|$. 当 $\lambda>0$,λa 与 a 方向相同;当 $\lambda<0$ 时,λa 与 a 方向相反.特别地,当 $\lambda=0$ 时,$|\lambda a|=\mathbf{0}$,即为零向量.

当 $\lambda=1$ 时,$\lambda a=a$;当 $\lambda=-1$ 时,$\lambda a=-a$.

可以证明向量与数的乘法满足以下运算定律:

(1) 结合律:$(\lambda\mu)a=\lambda(\mu a)=\mu(\lambda a)$;

(2) 分配律:$\lambda(a+b)=\lambda a+\lambda b$,$(\lambda+\mu)a=\lambda a+\mu a$.

由于向量 λa 与 a 平行,因此我们常用向量与数的乘积来说明两个向量的平行关系,即有

定理 6.2.1　两个非零向量 a、b 平行(共线)的充分必要条件是:存在唯一的实数 λ,使得 $b=\lambda a$.

事实上,若 $a\ /\!/\ b$,取 $|\lambda|=\dfrac{|b|}{|a|}$,则 $b=\lambda a$;若 $b=\lambda a$,$b=\mu a$,则 $\lambda a-\mu a=(\lambda-\mu)a=0$,所以 $\lambda=\mu$.

单位向量在向量代数中是一类非常重要的向量,与向量 a 方向相同的单位向量称为 a 的单位向量,记作 a^0.

按照向量与数的乘积的规定,我们有 $a=|a|a^0$ 或 $a^0=\dfrac{a}{|a|}$,此时 $|a^0|=1$.

例 6.2.1　在平行四边形 $ABCD$ 中,设 $\overrightarrow{AB}=a$,$\overrightarrow{AD}=b$,M 为对角线交点,试用 a 和 b 表示 $\overrightarrow{MA}$,$\overrightarrow{MB}$.

解　如图 6-8 所示,由于平行四边形对角线互相平分,所以

$$a+b=\overrightarrow{AC}=2\overrightarrow{AM},\quad -(a+b)=2\overrightarrow{MA}$$

于是

$$\overrightarrow{MA}=-\frac{1}{2}(a+b).$$

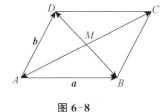

图 6-8

又因为 $\overrightarrow{BD}=b-a=2\overrightarrow{BM}$,即 $a-b=2\overrightarrow{MB}$,所以 $\overrightarrow{MB}=\dfrac{1}{2}(a-b)$.

6.2.3　向量在轴上的投影和向量的坐标

在讨论向量的概念与运算时,我们是用几何方法引进的,这个方法比较直观,但计算不方便,下面我们通过引进向量的坐标,把向量用数组表示出来,使向量的运算可以化为数的运算.

1. 向量在轴上的投影

首先引入两个向量夹角的概念

设有两个非零向量 a 和 b,把它们的起点移到同一点,规定它们在 0 和 π 之间的夹角 θ 为这两个向量的夹角,记为 $\langle a,b\rangle$ 或者 $\langle b,a\rangle$,显然有 $0\leqslant\langle a,b\rangle\leqslant\pi$.

下面我们来定义向量在轴上的投影.所谓轴,是指确定了正向的直线.

设有向量 $\overrightarrow{AB}$ 及轴 u,过 $\overrightarrow{AB}$ 的起点 A 和终点 B 分别作垂直于 u 轴的平面,与 u 轴分别交于点 A',B',则 A',B' 点分别称为点 A 和 B 在 u 轴上的投影(图 6-9).

在 u 轴上的有向线段 $\overrightarrow{A'B'}$ 的值 $A'B'$ 称为向量 $\overrightarrow{AB}$ 在轴 u 上的投影,记作 $\mathrm{Prj}_u\overrightarrow{AB} = A'B'$, u 轴称为投影轴.

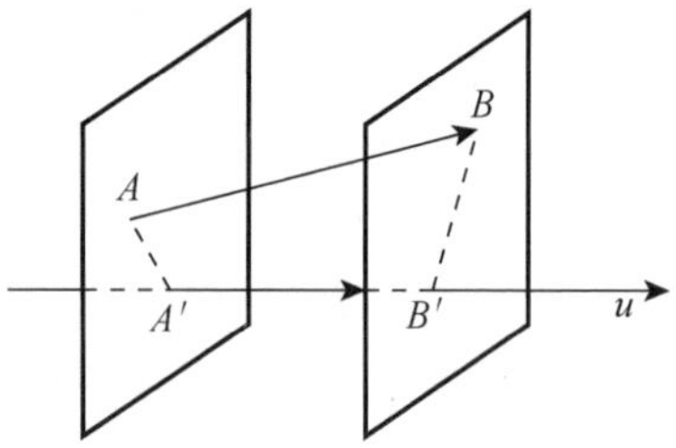

关于投影有如下几个性质:

性质 1 $\mathrm{Prj}_u\overrightarrow{AB} = |\overrightarrow{AB}| \cos\varphi$ (φ 为 $\overrightarrow{AB}$ 与 u 轴的夹角).

性质 2 $\mathrm{Prj}_u(\boldsymbol{a} + \boldsymbol{b}) = \mathrm{Prj}_u\boldsymbol{a} + \mathrm{Prj}_u\boldsymbol{b}$.

性质 3 $\mathrm{Prj}_u\lambda\boldsymbol{a} = \lambda\,\mathrm{Prj}_u\boldsymbol{a}$.

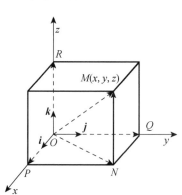

图 6-9

2. 向量的坐标

在空间直角坐标系中,引入单位向量 $\boldsymbol{i}$, $\boldsymbol{j}$, $\boldsymbol{k}$,令其方向分别与 x 轴, y 轴, z 轴的正向一致,称它们为这一坐标系的**基本单位向量**.

设 $\boldsymbol{a}$ 为空间的任一向量,把向量 $\boldsymbol{a}$ 平移,使它的起点与原点 O 重合,终点为 $M(x,y,z)$,即 $\boldsymbol{a} = \overrightarrow{OM}$,过点 M 作垂直于三个坐标轴的平面,它们分别与 x 轴, y 轴, z 轴相交于 P, Q, R 点(图 6-10),即为点 M 在三个坐标轴上的投影.

于是有, $\overrightarrow{OP} = x\boldsymbol{i}$, $\overrightarrow{OQ} = y\boldsymbol{j}$, $\overrightarrow{OR} = z\boldsymbol{k}$.

由向量加法有 $\overrightarrow{OM} = \overrightarrow{OP} + \overrightarrow{PN} + \overrightarrow{NM} = \overrightarrow{OP} + \overrightarrow{OQ} + \overrightarrow{OR}$,所以, $\overrightarrow{OM} = x\boldsymbol{i} + y\boldsymbol{j} + z\boldsymbol{k}$.

此式称为向量 $\overrightarrow{OM}$ 的坐标分解式, $x\boldsymbol{i}$, $y\boldsymbol{j}$, $z\boldsymbol{k}$ 分别称为 $\overrightarrow{OM}$ 在 x 轴, y 轴, z 轴上的分量,向量 $\overrightarrow{OM}$ 在三个坐标轴上的投影 x, y, z 称为向量 $\overrightarrow{OM}$ 的坐标.记作 $\overrightarrow{OM} = \{x, y, z\}$.

图 6-10

利用向量的坐标可得向量的加、减、数乘运算如下:

设 $\boldsymbol{a} = \{a_x, a_y, a_z\}$, $\boldsymbol{b} = \{b_x, b_y, b_z\}$,

即

$$\boldsymbol{a} = a_x\boldsymbol{i} + a_y\boldsymbol{j} + a_z\boldsymbol{k}, \quad \boldsymbol{b} = b_x\boldsymbol{i} + b_y\boldsymbol{j} + b_z\boldsymbol{k},$$

则

$$\boldsymbol{a} \pm \boldsymbol{b} = (a_x \pm b_x)\boldsymbol{i} + (a_y \pm b_y)\boldsymbol{j} + (a_z \pm b_z)\boldsymbol{k} = \{a_x \pm b_x, a_y \pm b_y, a_z \pm b_z\};$$

$$\lambda\boldsymbol{a} = \lambda a_x\boldsymbol{i} + \lambda a_y\boldsymbol{j} + \lambda a_z\boldsymbol{k} = \{\lambda a_x, \lambda a_y, \lambda a_z\}.$$

两向量 $\boldsymbol{a}$, $\boldsymbol{b}$ 平行的充分必要条件为:

$$\{b_x, b_y, b_z\} = \lambda\{a_x, a_y, a_z\} \quad \text{或} \quad \frac{b_x}{a_x} = \frac{b_y}{a_y} = \frac{b_z}{a_z}.$$

例 6.2.2 设 $m = 3\boldsymbol{i} + \boldsymbol{j} + 7\boldsymbol{k}$, $n = 2\boldsymbol{i} - \boldsymbol{j} - 5\boldsymbol{k}$, $p = 3\boldsymbol{i} + 2\boldsymbol{j} + \boldsymbol{k}$,求向量 $\boldsymbol{a} = 3\boldsymbol{m} + 4\boldsymbol{n} + \boldsymbol{p}$ 在 x 轴上的投影及在 y 轴上的分向量.

解 因为

$$\boldsymbol{a} = 3\boldsymbol{m} + 4\boldsymbol{n} + \boldsymbol{p}$$
$$= 3(3\boldsymbol{i} + \boldsymbol{j} + 7\boldsymbol{k}) + 4(2\boldsymbol{i} - \boldsymbol{j} - 5\boldsymbol{k}) + (3\boldsymbol{i} + 2\boldsymbol{j} + \boldsymbol{k})$$

$$= 20\boldsymbol{i} + \boldsymbol{j} + 2\boldsymbol{k}.$$

所以向量 $\boldsymbol{a}$ 在 x 轴上的投影 $\mathrm{Prj}_x \boldsymbol{a} = 20$，在 y 轴上的分向量为 $\boldsymbol{j}$。

例 6.2.3 设有向线段 $\overrightarrow{AB}$ 的起点为 $A(x_1, y_1, z_1)$，终点为 $B(x_2, y_2, z_2)$，点 M 把有向线段 $\overrightarrow{AB}$ 分成定比 λ：

$$\overrightarrow{AM} = \lambda \overrightarrow{MB} \quad (\lambda \neq -1),$$

试求点 M 的坐标。

解 设点 M 的坐标为 (x, y, z)，则

$$\overrightarrow{AM} = (x - x_1, y - y_1, z - z_1), \quad \overrightarrow{MB} = (x_2 - x, y_2 - y, z_2 - z),$$

由 $\overrightarrow{AM} = \lambda \overrightarrow{MB}$，可得

$$(x - x_1, y - y_1, z - z_1) = \lambda(x_2 - x, y_2 - y, z_2 - z).$$

于是

$$x - x_1 = \lambda(x_2 - x), \quad y - y_1 = \lambda(y_2 - y), \quad z - z_1 = \lambda(z_2 - z).$$

所以

$$x = \frac{x_1 + \lambda x_2}{1 + \lambda}, \quad y = \frac{y_1 + \lambda y_2}{1 + \lambda}, \quad z = \frac{z_1 + \lambda z_2}{1 + \lambda}.$$

点 M 称为有向线段 $\overrightarrow{AB}$ 的**定比分点**。当 $\lambda = 1$ 时，点 M 是有向线段 $\overrightarrow{AB}$ 的中点，其坐标为

$$x = \frac{x_1 + x_2}{2}, \quad y = \frac{y_1 + y_2}{2}, \quad z = \frac{z_1 + z_2}{2}.$$

6.2.4 向量的模、方向余弦的坐标表达式

1. 向量的模

对于非零向量 $\boldsymbol{a} = \overrightarrow{M_1 M_2}$，我们可以用它与三条坐标轴的夹角 α, β, γ $(0 \leqslant \alpha \leqslant \pi, 0 \leqslant \beta \leqslant \pi, 0 \leqslant \gamma \leqslant \pi)$ 来表示它的方向（图 6-11）。称 α, β, γ 为向量 $\boldsymbol{a}$ 的**方向角**。

由图 6-11 可以看出向量 $\boldsymbol{a}$ 的模即为 $\overrightarrow{M_1 M_2}$ 的长，即长方体对角线的长度。

所以

$$|\boldsymbol{a}| = |\overrightarrow{M_1 M_2}| = \sqrt{(M_1 P)^2 + (M_1 Q)^2 + (M_1 R)^2}.$$

因

$$M_1 P = \boldsymbol{a}_x, \quad M_1 Q = \boldsymbol{a}_y, \quad M_1 R = \boldsymbol{a}_z,$$

故

$$|\boldsymbol{a}| = \sqrt{\boldsymbol{a}_x^2 + \boldsymbol{a}_y^2 + \boldsymbol{a}_z^2}.$$

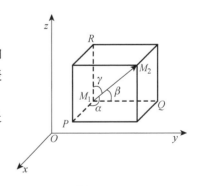

图 6-11

7

2. 方向余弦

因为向量的坐标就是向量在坐标轴上的投影,所以有

$$a_x = |\overrightarrow{M_1 M_2}| \cos \alpha = |\boldsymbol{a}| \cos \alpha,$$
$$a_y = |\overrightarrow{M_1 M_2}| \cos \beta = |\boldsymbol{a}| \cos \beta,$$
$$a_z = |\overrightarrow{M_1 M_2}| \cos \gamma = |\boldsymbol{a}| \cos \gamma,$$

因此

$$\cos \alpha = \frac{a_x}{|\boldsymbol{a}|} = \frac{a_x}{\sqrt{a_x^2 + a_y^2 + a_z^2}},$$

$$\cos \beta = \frac{a_y}{|\boldsymbol{a}|} = \frac{a_y}{\sqrt{a_x^2 + a_y^2 + a_z^2}},$$

$$\cos \gamma = \frac{a_z}{|\boldsymbol{a}|} = \frac{a_z}{\sqrt{a_x^2 + a_y^2 + a_z^2}}.$$

此式为用向量坐标表示的方向余弦的公式.

由上式可得

$$\cos^2 \alpha + \cos^2 \beta + \cos^2 \gamma = 1.$$

即任一向量的方向余弦的平方和等于 1.

因此,与非零向量 $\boldsymbol{a}$ 同方向的单位向量为

$$\boldsymbol{a}^0 = \frac{\boldsymbol{a}}{|\boldsymbol{a}|} = \frac{1}{|\boldsymbol{a}|} \{a_x, a_y, a_z\} = \{\cos \alpha, \cos \beta, \cos \gamma\}.$$

例 6.2.4 已知向量的起点 $M_1(x_1, y_1, z_1)$,终点 $M_2(x_2, y_2, z_2)$,求向量 $\overrightarrow{M_1 M_2}$ 的坐标和模.

解 按题意 $\overrightarrow{OM_1} = \{x_1, y_1, z_1\}$,$\overrightarrow{OM_2} = \{x_2, y_2, z_2\}$,于是

$$\overrightarrow{M_1 M_2} = \overrightarrow{OM_2} - \overrightarrow{OM_1} = \{x_2 - x_1, y_2 - y_1, z_2 - z_1\};$$
$$|\overrightarrow{M_1 M_2}| = \sqrt{(x_2 - x_1)^2 + (y_2 - y_1)^2 + (z_2 - z_1)^2}.$$

例 6.2.5 已知两点 $M_1(1, 0, 1)$,$M_2(0, \sqrt{2}, 2)$,求向量 $\overrightarrow{M_1 M_2}$ 的模,方向余弦及方向角.

解 $\overrightarrow{M_1 M_2} = \{0 - 1, \sqrt{2} - 0, 2 - 1\} = \{-1, \sqrt{2}, 1\}$;

$$|\overrightarrow{M_1 M_2}| = \sqrt{(-1)^2 + (\sqrt{2})^2 + 1^2} = 2;$$

$$\cos \alpha = -\frac{1}{2}, \quad \alpha = \frac{2}{3}\pi;$$

$$\cos \beta = \frac{\sqrt{2}}{2}, \quad \beta = \frac{\pi}{4};$$

$$\cos \gamma = \frac{1}{2}, \quad \gamma = \frac{\pi}{3}.$$

例 6.2.6 求与向量 $a = \{3, 1, -2\}$ 平行的单位向量.

解 因为

$$| a | = \sqrt{3^2 + 1^2 + (-2)^2} = \sqrt{14},$$

则与 a 平行的单位向量为 $\quad \pm \dfrac{a}{| a |} = \pm \dfrac{1}{\sqrt{14}} \{3, 1, -2\}.$

$\dfrac{1}{\sqrt{14}} \{3, 1, -2\}$ 与 a 方向相同，$-\dfrac{1}{\sqrt{14}} \{3, 1, -2\}$ 与 a 方向相反.

习 题 6-2

1. 已知两点 $A(1, 2, 3)$ 和 $B(3, 3, 2)$，
(1) 写出向量 $\overrightarrow{AB}$ 的坐标表示式；(2) 求 $|\overrightarrow{AB}|$.

2. 设 $a = 2i + 3j + k$，$b = i - j + 4k$，求 $3a + 2b$.

3. 设点 M 的坐标为 $(-1, 1, -\sqrt{2})$，求与 $\overrightarrow{OM}$ 同向的单位向量、方向余弦和方向角.

4. 设向量 b 的三个方向角都相等，求其方向余弦.

5. 如果平面上一个四边形的对角线互相平分，试用向量证明它是平行四边形.

6. 设 $a = \{-2, 1, 2\}$，$b = \{3, 0, -4\}$，求向量 a 与 b 的角平分线的单位向量.

7. 某向量的终点在点 $B(2, -1, 7)$，它在 x 轴、y 轴、z 轴上的投影依次为 $4, -4, 7$，求该向量的起点 A 的坐标.

8. 设 $m = 3i + 5j + 8k$，$n = 2i - 4j - 7k$，$p = 5i + j - 4k$. 求向量 $a = 4m + 3n - p$ 在 x 轴上的投影及在 y 轴上的分向量.

9. 设 $a = 6i + 3j - 2k$，若向量 b 与 a 平行，且 $| b | = 14$，求 b 的坐标分解式.

6.3 数量积与向量积

6.3.1 两向量的数量积

在力学中我们知道，一物体在力 F 作用下沿直线从点 M_1 移动到点 M_2，以 s 表示位移 $s = \overrightarrow{M_1 M_2}$，则力 F 所做的功为

$$W = | F | \cdot | s | \cos \langle F, s \rangle,$$

这里功 W 是由向量 F 与位移 s 按上式唯一确定的一个数量，这种运算在力学、工程学中常遇到，对此以常力做功为实际背景，我们得到向量的数量积概念.

定义 6.3.1 两个向量 a，b 的**数量积**等于两个向量的模与它们夹角余弦的乘积，记作 $a \cdot b$，即

$$a \cdot b = | a | \cdot | b | \cos \langle a, b \rangle.$$

由于 $| a | \cos \langle a, b \rangle = \mathrm{Prj}_b a$，$| b | \cos \langle a, b \rangle = \mathrm{Prj}_a b$，所以

当 $a \neq 0$ 时，$\quad a \cdot b = | a | \cdot \mathrm{Prj}_a b$；

当 $b \neq 0$ 时，$\quad a \cdot b = | b | \cdot \mathrm{Prj}_b a$.

由数量积的定义可推得:

(1) $a \cdot a = |a|^2$.

这是因为 $a \cdot a = |a||a| \cos \langle a, a \rangle = |a|^2$ $\quad (\langle a, a \rangle = 0)$.

(2) 两个非零向量 a, b 垂直的充分必要条件是 $a \cdot b = 0$.

这是因为,如果 $a \perp b$,则 $\cos \langle a, b \rangle = 0$,所以 $a \cdot b = |a| \cdot |b| \cos \langle a, b \rangle = 0$;反之,若 $a \cdot b = 0$,因为 $|a| \neq 0$,$|b| \neq 0$,而 $a \cdot b = |a| \cdot |b| \cos \langle a, b \rangle = 0$,则 $\cos \langle a, b \rangle = 0$,所以 $a \perp b$.

因此,数量积多用来研究两个向量的垂直问题.

(3) 数量积运算满足以下运算定律:

① 交换律 $\quad a \cdot b = b \cdot a$;

② 分配律 $\quad a \cdot (b + c) = a \cdot b + a \cdot c$;

③ 结合律 $\quad \lambda(a \cdot b) = (\lambda a) \cdot b = a \cdot (\lambda b)$.

(4) 数量积的坐标表示式

设 $a = a_x i + a_y j + a_z k$,$b = b_x i + b_y j + b_z k$,

$$a \cdot b = (a_x i + a_y j + a_z k) \cdot (b_x i + b_y j + b_z k)$$
$$= a_x b_x i \cdot i + a_x b_y i \cdot j + a_x b_z i \cdot k + a_y b_x j \cdot i + a_y b_y j \cdot j + a_y b_z j \cdot k +$$
$$a_z b_x k \cdot i + a_z b_y k \cdot j + a_z b_z k \cdot k$$

因为 $\qquad i \cdot i = j \cdot j = k \cdot k = 1, i \cdot j = j \cdot k = k \cdot i = 0$,

所以 $\qquad a \cdot b = a_x b_x + a_y b_y + a_z b_z$.

这就是数量积的坐标表示式.

(5) 两向量夹角余弦的坐标表示式

$$\cos \langle a, b \rangle = \frac{a \cdot b}{|a||b|} = \frac{a_x b_x + a_y b_y + a_z b_z}{\sqrt{a_x^2 + a_y^2 + a_z^2} \cdot \sqrt{b_x^2 + b_y^2 + b_z^2}},$$

两向量 a, b 垂直的充分必要条件又可表示为

$$a_x b_x + a_y b_y + a_z b_z = 0.$$

例 6.3.1 已知点 $M_1(3, 1, 1)$,$M_2(2, 0, 1)$,$M_3(1, 0, 0)$,试求向量 $\overrightarrow{M_1 M_2}$ 与向量 $\overrightarrow{M_2 M_3}$ 的夹角 θ.

解 $\quad \overrightarrow{M_1 M_2} = \{-1, -1, 0\}$,$\overrightarrow{M_2 M_3} = \{-1, 0, -1\}$,

$$\cos \theta = \frac{\overrightarrow{M_1 M_2} \cdot \overrightarrow{M_2 M_3}}{|\overrightarrow{M_1 M_2}| \cdot |\overrightarrow{M_2 M_3}|} = \frac{1 + 0 + 0}{\sqrt{1 + 1 + 0} \cdot \sqrt{1 + 0 + 1}} = \frac{1}{2},$$

所以

$$\theta = \frac{\pi}{3}.$$

例 6.3.2 已知 $|a| = \sqrt{2}$,$|b| = 1$,$\langle a, b \rangle = \frac{\pi}{4}$. 求 $|a + b|$,$|a - b|$ 及向量 $a + b$

与 $a-b$ 的夹角 θ.

解 $|a+b| = \sqrt{(a+b) \cdot (a+b)} = \sqrt{a \cdot a + 2a \cdot b + b \cdot b}$,

$$= \sqrt{|a|^2 + 2|a||b|\cos\langle a, b\rangle + |b|^2}$$

$$= \sqrt{2 + 2\sqrt{2} \cdot \frac{\sqrt{2}}{2} + 1} = \sqrt{5}.$$

$|a-b| = \sqrt{(a-b) \cdot (a-b)} = \sqrt{a \cdot a - 2a \cdot b + b \cdot b}$,

$$= \sqrt{|a|^2 - 2|a||b|\cos\langle a, b\rangle + |b|^2}$$

$$= \sqrt{2 - 2\sqrt{2} \cdot \frac{\sqrt{2}}{2} + 1} = 1.$$

$$\cos\theta = \frac{(a+b) \cdot (a-b)}{|a+b| \cdot |a-b|} = \frac{|a|^2 - |b|^2}{|a+b| \cdot |a-b|} = \frac{2-1}{\sqrt{5} \cdot 1} = \frac{\sqrt{5}}{5}.$$

所以
$$\theta = \arccos\frac{\sqrt{5}}{5}.$$

6.3.2 两向量的向量积

同数量积一样,两向量的向量积也是从物理学中抽象出来的. 例如:物体转动时力所产生的力矩. 设 O 为杠杆 L 的支点,力 F 作用于该杠杆的点 P 处,力 F 与 $\overrightarrow{OP}$ 的夹角为 θ,则力 F 对支点 O 的力矩 M 时一个向量. 它的大小为

$$|M| = |F||\overrightarrow{OP}|\sin\theta.$$

力矩的方向垂直于 F 与 $\overrightarrow{OP}$ 所确定的平面,并且 $\overrightarrow{OP}$、F、M 的正向构成右手系.

由此抽象出向量积的概念.

定义 6.3.2 两个向量 a,b 的向量积是一个向量,记作 $a \times b$,它的模为 $|a \times b| = |a||b|\sin\langle a, b\rangle$,它的方向与向量 a,b 所在的平面垂直,且使向量 a, b, $a \times b$ 成右手系.

由平面几何知识知道向量 $a \times b$ 的模 $|a \times b|$ 刚好是以向量 a, b 为边的平行四边形的面积,这也是向量积模的几何意义,它是以向量 a, b 为两边的三角形面积的 2 倍.

由向量积的定义可以推得:

(1) $a \times a = 0$.

这是因为 $|a \times a| = |a||a|\sin\langle a, a\rangle$,$\langle a, a\rangle = 0$,所以 $|a \times a| = 0$,即 $a \times a = 0$.

(2) 对于两个非零向量 a, b,如果 $a \times b = 0$ 则 $\sin\langle a, b\rangle = 0$,$\langle a, b\rangle = 0$ 或 π,所以 $a /\!/ b$;反之如果 $a /\!/ b$,则 $|a \times b| = |a||b|\sin\langle a, b\rangle = 0$,所以 $a \times b = 0$.

由于零向量可以看作是具有任意方向的,所以我们可以得到,两个向量平行的充分必要条件是 $a \times b = 0$,因此向量积多用来研究两向量的平行问题.

(3) 向量积满足以下运算定律

① $a \times b = -b \times a$(不满足交换律);

② 结合律 $\lambda(a \times b) = (\lambda a) \times b = a \times (\lambda b)$;

③ 分配律 $a \times (b+c) = a \times b + a \times c$.

（4）向量积的坐标表示

设 $\boldsymbol{a} = a_x\boldsymbol{i} + a_y\boldsymbol{j} + a_z\boldsymbol{k}$，$\boldsymbol{b} = b_x\boldsymbol{i} + b_y\boldsymbol{j} + b_z\boldsymbol{k}$，

则有 $\boldsymbol{a} \times \boldsymbol{b} = (a_x\boldsymbol{i} + a_y\boldsymbol{j} + a_z\boldsymbol{k}) \times (b_x\boldsymbol{i} + b_y\boldsymbol{j} + b_z\boldsymbol{k})$，

$\qquad = a_x b_x \boldsymbol{i} \times \boldsymbol{i} + a_x b_y \boldsymbol{i} \times \boldsymbol{j} + a_x b_z \boldsymbol{i} \times \boldsymbol{k} + a_y b_x \boldsymbol{j} \times \boldsymbol{i} + a_y b_y \boldsymbol{j} \times \boldsymbol{j} + a_y b_z \boldsymbol{j} \times \boldsymbol{k} + $

$\qquad a_z b_x \boldsymbol{k} \times \boldsymbol{i} + a_z b_y \boldsymbol{k} \times \boldsymbol{j} + a_z b_z \boldsymbol{k} \times \boldsymbol{k}.$

因为 $\quad \boldsymbol{i} \times \boldsymbol{i} = \boldsymbol{j} \times \boldsymbol{j} = \boldsymbol{k} \times \boldsymbol{k} = \boldsymbol{0}, \boldsymbol{i} \times \boldsymbol{j} = \boldsymbol{k}, \boldsymbol{j} \times \boldsymbol{k} = \boldsymbol{i}, \boldsymbol{k} \times \boldsymbol{i} = \boldsymbol{j},$

所以 $\qquad \boldsymbol{a} \times \boldsymbol{b} = (a_y b_z - a_z b_y)\boldsymbol{i} + (a_z b_x - a_x b_z)\boldsymbol{j} + (a_x b_y - a_y b_x)\boldsymbol{k}$

$$= \begin{vmatrix} \boldsymbol{i} & \boldsymbol{j} & \boldsymbol{k} \\ a_x & a_y & a_z \\ b_x & b_y & b_z \end{vmatrix}$$

由上式我们还可以得到两向量平行的充分必要条件为 $\dfrac{a_x}{b_x} = \dfrac{a_y}{b_y} = \dfrac{a_z}{b_z}$.

例 6.3.3 已知 $\boldsymbol{a} = \{1, -1, 2\}$，$\boldsymbol{b} = \{-2, 3, 1\}$，求 $\boldsymbol{a} \times \boldsymbol{b}$.

解 $\quad \boldsymbol{a} \times \boldsymbol{b} = \begin{vmatrix} \boldsymbol{i} & \boldsymbol{j} & \boldsymbol{k} \\ 1 & -1 & 2 \\ -2 & 3 & 1 \end{vmatrix} = -7\boldsymbol{i} - 5\boldsymbol{j} + \boldsymbol{k}.$

例 6.3.4 已知三点 $A(1, 0, 3)$，$B(0, 0, 2)$，$C(3, 2\ 1)$，求 $\triangle ABC$ 的面积.

解 由向量积定义及几何意义知

$$S_{\triangle ABC} = \frac{1}{2} |\overrightarrow{AB} \times \overrightarrow{AC}|,$$

$$\overrightarrow{AB} = \{-1, 0, -1\},$$

$$\overrightarrow{AC} = \{2, 2, -2\},$$

$$\overrightarrow{AB} \times \overrightarrow{AC} = \begin{vmatrix} \boldsymbol{i} & \boldsymbol{j} & \boldsymbol{k} \\ -1 & 0 & -1 \\ 2 & 2 & -2 \end{vmatrix} = 2\boldsymbol{i} - 4\boldsymbol{j} - 2\boldsymbol{k},$$

$$S_{\triangle ABC} = \frac{1}{2} |\overrightarrow{AB} \times \overrightarrow{AC}| = \frac{1}{2}\sqrt{2^2 + (-4)^2 + (-2)^2} = \frac{1}{2}\sqrt{24} = \sqrt{6}.$$

例 6.3.5 设 $\boldsymbol{a}$ 垂直于 $\boldsymbol{a}_1 = \{2, -1, 3\}$ 和 $\boldsymbol{a}_2 = \{1, 3, -2\}$ 且 $\boldsymbol{a} \cdot \{2, -1, 1\} = -6$，试求 $\boldsymbol{a}$ 的坐标.

解法 1 设 $\boldsymbol{a} = \{x, y, z\}$，依题意有

$\boldsymbol{a} \cdot \boldsymbol{a}_1 = 0$，即 $2x - y + 3z = 0.$ ①

$\boldsymbol{a} \cdot \boldsymbol{a}_2 = 0$，即 $x + 3y - 2z = 0.$ ②

$\boldsymbol{a} \cdot \{2, -1, 1\} = -6$，即 $2x - y + z = -6.$ ③

解式①—式③得：$x = -3$，$y = 3$，$z = 3$，即 $\boldsymbol{a} = \{-3, 3, 3\}$.

解法 2 由于 $\boldsymbol{a}$ 与 $\boldsymbol{a}_1$，$\boldsymbol{a}_2$ 均垂直，所以 $\boldsymbol{a}$ 与 $\boldsymbol{a}_1 \times \boldsymbol{a}_2$ 是平行的，由于

$$\boldsymbol{a}_1 \times \boldsymbol{a}_2 = \begin{vmatrix} \boldsymbol{i} & \boldsymbol{j} & \boldsymbol{k} \\ 2 & -1 & 3 \\ 1 & 3 & -2 \end{vmatrix} = -7\boldsymbol{i} + 7\boldsymbol{j} + 7\boldsymbol{k},$$

可设

$$a = \lambda\{-7, 7, 7\} = \{-7\lambda, 7\lambda, 7\lambda\},$$

又由于

$$a \cdot \{2, -1, 1\} = -6,$$

即

$$\{-7\lambda, 7\lambda, 7\lambda\} \cdot \{2, -1, 1\} = -6,$$

可得

$$\lambda = \frac{3}{7},$$

所以

$$a = \{-3, 3, 3\}.$$

从例 6.3.5 可以看出用数量积、向量积研究向量的位置关系是非常有效的,从不同角度考虑问题解题思路是不一样的. 很好地理解这类问题,对我们下一步学习空间的平面与直线是十分重要的.

习　题　6-3

1. 已知 $|a| = 3$,$|b| = 6$,a 与 b 的夹角 $\theta = \frac{2}{3}\pi$,求 $a \cdot b$.

2. 设 $|a| = 3$,$|b| = 5$,试确定常数 k,使 $a + kb$ 与 $a - kb$ 垂直.

3. 试求 xOy 平面的上与向量 $a = \{-4, 3, 7\}$ 垂直的单位向量.

4. 设 $a = 3i - j - 2k$,$b = i + 2j - k$,试求(1) $a \cdot b$;(2) $a \times b$;(3) $(-2a) \cdot 3b$.

5. 设 $a = \{3, 2, 1\}$,$b = \left\{2, \frac{4}{3}, k\right\}$,问 k 为何值时(1) a 垂直于 b;(2) a 平行于 b.

6. 求同时垂直于向量 $a = \{2, 2, 1\}$ 和 $b = \{4, 5, 3\}$ 的单位向量.

7. 已知三角形 ABC 的顶点分别是 $A(1, 2, 3)$,$B(3, 4, 5)$ 和 $C(2, 4, 7)$,试求三角形 ABC 的面积.

8. 设 $a = \{2, 3, 4\}$,$b = \{3, -1, -1\}$,试求以 a,b 为边的平行四边形面积.

9. 已知 $|a| = 1$,$|b| = \sqrt{2}$,$\langle a, b \rangle = \frac{\pi}{4}$,求(1) $|a+b|$;(2) $|a-b|$;(3) 向量 $a+b$ 与向量 $a-b$ 的夹角 θ.

10. 设 $a = \{3, 1, 2\}$,$b = \lambda\{k, 3, 6\}$ 且 $\lambda \neq 0$,问:当 λ,k 取何值时 b 为与 a 垂直的单位向量.

11. 设 a,b,c 为单位向量,且满足 $a + b + c = 0$,求 $a \cdot b + b \cdot c + c \cdot a$.

12. 已知向量 $a = 2i - 3j + k$,$b = i - j + 3k$ 和 $c = i - 2j$,试计算

(1) $(a \cdot b) \cdot c - (a \cdot c) \cdot b$;

(2) $(a + b) \times (b + c)$;

(3) $(a \times b) \cdot c$.

6.4 平面及其方程

同平面解析几何一样,空间曲面和曲线也可以看作是满足一定条件的点的集合,在本节和下一节里我们将以向量为工具,在空间直角坐标系中讨论最简单的曲面——平面和最简单的曲线——直线.

6.4.1 平面的点法式方程

如果一非零向量垂直于一平面,我们就称这向量为该平面的**法向量**. 我们知道经过一定点且垂直于一非零向量能确定唯一的一个平面. 所以当平面 Π 上一点 $M_0(x_0, y_0, z_0)$ 和它的一个法向量 $\boldsymbol{n} = \{A, B, C\}$ 为已知时,平面的位置就完全确定了.

设 $M(x, y, z)$ 为平面上的任意一点,则 $\overrightarrow{M_0M}$ 与法向量 $\boldsymbol{n}$ 必垂直.

所以由数量积的知识,我们得到

$$\boldsymbol{n} \cdot \overrightarrow{M_0M} = 0.$$

又 $\boldsymbol{n} = \{A, B, C\}$, $\overrightarrow{M_0M} = \{x - x_0, y - y_0, z - z_0\}$,

所以

$$A(x - x_0) + B(y - y_0) + C(z - z_0) = 0, \tag{6.4.1}$$

这就是平面上的点所满足的方程.

反之,如果 $M(x, y, z)$ 不在平面上,则

$$\boldsymbol{n} \cdot \overrightarrow{M_0M} \neq 0.$$

即点 M 的坐标 x, y, z 不满足方程(6.4.1),因此方程(6.4.1)就是平面的方程,而平面 Π 就是方程(6.4.1)的图形.

由于方程(6.4.1)是由平面上的一个已知点 M_0 和它的一个法向量 $\boldsymbol{n}$ 来的确定,所以方程(6.4.1)也称为**平面的点法式方程**.

例 6.4.1 求过点 $(2, 1, 1)$ 且以向量 $\boldsymbol{n} = \{1, -2, 3\}$ 为法向量的平面方程.

解 根据平面的点法式方程,得所求的平面方程为

$$(x - 2) - 2(y - 1) + 3(z - 1) = 0,$$

即

$$x - 2y + 3z - 3 = 0.$$

例 6.4.2 求过点 $A(2, -1, 4)$、$B(-1, 3, -2)$、$C(0, 2, 3)$ 的平面方程.

解 由于 $\overrightarrow{AB} = \{-3, 4, -6\}$, $\overrightarrow{AC} = \{-2, 3, -1\}$, 且 $\overrightarrow{AB} \times \overrightarrow{AC}$ 垂直于 $\overrightarrow{AB}$ 和 $\overrightarrow{AC}$ 所确定的平面,因此可取平面的法向量为

$$\boldsymbol{n} = \overrightarrow{AB} \times \overrightarrow{AC} = \begin{vmatrix} \boldsymbol{i} & \boldsymbol{j} & \boldsymbol{k} \\ -3 & 4 & -6 \\ -2 & 3 & -1 \end{vmatrix} = 14\boldsymbol{i} + 9\boldsymbol{j} - \boldsymbol{k},$$

则所求平面方程为

$$14(x-2)+9(y+1)-(z-4)=0,$$

即
$$14x+9y-z-15=0.$$

应该注意的是一个平面的法线向量不是唯一的,但它们是互相平行的.

6.4.2 平面的一般式方程

将方程(6.4.1)整理为

$$Ax+By+Cz+D=0, \tag{6.4.2}$$

其中,$D=-Ax_0-Bx_0-Cx_0$. 可知任何一个平面方程都可以用方程(6.4.2)来表示.

反之,我们任取满足方程(6.4.2)的一组数 (x_0,y_0,z_0),即

$$Ax_0+By_0+Cz_0+D=0, \tag{6.4.3}$$

把(6.4.2)、(6.4.3)两式相减得

$$A(x-x_0)+B(y-y_0)+C(z-z_0)=0, \tag{6.4.4}$$

则方程(6.4.4)是过点 (x_0,y_0,z_0) 且以 $\boldsymbol{n}=\{A,B,C\}$ 为法向量的平面方程. 所以任何一个三元一次方程(6.4.2)的图形都是一个平面. 我们称方程(6.4.2)为**平面的一般方程**,其中 x,y,z 的系数就是该平面的法向量 $\boldsymbol{n}$ 的三个坐标分量.

对于一些特殊的三元一次方程,应该熟悉它们的图形的特点.

当 $D=0$ 时,有 $Ax+By+Cz=0$,方程表示一个过坐标原点的平面.

当 $A=0$ 时,有 $By+Cz+D=0$,它的法向量 $\boldsymbol{n}=\{0,B,C\}$ 垂直于 x 轴,方程表示一个平行于 x 轴的平面.

类似地,$Ax+Cz+D=0$ 是平行于 y 轴的平面;$Ax+By+D=0$ 是平行于 z 轴的平面.

当 $A=B=0$ 时,有 $Cz+D=0$,它的法向量 $\boldsymbol{n}=\{0,0,C\}$ 垂直于 xOy 平面,方程表示一个平行于 xOy 平面的平面.

类似地,$Ax+D=0$ 是平行于 yOz 平面的平面;$By+D=0$ 是平行于 zOx 平面的平面.

当 $A=B=D=0$,有 $z=0$,它是 xOy 平面,而 $x=0$,$y=0$ 分别为 yOz 平面和 zOx 平面.

例 6.4.3 求过 z 轴和 $M(-3,1,-2)$ 的平面方程.

解法 1 由于平面通过 z 轴,因此,$C=0$,$D=0$,故可设所求方程为

$$Ax+By=0.$$

将点 $(-3,1,-2)$ 代入方程得

$$-3A+B=0,$$

即

$$B=3A.$$

所以，所求的方程为

$$x + 3y = 0.$$

解法 2 由于平面过 z 轴和点 $M(-3,1,-2)$，所以可取 z 轴的单位向量 $\{0,0,1\}$ 与 $\overrightarrow{OM} = \{-3,1,-2\}$ 的向量积为平面的法向量，即

$$\boldsymbol{n} = \begin{vmatrix} \boldsymbol{i} & \boldsymbol{j} & \boldsymbol{k} \\ 0 & 0 & 1 \\ -3 & 1 & -2 \end{vmatrix} = -\boldsymbol{i} - 3\boldsymbol{j}.$$

所以，所求的平面方程为

$$-(x+3) - 3(y-1) + 0(z+2) = 0,$$

即

$$x + 3y = 0.$$

例 6.4.4 求平行于 y 轴且过点 $M_1(1,-5,1)$ 和 $M_2(3,2,-2)$ 的平面方程.

解 由于所求平面平行于 y 轴，故可设平面方程为

$$Ax + Cz + D = 0,$$

又平面过点 $M_1(1,-5,1)$ 和 $M_2(3,2,-2)$，因此有

$$\begin{cases} A + C + D = 0, \\ 3A - 2C + D = 0. \end{cases}$$

解得

$$A = \frac{3}{2}C, \quad D = -\frac{5}{2}C.$$

因此所求平面方程为

$$\frac{3}{2}x + z - \frac{5}{2} = 0,$$

即

$$3x + 2z - 5 = 0.$$

或直接求平面的法向量

$$\boldsymbol{n} = \{0,1,0\} \times \{2,7,-3\} = \begin{vmatrix} \boldsymbol{i} & \boldsymbol{j} & \boldsymbol{k} \\ 0 & 1 & 0 \\ 2 & 7 & -3 \end{vmatrix} = -3\boldsymbol{i} - 2\boldsymbol{k},$$

进而按点法式求得平面的方程.

例 6.4.5 求过点 $M(2,0,-3)$，且与平面 $x - 2y + 4z - 7 = 0$ 和 $2x + y - 2z + 5 = 0$ 垂直的平面方程.

解 设所求的平面方程为

$$Ax + By + Cz + D = 0,$$

则由已知条件有

$$\begin{cases} A - 2B + 4C = 0, \\ 2A + B - 2C = 0, \\ 2A - 3C + D = 0. \end{cases}$$

解得

$$A = 0, \; B = 2C, \; D = 3C,$$

所以所求平面方程为

$$2y + z + 3 = 0.$$

例 6.4.6　设平面与 x 轴、y 轴、z 轴的交点依次为 $P(a, 0, 0)$，$Q(0, b, 0)$，$R(0, 0, c)$，求此平面方程.

解　设平面方程为

$$Ax + By + Cz + D = 0,$$

因为 P，Q，R 三点都在平面上，代入方程得：

$$\begin{cases} Aa + D = 0, \\ Bb + D = 0, \\ Cc + D = 0. \end{cases}$$

解得

$$A = -\frac{D}{a}, \quad B = -\frac{D}{b}, \quad C = -\frac{D}{c}.$$

代入方程，整理得所求平面方程为

$$\frac{x}{a} + \frac{y}{b} + \frac{z}{c} = 1. \tag{6.4.5}$$

由于 a，b，c 为平面在三个坐标轴上的截距，故方程(6.4.5)也称为**平面的截距式方程**.

6.4.3　两平面的夹角

两平面的法向量的两个夹角中的锐角称为**两平面的夹角**.

设平面 Π_1 和 Π_2 法向量依次为 $\boldsymbol{n}_1 = \{A_1, B_1, C_1\}$ 和 $\boldsymbol{n}_2 = \{A_2, B_2, C_2\}$，那么平面 Π_1 和 Π_2 的夹角 θ (图 6-12)应该是 $\langle \boldsymbol{n}_1, \boldsymbol{n}_2 \rangle$ 和 $\langle -\boldsymbol{n}_1, \boldsymbol{n}_2 \rangle = \pi - \langle \boldsymbol{n}_1, \boldsymbol{n}_2 \rangle$ 中的锐角，因此

$$\cos \theta = |\cos \langle \boldsymbol{n}_1, \boldsymbol{n}_2 \rangle| = |\cos (\pi - \langle \boldsymbol{n}_1, \boldsymbol{n}_2 \rangle)|.$$

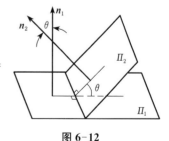

图 6-12

按两向量夹角余弦的坐标表示，平面 Π_1 和 Π_2 的夹角 θ 可由 $\cos \theta = \dfrac{|A_1 A_2 + B_1 B_2 + C_1 C_2|}{\sqrt{A_1^2 + B_1^2 + C_1^2} \cdot \sqrt{A_2^2 + B_2^2 + C_2^2}}$ 来确定.

从两向量平行、垂直条件可以得到如下结论：

(1) Π_1 与 Π_2 互相垂直,相当于 $A_1A + B_1B_2 + C_1C_2 = 0$;

(2) Π_1 与 Π_2 互相平行,相当于 $\dfrac{A_1}{A_2} = \dfrac{B_1}{B_2} = \dfrac{C_1}{C_2} \neq \dfrac{D_1}{D_2}$;

(3) Π_1 与 Π_2 重合,相当于 $\dfrac{A_1}{A_2} = \dfrac{B_1}{B_2} = \dfrac{C_1}{C_2} = \dfrac{D_1}{D_2}$.

例 6.4.7　求平面 $x - y + 2z - 6 = 0$ 和平面 $2x + y + z - 5 = 0$ 的夹角.

解　设两平面的夹角为 θ,则

$$\cos\theta = \frac{|1\times 2 + (-1)\times 1 + 2\times 1|}{\sqrt{1^2 + (-1)^2 + 2^2} \times \sqrt{2^2 + 1^2 + 1^2}} = \frac{1}{2},$$

因此,所求夹角 $\theta = \dfrac{\pi}{3}$.

例 6.4.8　一平面过 x 轴且与 $x + y = 0$ 的夹角为 $\dfrac{\pi}{3}$,求其方程.

解　由题意设所求平面方程为

$$By + Cz = 0,$$

则

$$\cos\frac{\pi}{3} = \frac{|0 + B + 0|}{\sqrt{1+1} \cdot \sqrt{B^2 + C^2}} = \frac{1}{2},$$

即

$$|B| = \frac{\sqrt{2}}{2}\sqrt{B^2 + C^2},$$

解得

$$B^2 = C^2, \quad 即\ C = \pm B,$$

故所求平面方程为

$$y \pm z = 0.$$

习 题 6-4

1. 求过点 $(3, 0, -1)$ 且与平面 $3x - 7y + 5z - 12 = 0$ 平行的平面方程.

2. 求过三点 $A(0, 1, -1)$, $B(1, 0, 3)$ 和 $C(-1, 2, 0)$ 的平面方程.

3. 求平面 $2x - 2y + z + 5 = 0$ 与各坐标面的夹角的余弦.

4. 求过点 $(1, 0, -1)$ 且平行于向量 $a = \{2, 1, 1\}$ 和 $b = \{1, -1, 0\}$ 的平面方程.

5. 求过点 $A(1, 1, 1)$ 和 $B(0, 1, -1)$ 且垂直于平面 $x + y + z = 0$ 的平面方程.

6. 设平面过点 $(1, 1, 1)$ 且在三坐标轴正方向截得长度相等的线段,求它的方程.

7. 分别按下列条件求平面方程.

(1) 过 x 轴和点 $(4, -3, -1)$;

(2) 平行于 zOx 平面且经过点 $(2, -5, 3)$;

(3) 平行于 x 轴且过点 $(4, 0, -2)$ 和点 $(5, 1, 7)$;

(4) 平行于 y 轴且过点 $(0, 3, -2)$ 和点 $(1, 4, 5)$.

6.5　空间直线及其方程

6.5.1　空间直线的一般方程

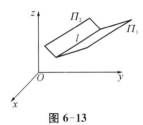

图 6-13

空间直线 l 可以看作是两个平面 Π_1 与 Π_2 的交线(图 6-13). 如果两个相交的平面 Π_1 和 Π_2 的方程分别为 $A_1 x + B_1 y + C_1 z + D_1 = 0$ 和 $A_2 x + B_2 y + C_2 z + D_2 = 0$, 那么直线 l 上的任一点的坐标应同时满足这两个平面的方程, 即应满足方程组

$$\begin{cases} A_1 x + B_1 y + C_1 z + D_1 = 0, \\ A_2 x + B_2 y + C_2 z + D_2 = 0. \end{cases} \quad (6.5.1)$$

反之, 如果点不在直线 l 上, 那么它不可能同时在平面 Π_1 和 Π_2 上, 所以它的坐标不满足方程组(6.5.1), 因此直线 l 可以用方程组(6.5.1)来表示, 方程组(6.5.1)称为**空间直线的一般方程**.

需要说明的是, 过一条直线 l 的平面有无数多个; 只要在其中任取两个, 把它们的方程联立起来, 所得方程组就表示空间直线 l.

6.5.2　空间直线的对称式方程与参数方程

如果一非零向量平行于一条已知直线, 这个向量称为直线的**方向向量**. 由于过空间一点只能作一条直线平行于一已知直线, 因此, 设直线 l 通过空间上点 $M_0(x_0, y_0, z_0)$ 且平行于非零向量 $s = \{m, n, p\}$, 那么这条直线在空间的位置就完全确立下来了, 下面我们来建立这直线的方程.

设点 $M(x, y, z)$ 为直线上任上一点, 那么向量 $\overrightarrow{M_0 M}$ 与 l 的方向向量 s 平行, 由于, $\overrightarrow{M_0 M} = \{x - x_0, y - y_0, z - z_0\}$, $s = \{m, n, p\}$, 由向量平行条件, 我们有

$$\frac{x - x_0}{m} = \frac{y - y_0}{n} = \frac{z - z_0}{p}. \quad (6.5.2)$$

反之, 如果点 M 不在直线上, $\overrightarrow{M_0 M}$ 与 s 不平行, M 的坐标不满足方程组(6.5.2), 因此方程组(6.5.2)就是直线 l 的方程, 称为**直线的对称式方程**或**点向式方程**.

直线的任一方向向量 s 的坐标 m, n, p 叫做直线的一组**方向数**, 而向量 s 的方向余弦称为**直线的方向余弦**.

注意　在方程组(6.5.2)中, 若 $m = 0$, 方程组应理解为

$$\begin{cases} x - x_0 = 0, \\ \dfrac{y - y_0}{n} = \dfrac{z - z_0}{p}; \end{cases}$$

如果 $m=0$，$n=0$，方程组应理解为

$$\begin{cases} x - x_0 = 0, \\ y - y_0 = 0. \end{cases}$$

如果设 $\dfrac{x-x_0}{m} = \dfrac{y-y_0}{n} = \dfrac{z-z_0}{p} = t$，则有

$$\begin{cases} x = x_0 + mt, \\ y = y_0 + nt, \\ z = z_0 + pt. \end{cases} \tag{6.5.3}$$

方程组(6.5.3)称为**直线的参数方程**.

例 6.5.1　求过点 $(1, 3, -2)$ 且垂直于平面 $2x + y - 3z + 1 = 0$ 的直线方程.

解　由于所求直线与已知平面垂直，故平面的法向量与直线的方向向量平行，所以所求直线的方向向量可取为 $\boldsymbol{s} = \boldsymbol{n} = \{2, 1, -3\}$，故所求直线方程为

$$\frac{x-1}{2} = \frac{y-3}{1} = \frac{z+2}{-3}.$$

例 6.5.2　已知直线方程为 $\begin{cases} 2x - 3y + z - 5 = 0, \\ 3x + y - 2z - 2 = 0, \end{cases}$ 求它的对称式及参数方程.

解　先找出直线上的一点 (x_0, y_0, z_0)，可取 $x_0 = 1$ 代入方程组 $\begin{cases} 2x - 3y + z - 5 = 0, \\ 3x + y - 2z - 2 = 0 \end{cases}$ 中，可得到方程组 $\begin{cases} -3y + z = 3, \\ y - 2z = -1, \end{cases}$ 解得 $y = -1$，$z = 0$，

即 $(1, -1, 0)$ 是这直线上的一点.

由于两平面的交线与这两个平面的法向量都垂直，所以可取直线的方向向量

$$\boldsymbol{s} = \boldsymbol{n}_1 \times \boldsymbol{n}_2 = \begin{vmatrix} \boldsymbol{i} & \boldsymbol{j} & \boldsymbol{k} \\ 2 & -3 & 1 \\ 3 & 1 & -2 \end{vmatrix} = 5\boldsymbol{i} + 7\boldsymbol{j} + 11\boldsymbol{k},$$

因此，所给直线的对称式方程为

$$\frac{x-1}{5} = \frac{y+1}{7} = \frac{z-0}{11},$$

令

$$\frac{x-1}{5} = \frac{y+1}{7} = \frac{z-0}{11} = t,$$

可得参数方程为

$$\begin{cases} x = 1 + 5t, \\ y = -1 + 7t, \\ z = 11t. \end{cases}$$

6.5.3　两直线的夹角，平面与直线的夹角

两直线的方向向量的两个夹角中的锐角称为**两直线的夹角**.

设直线 l_1，l_2 的方向向量为 $s_1=\{m_1,\ n_1,\ p_1\}$，$s_2=\{m_2,\ n_2,\ p_2\}$，那么 l_1，l_2 和夹角应该是 $\langle s_1,\ s_2\rangle$ 和 $\langle -s_1,\ s_2\rangle=\pi-\langle s_1,\ s_2\rangle$ 中的锐角，因此

$$\cos\theta=|\cos\langle s_1,\ s_2\rangle|=|\cos(\pi-\langle s_1,\ s_2\rangle)|.$$

按两向量的夹角的方向余弦公式，直线 l_1，l_2 的夹角 θ，可由

$$\cos\theta=\frac{|m_1m_2+n_1n_2+p_1p_2|}{\sqrt{m_1^2+n_1^2+p_1^2}\cdot\sqrt{m_2^2+n_2^2+p_2^2}}$$

来确定.

由两向量垂直、平行的充分必要条件，可得到如下结论：

(1) 两直线 l_1，l_2 垂直，相当于 $m_1m_2+n_1n_2+p_1p_2=0$；

(2) 两直线 l_1，l_2 平行，相当于 $\dfrac{m_1}{m_2}=\dfrac{n_1}{n_2}=\dfrac{p_1}{p_2}$.

当直线与平面不垂直时，直线和它在平面上的投影直线的夹角 $\theta\left(0\leqslant\theta\leqslant\dfrac{\pi}{2}\right)$ 称为**直线与平面的夹角**. 当直线与平面垂直时，规定平面与直线的夹角为 $\dfrac{\pi}{2}$.

设直线 l 的方向向量为 $s=\{m,\ n,\ p\}$，平面 Π 的法向量为 $\boldsymbol{n}=\{A,\ B,\ C\}$，则直线与平面的夹角 θ 可由

$$\sin\theta=\frac{|Am+Bn+Cp|}{\sqrt{A^2+B^2+C^2}\cdot\sqrt{m^2+n^2+p^2}}$$

来确定.

由两向量垂直、平行的充分必要条件，可得到如下结论：

(1) 直线 l 与平面 Π 垂直，相当于 $\dfrac{A}{m}=\dfrac{B}{n}=\dfrac{C}{p}$；

(2) 直线 l 与平面 Π 平行或在平面 Π 上，相当于 $Am+Bn+Cp=0$.

例 6.5.3　求过点 $(2,-3,4)$，且垂直于直线 $\dfrac{x}{1}=\dfrac{y}{1}=\dfrac{z+5}{2}$ 和 $\dfrac{x-8}{3}=\dfrac{y+4}{-2}=\dfrac{z-2}{1}$ 的直线方程.

解法 1　设所求的直线方程为

$$\frac{x-2}{m}=\frac{y+3}{n}=\frac{z-4}{p}.$$

因所求直线与两条直线都垂直，从而有

$$\begin{cases}m-n+2p=0,\\3m-2n+p=0.\end{cases}$$

可解得：$m=3p$，$n=5p$.

以此代入所设方程，即得所求直线方程为

$$\frac{x-2}{3}=\frac{y+3}{5}=\frac{z-4}{1}.$$

解法 2　因所求直线与两直线都垂直，故可取直线的方向向量为

$$s=s_1\times s_2=\begin{vmatrix} i & j & k \\ 1 & -1 & 2 \\ 3 & -2 & 1 \end{vmatrix}=3i+5j+k,$$

因此所求直线方程为

$$\frac{x-2}{3}=\frac{y+3}{5}=\frac{z-4}{1}.$$

例 6.5.4　求直线 $l\ \dfrac{x-1}{1}=\dfrac{y}{-4}=\dfrac{z+3}{1}$ 与平面 $\Pi\ 2x-2y-z+3=0$ 的夹角.

解　直线 l 的方向向量 $s=\{1,-4,1\}$，平面 Π 的法向量为 $n=\{2,-2,-1\}$，则

$$\sin\theta=\frac{|2+8-1|}{\sqrt{1+4^2+1}\times\sqrt{4+4+1}}=\frac{9}{\sqrt{18}\times 3}=\frac{1}{\sqrt{2}},$$

所以

$$\theta=\frac{\pi}{4}.$$

习　题　6-5

1. 求过点 $(1,-2,4)$ 且与平面 $2x-3y+z-4=0$ 垂直的直线方程.

2. 求过点 $(2,1,1)$ 且平行于直线 $\begin{cases} 2x-y+z+1=0, \\ x+y-1=0 \end{cases}$ 的直线方程.

3. 过求点 $A(1,-2,1)$ 和 $B(5,4,3)$ 的直线方程.

4. 用对称式方程表示直线 $\begin{cases} x+y+z+1=0, \\ 2x-y+3y+4=0. \end{cases}$

5. 求过点 $(2,0,-3)$ 且与直线 $\begin{cases} x-2y+4z-1=0, \\ 3x+5y-2z+1=0 \end{cases}$ 垂直的平面方程.

6. 求直线 $\dfrac{x-1}{1}=\dfrac{y}{-4}=\dfrac{z+3}{1}$ 和 $\dfrac{x}{2}=\dfrac{y+2}{-2}=\dfrac{z}{-1}$ 的夹角.

7. 求直线 $\dfrac{x-2}{1}=\dfrac{y-3}{1}=\dfrac{z-4}{2}$ 与平面 $2z+y+z-6=0$ 的交点.

8. 求过点 $(3,1,-2)$ 且通过直线 $\dfrac{x-4}{5}=\dfrac{y+3}{2}=\dfrac{z}{1}$ 的平面方程.

9. 证明直线 $\begin{cases} 3x+y-x=2, \\ 2x-z=2 \end{cases}$ 与 $\begin{cases} 2x-y+2z=4, \\ x-y+2z=3 \end{cases}$ 相互垂直.

10. 求由两条平行直线 $\dfrac{x-3}{3}=\dfrac{y+2}{-2}=\dfrac{z}{1}$ 与 $\dfrac{x+3}{3}=\dfrac{y+4}{-2}=\dfrac{z+1}{1}$ 确定的平面方程.

11. 试确定下列各组中的直线和平面的关系.

(1) $\dfrac{x+2}{-2}=\dfrac{y+4}{-7}=\dfrac{z}{3}$ 和 $4x-2y-2z=3$;

(2) $\dfrac{x}{3}=\dfrac{y}{-2}=\dfrac{z}{7}$ 和 $3x-2y+7z=8$;

(3) $\dfrac{x-2}{3}=\dfrac{y+2}{1}=\dfrac{z-3}{-4}$ 和 $x+y+z=3$.

6.6　曲面及其方程

6.6.1　曲面方程的概念

在空间解析几何中任何曲面都可以看作点的轨迹,在这个意义下,如果曲面 S 与三元方程 $F(x,y,z)=0$ 有如下关系:曲面 S 上任一点的坐标都满足方程,不在曲面 S 上的点的的坐标都不满足方程,则方程 $F(x,y,z)=0$ 就称为曲面 S 的方程,而曲面 S 称为方程 $F(x,y,z)=0$ 的图形.

例 6.6.1　建立以原点为球心,以 R 为半径的球面方程.

解　设 $M(x,y,z)$ 为球面上任一点,那么 $|OM|=R$,即

$$\sqrt{x^2+y^2+z^2}=R \quad 或 \quad x^2+y^2+z^2=R^2.$$

这就是球面上的点所满足的方程,而不在球面上的点都不满足这个方程,所以 $x^2+y^2+z^2=R^2$ 就是以原点为球心,以 R 为半径的球面方程.

同理,以 $M_0(x_0,y_0,z_0)$ 为球心,以 R 为半径的球面方程为

$$(x-x_0)^2+(y-y_0)^2+(z-z_0)^2=R^2.$$

例 6.6.2　求到点 $A(1,2,1)$,$B(2,3,-3)$ 的距离相等的点的轨迹方程.

解　设 $M(x,y,z))$ 到点 A,B 距离相等,即

$$|AM|=|MB|.$$

而

$$|AM|=\sqrt{(x-1)^2+(y-2)^2+(z-1)^2},$$
$$|MB|=\sqrt{(x-2)^2+(y-3)^2+(z+3)^2},$$

由 $|AM|=|MB|$ 可得

$$x+y-4z-8=0.$$

这就是该点的轨迹方程,由 6.4 节的讨论,我们知道它是一个平面,这个平面也称为线段 AB 的**垂直平分面**.

例 6.6.3　方程 $x^2+y^2+z^2+2x-4y+8z+5=0$ 表示怎样的曲面?

解　通过配方,方程可改写为

$$(x+1)^2+(y-2)^2+(z+4)^2=16.$$

由前面讨论知：它表示以点 $(-1,2,-4)$ 为球心，以 4 为半径的球面.

通过前面几个简单例题的讨论可知在空间解析几何中关于曲面、曲线的研究有以下面两个基本问题：

（1）已知一曲面或曲线作为点的几何轨迹时，如何建立它们的方程；

（2）已知点的坐标 x,y,z 满足的一个方程时，如何研究这方程所表示曲面的形状. 例 6.6.1 和 6.6.2 是从已知曲面上点的几何轨迹时建立其方程的例子，例 6.6.3 为由已知方程，研究它所表示的曲面的例子.

作为第（1）个基本问题我们讨论旋转曲面，作为基本问题（2）的例子，我们讨论柱面，对二次曲面的讨论也看作是对基本问题（2）的讨论.

6.6.2 旋转曲面

有些曲面是由平面上的一条曲线绕其平面内的一条直线旋转一周而得到的，这种曲面称为**旋转曲面**，这条定直线称为旋转曲面的**轴**，而曲线称为旋转曲面的**母线**.

设在 yOz 面上有一已知曲线 C，它的方程为 $f(y,z)=0$. 我们来求此曲线绕 z 轴旋转一周所生成的旋转曲面（图 6-14）的方程.

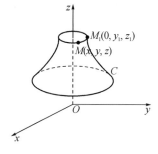

图 6-14

设 $M_1(0,y_1,z_1)$ 为曲面 C 上任一点，于是有

$$f(y_1,z_1)=0. \tag{6.6.1}$$

当曲线 C 绕 z 轴旋转时，点 M_1 绕 z 轴旋转到另一点 $M(x,y,z)$，这时 $z=z_1$ 保持不变，点 M 到 z 轴的距离 $d=\sqrt{x^2+y^2}=|y_1|$，以此式代入方程 (6.6.1)，于是有

$$f(\pm\sqrt{x^2+y^2},z)=0,$$

这就是所求的曲面的方程.

由此可知，在曲线 C 的方程 $f(y,z)=0$ 中将 y 改成 $\pm\sqrt{x^2+y^2}$ 便可得曲线 C 绕 z 轴而成的旋转曲面的方程.

同理得曲线 C 绕 y 轴而成的旋转曲面的方程为

$$f(y,\pm\sqrt{x^2+z^2})=0.$$

按照同样的方法我们可以得到 xOy 面上的曲面 $f(x,y)=0$ 绕 x 轴旋转的曲面方程为

$$f(x,\pm\sqrt{y^2+z^2})=0;$$

绕 y 轴旋转的旋转曲面方程为

$$f(\pm\sqrt{x^2+z^2},y)=0.$$

例 6.6.4 求 yOz 平面上的直线 $z=ay$ 绕 z 轴旋转一周所生成的旋转曲面的方程.

解 因为曲线是绕 z 轴旋转，z 保持不变，所求的旋转曲面方程为

$$z = \pm a\sqrt{x^2 + y^2} \quad 或 \quad z^2 = a^2(x^2 + y^2),$$

它所表示的曲面称为**圆锥面**(图 6-15).

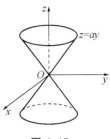

图 6-15

例 6.6.5　求 xOy 平面上的椭圆 $\dfrac{x^2}{a^2} + \dfrac{y^2}{b^2} = 1$ 绕 x 轴、y 轴旋转一周所生成的旋转曲面的方程.

解　椭圆 $\dfrac{x^2}{a^2} + \dfrac{y^2}{b^2} = 1$ 绕 x 轴旋转一周所生成的旋转曲面的方程为

$$\frac{x^2}{a^2} + \frac{y^2 + z^2}{b^2} = 1;$$

绕 y 轴旋转一周所生成的旋转曲面的方程为

$$\frac{x^2 + z^2}{a^2} + \frac{y^2}{b^2} = 1.$$

这两个旋转曲面都称为**旋转椭球面**.

同理 zOx 平面上的双曲线 $\dfrac{x^2}{a^2} - \dfrac{z^2}{b^2} = 1$,绕 x 轴旋转一周生成的旋转曲面的方程为

$$\frac{x^2}{a^2} - \frac{y^2 + z^2}{b^2} = 1,$$

这种旋转曲面称为**旋转双叶双曲面**(图 6-16).

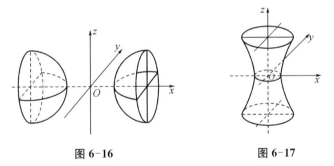

图 6-16　　　　　　　图 6-17

绕 z 轴旋转一周生成的旋转曲面的方程为

$$\frac{x^2 + y^2}{a^2} - \frac{z^2}{b^2} = 1,$$

这种旋转曲面称为**旋转单叶双曲面**(图 6-17).

6.6.3　柱面

在曲面方程中不含某个坐标的情形是比较常见的,如 $F(x,y) = 0$. 由于方程中不含 z,与 z 的取值无关,所以只要点的横坐标和纵坐标满足方程,那么它就在曲面上. 也可以这样说,只要 xOy 面上的点 $(x,y,0)$ 在曲面上,那么经过该点且平行于 z 轴的直线 l 就在曲面

上,而在 xOy 面上 $F(x,y)=0$ 的图形是一条曲线,因此 $F(x,y)=0$ 所表示的曲面可以看作是由平行于 z 轴的直线 L 沿 xOy 面内的一条曲线 C 移动而形成的. 一般地,一动直线 L 沿着给定曲线 C 且平行于定直线移动所生成的曲面称为**柱面** (图 6-18),定曲线 C 称为柱面的**准线**,而动直线 L 称为柱面的**母线**.

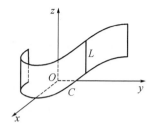

图 6-18

由上面的讨论可知,方程 $F(x,y)=0$ 在空间直角坐标系中表示母线平行 z 轴的柱面,其准线是 xOy 面上的曲线 C：$F(x,y)=0$.

类似可知,方程 $G(x,z)=0$ 和 $H(y,z)=0$ 分别表示母线平行于 y 轴和 x 轴的柱面.

如：$x^2+y^2=R^2$ 表示母线平行 z 轴,其准线为 xOy 面上的圆 $x^2+y^2=R^2$,称为**圆柱面**(图 6-19).

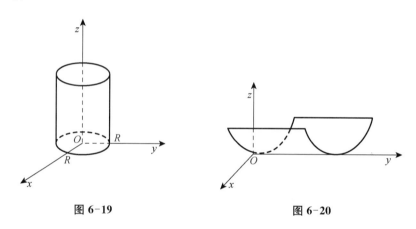

图 6-19   图 6-20

$x^2=2Pz(P>0)$ 表示母线平行于 y 轴,其准线为 zOx 面上的抛物线 $x^2=2Pz$,称为**抛物柱面**(图 6-20).

同理 $\dfrac{x^2}{a^2}+\dfrac{y^2}{b^2}=1$ 表示母线平行 z 轴的**椭圆柱面**(图 6-21).

$\dfrac{x^2}{a^2}-\dfrac{y^2}{b^2}=1$ 表示母线平行 z 轴的**双曲柱面**(图 6-22).

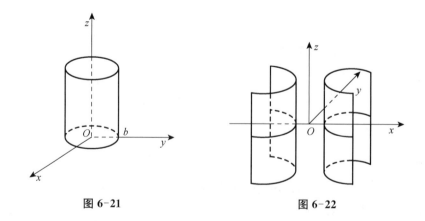

图 6-21   图 6-22

6.6.4　其他常见的二次曲面

最简单的曲面是平面,它可以用一个三元一次方程来表示,所以平面也称为一次曲面. 一个三元二次方程所表示的曲面称为二次曲面.下面介绍几种常见的二次曲面.

一般地,利用几何特征来刻画一个曲面的形状比较困难,因此对于常见的二次曲面,我们将利用它的标准方程来讨论它的图形.这里采用的方法是,用一组平行坐标面的平面去截所研究的曲面,考察其交线(即截痕)的形状,从而了解曲面的全貌,这种方法称为**截痕法**.

1. 椭球面

由方程 $\dfrac{x^2}{a^2}+\dfrac{y^2}{b^2}+\dfrac{z^2}{c^2}=1$ 所表示的曲面称为**椭球面**(图 6-23),其中,a,b,c 均为正数.

从方程可知 $\dfrac{x^2}{a^2}\leqslant 1$,$\dfrac{y^2}{b^2}\leqslant 1$,$\dfrac{z^2}{c^2}\leqslant 1$,

即　$-a\leqslant x\leqslant a$,$-b\leqslant y\leqslant b$,$-c\leqslant z\leqslant c$.

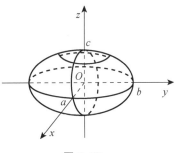

图 6-23

这表明整个曲面都介于平面 $x=\pm a$,$y=\pm b$,$z=\pm c$ 所构成的长方体内. a,b,c 称为椭球面的半轴;$(a,0,0)$,$(-a,0,0)$,$(0,b,0)$,$(0,-b,0)$,$(0,0,c)$,$(0,0,-c)$ 称为椭球面的顶点.

采用截痕法,椭球面与三个坐标面的交线分别为

$$\begin{cases}\dfrac{x^2}{a^2}+\dfrac{y^2}{b^2}=1,\\ z=0,\end{cases}\quad \begin{cases}\dfrac{x^2}{a^2}+\dfrac{z^2}{c^2}=1,\\ y=0,\end{cases}\quad \begin{cases}\dfrac{y^2}{b^2}+\dfrac{z^2}{c^2}=1,\\ x=0,\end{cases}$$

可知都是椭圆.

为了进一步地研究椭球面的形状,我们用一组平行于 xOy 坐标面的平面 $z=h$ $(|h|\leqslant c)$ 来截这一曲面,得交线

$$\begin{cases}\dfrac{x^2}{a^2}+\dfrac{y^2}{b^2}+\dfrac{z^2}{c^2}=1,\\ z=h,\end{cases}$$

即

$$\begin{cases}\dfrac{x^2}{a^2\left(1-\dfrac{h^2}{c^2}\right)}+\dfrac{y^2}{b^2\left(1-\dfrac{h^2}{c^2}\right)}=1,\\ z=h.\end{cases}$$

可以看出,若 $|h|<c$,交线是平面 $z=h$ 内的中心在 z 轴上的椭圆,而且 $|h|$ 越大,椭圆越小;当 $|h|=c$ 时,交线缩成一点;当 $h=0$ 时,交线是 xOy 面内的椭圆 $\dfrac{x^2}{a^2}+\dfrac{y^2}{b^2}=1$. 类似地,用平行于 yOz 和 zOx 面的平面去截此椭球面时,也会得出与上述类似的结果.

综合上面的讨论,可知椭球面的形状如图 6-23 所示.

这种用一组平行坐标面的平面去截所研究的曲面,通过考察其交线(即截痕)的形状,从而了解曲面的全貌的方法称为**截痕法**.

如果 $a=b$ 方程变为

$$\frac{x^2+y^2}{a^2}+\frac{z^2}{c^2}=1.$$

这种椭球面可以看作是由 zOx 平面内的椭圆 $\frac{x^2}{a^2}+\frac{z^2}{c^2}=1$ 绕 z 轴旋转所生成的旋转曲面,称为**旋转椭球面**.

如果 $a=b=c$ 方程变为

$$x^2+y^2+z^2=a^2,$$

则表示以原点为球心,以 a 为半径的球面.

2. 抛物面

由方程 $\frac{x^2}{2p}+\frac{y^2}{2q}=z$($p$ 与 q 同号)所表示的曲面称为**椭圆抛物面**(图 6-24).

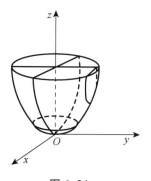

图 6-24

设 $p>0$,$q>0$,则 $z\geqslant 0$,可知曲线在 xOy 面的上方.

椭圆抛物面与三个坐标面的交线分别为 $O(0,0,0)$ 及两条开口向上的抛物线

$$\begin{cases} y^2=2qz, \\ x=0 \end{cases} \quad \text{和} \quad \begin{cases} x^2=2pz, \\ y=0, \end{cases}$$

用一组平行于 xOy 坐标面的平面 $z=h$($h\geqslant 0$)去截曲面,得截痕

$$\begin{cases} \dfrac{x^2}{2p}+\dfrac{y^2}{2q}=z, \\ z=h, \end{cases}$$

即

$$\begin{cases} \dfrac{x^2}{2ph}+\dfrac{y^2}{2qh}=1, \\ z=h. \end{cases}$$

当 $h>0$ 时,截痕为椭圆,h 越大,椭圆越大;

当 $h=0$ 时,截痕缩为一点;

当 $h<0$ 时,没有截痕.

用一组平行于 zOx 坐标面的平面 $y=k$ 去截曲面,得截痕

$$\begin{cases} x^2=2p\left(z-\dfrac{k^2}{2q}\right), \\ y=k, \end{cases}$$

截痕为平面 $y=k$ 上开口向上的抛物线,对称轴平行于 z 轴.

类似地,用平行于 yOz 坐标面的平面 $x=m$ 去截曲面时,截痕为平面 $x=m$ 上开口向上的抛物线,对称轴平行于 z 轴.

当 $p<0,q<0$ 时,可以进行类似的讨论.

从而可知椭圆抛物面的形状如图 6-24 所示.

如果 $p=q$,方程变为

$$\frac{x^2}{2p}+\frac{y^2}{2p}=z \quad (p>0).$$

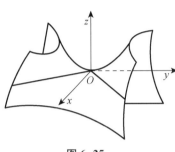

这种抛物面可以看作是由 zOx 面上的抛物线 $x^2=2pz$ 绕 z 轴旋转所生成的旋转曲面,称为**旋转抛物面**.

由方程 $-\frac{x^2}{2p}+\frac{y^2}{2q}=z$($p$ 与 q 同号)所表示的曲面称为

双曲抛物面或**鞍形曲面**(图 6-25).

当 $p>0,q>0$ 时,用平面 $x=m,y=k$ 去截曲面,所得截痕为抛物线,用平面 $z=h$ 去截曲面所得截痕为双曲线,它的形状如图 6-24 所示.

图 6-25

当 $p<0,q<0$ 时,可以进行类似讨论.

3. 双曲面

由方程 $\frac{x^2}{a^2}+\frac{y^2}{b^2}-\frac{z^2}{c^2}=1$ 所表示的曲面称为**单叶双曲面**,其中心轴为 z 轴.

容易看出,用平面 $z=h$ 去截曲面所得的截痕为椭圆,$|h|$ 越大,椭圆越大.用平面 $x=m$ 和 $y=k$ 去截曲面所得截痕为双曲线.单叶双曲面的形状如图 6-26 所示.

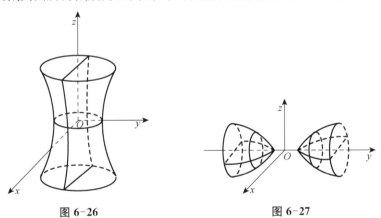

图 6-26   图 6-27

由方程 $\frac{x^2}{a^2}-\frac{y^2}{b^2}+\frac{z^2}{c^2}=1$ 和 $-\frac{x^2}{a^2}+\frac{y^2}{b^2}+\frac{z^2}{c^2}=1$ 所表示的曲面也是单叶双曲面,只不过它的中心轴分别为 y 轴和 x 轴.

由方程 $\frac{x^2}{a^2}-\frac{y^2}{b^2}+\frac{z^2}{c^2}=-1$ 所表示的曲面称为**双叶双曲面**.其中心轴为 y 轴读者可用截痕法自己进行讨论.它的形状如图 6-27 所示.

类似地，由方程 $\dfrac{x^2}{a^2}+\dfrac{y^2}{b^2}-\dfrac{z^2}{c^2}=-1$ 和 $-\dfrac{x^2}{a^2}+\dfrac{y^2}{b^2}+\dfrac{z^2}{c^2}=-1$ 所表示的曲面也是双叶双曲面，其中心轴分别为 z 轴和 x 轴.

习 题 6-6

1. 一动点与两定点 $(2,3,1)$ 和 $(4,5,6)$ 等距离. 求这动点的轨迹方程.

2. 建立以 $(1,3,-2)$ 为球心，且通过坐标原点的球面方程.

3. 方程 $x^2+y^2+z^2-2x+4y+2z=0$ 表示什么曲面.

4. 将 zOx 平面上的抛物线 $z^2=5x$ 绕 x 轴旋转一周，求所生成的旋转曲面的方程.

5. 将 xOy 平面上的直线 $y=2x$ 绕 x 轴旋转一周，求生成的旋转曲面方程，并说明是什么曲面.

6. 将 xOy 平面上的双曲线 $4x^2-9y^2=36$ 分别绕 x 轴及 y 轴旋转一周. 求所生成的旋转曲面方程，并说明是什么曲面.

7. 指出下列方程在平面解析几何中和空间解析几何中分别表示什么图形.

(1) $x=2$；(2) $y=x+1$；(3) $x^2+y^2=4$；(4) $x^2-y^2=1$ (5) $y=x^2$.

6.7 空间曲线及其方程

6.7.1 空间曲线的一般方程及参数方程

空间曲线可以看作是两个曲面的交线.

设 $F(x,y,z)=0$ 和 $G(x,y,z)=0$ 为两个空间曲面 S_1 和 S_2 的方程，它们的交线为 C（图 6-28），则曲线 C 上的点的坐标一定同时满足上面两个方程. 反之，如果点 M 不在交线 C 上，那么它不可能同时满足上面两个方程. 因此，方程组

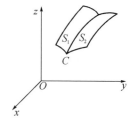

图 6-28

$$\begin{cases} F(x,y,z)=0, \\ G(x,y,z)=0 \end{cases} \tag{6.7.1}$$

即为曲线 C 的方程.

方程组(6.7.1)也称为**空间曲线的一般方程**.

例 6.7.1 方程组 $\begin{cases} x^2+y^2=1, \\ 2x+3y+3z=6 \end{cases}$ 表示怎样的曲线？

解 方程组中的第一个方程表示母线平行于 z 轴的圆柱面，其准线是 xOy 平面上以原点为圆心，以 1 为半径的圆. 方程组中的第二个方程表示一个平面. 因此，方程组就表示圆柱面 $x^2+y^2=1$ 与平面 $2x+3y+3z=6$ 的交线，它是空间的一个椭圆，如图 6-29 所示.

例 6.7.2 方程组 $\begin{cases} z=\sqrt{a^2-x^2-y^2}, \\ \left(x-\dfrac{a}{2}\right)^2+y^2=\left(\dfrac{a}{2}\right)^2 \end{cases}$ $(a>0)$ 表示怎样的曲线？

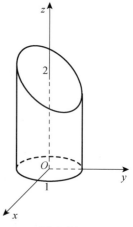

图 6-29

解　方程组中的第一个方程表示以原点为球心,以 a 为半径的上半球. 方程组中的第二个方程表示母线平行于 z 轴的圆柱面,其准线是 xOy 平面上以 $\left(\dfrac{a}{2}, 0\right)$ 为圆心,以 $\dfrac{a}{2}$ 为半径的圆. 因此,方程组就表示上述半球与圆柱面的交线,如图 6-30 所示.

如果曲线 C 上动点的坐标都可以表示为一个参数 t 的函数

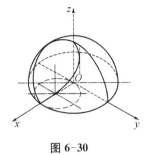

图 6-30

$$\begin{cases} x = x(t), \\ y = y(t), \quad t \in [a, b], \\ z = z(t), \end{cases} \tag{6.7.2}$$

则称此方程组为**曲线的参数方程**.

参数 t 在它的变化范围中每取一个值就对应到曲线上一个点. 反之,曲线上任一点都由参数 t 的一个值对应.

如能从方程组(6.7.2)中消去 t,就得到曲线的一般方程.

例 6.7.3　设一动点 M 在圆柱面 $x^2 + y^2 = a^2$ 上以角速度 ω 作等速圆周运动. 同时又以速度 v 沿平行于 z 轴的正方向作等速运动. 求点 M 的轨迹方程.

解　设 $t = 0$,动点在 $A(a, 0, 0)$ 处,经过时间 t,动点运动列点 $M(x, y, z)$ 处,所转过的角度为 $\theta = \omega t$(图 6-31).

按已知条件可得

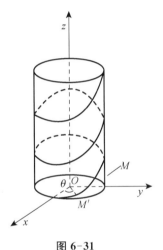

$$\begin{cases} x = a\cos\omega t, \\ y = a\sin\omega t, \\ z = vt. \end{cases}$$

这就是点 M 的运动曲线的参数方程. 这个曲线也称为**螺旋线**,是实践中常用的曲线.

图 6-31

6.7.2　空间曲线在坐标面上的投影

设空间曲线 C 的一般方程为

$$\begin{cases} F(x, y, z) = 0, \\ G(x, y, z) = 0. \end{cases}$$

过曲线 C 上的每一点作 xOy 平面的垂线,形成了母线平行于 z 轴的柱面,这个柱面称为曲线 C 在 xOy 平面上的投影柱面,投影柱面与 xOy 平面的交线称为曲线 C 在 xOy 平面上的投影.

从方程组 $\begin{cases} F(x, y, z) = 0, \\ G(x, y, z) = 0 \end{cases}$ 消去 z 后所得方程为

$$H(x, y) = 0. \tag{6.7.3}$$

方程(6.7.3)表示母线平行于 z 轴的柱面. 可知曲线 C 上的所有点也都在这个柱面上,

即方程(6.7.3)表示的柱面包含 C 的投影柱面.

因此方程组

$$\begin{cases} H(x,y)=0, \\ z=0 \end{cases} \tag{6.7.4}$$

所表示的曲线必定包含了曲线 C 在 xOy 平面上的投影.

注意：曲线 C 在 xOy 平面上的投影可能只是方程组(6.7.4)所表示的曲线的一部分，不一定是全部.

同理从方程组(6.7.1)消去 x，得

$$R(y,z)=0,$$

则

$$\begin{cases} R(y,z)=0, \\ x=0 \end{cases}$$

包含了曲线在 yOz 平面上的投影.

从方程组(6.7.1)消去 y，得

$$p(x,z)=0,$$

则

$$\begin{cases} p(x,z)=0, \\ y=0 \end{cases}$$

包含了曲线在 zOx 平面上的投影.

例 6.7.4 求两球面的交线 $\begin{cases} x^2+y^2+z^2=1, \\ x^2+y^2+(z-1)^2=1 \end{cases}$ 在 xOy 面上的投影.

解 将两个方程相减得：$2z=1$，即 $z=\dfrac{1}{2}$，这就说明交线在平面 $z=\dfrac{1}{2}$ 上.

将 $z=\dfrac{1}{2}$ 代入方程得

$$x^2+y^2=\frac{3}{4},$$

于是此交线在 xOy 面上的投影方程为

$$\begin{cases} x^2+y^2=\dfrac{3}{4}, \\ z=0. \end{cases}$$

它是以原点为圆心，半径为 $\dfrac{\sqrt{3}}{2}$ 的圆.

例 6.7.5 设一个立体由上半球面 $z=\sqrt{4-x^2-y^2}$ 和锥面 $z=\sqrt{3(x^2+y^2)}$ 所围成（图 6-32），求它在 xOy 平面上的投影区域.

解　半球面与锥面的交线为

$$\begin{cases} z = \sqrt{4 - x^2 - y^2}, \\ z = \sqrt{3(x^2 + y^2)}. \end{cases}$$

从方程组中消去 z，得到

$$x^2 + y^2 = 1.$$

因此交线在 xOy 平面上的投影曲线为

$$\begin{cases} x^2 + y^2 = 1, \\ z = 0. \end{cases}$$

所以此立体在 xOy 面上的投影区域为

$$\{(x, y) \mid x^2 + y^2 \leqslant 1\}.$$

求曲线的投影及几何体的投影区域在多元函数积分学中有非常重要的应用.

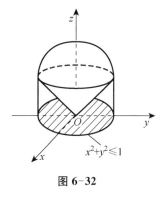

图 6-32

习　题　6-7

1. 指出下列方程所表示的曲线

(1) $\begin{cases} x^2 + y^2 + z^2 = 25, \\ x = 3; \end{cases}$　　　　　(2) $\begin{cases} y^2 + z^2 - 4x + 8 = 0, \\ z = 2. \end{cases}$

2. 求曲线 $\begin{cases} y^2 + z^2 - 2x = 0, \\ z = 3 \end{cases}$ 在 xOy 平面上投影曲线的方程，并指出原曲线是什么曲线.

3. 求球面 $x^2 + y^2 + z^2 = 9$ 与平面 $x + z = 1$ 的交线在 xOy 平面上的投影方程.

4. 求下列曲线在 xOy 平面上的投影

(1) $\begin{cases} x^2 + y^2 + 4z^2 = 1, \\ x^2 = y^2 + z^2; \end{cases}$　　　　　(2) $\begin{cases} \dfrac{x^2}{16} + \dfrac{y^2}{4} - \dfrac{z^2}{5} = 1, \\ x - 2z + 3 = 0; \end{cases}$

(3) $\begin{cases} \dfrac{x^2}{a^2} + \dfrac{y^2}{b^2} + \dfrac{z^2}{c^2} = 1, \\ \dfrac{x^2}{a^2} - \dfrac{y^2}{b^2} + \dfrac{z^2}{c^2} = -1. \end{cases}$

综合练习 6

一、选择题

1. 在 y 轴上与点 $A(1, -4, 7)$ 和 $B(5, 6, 5)$ 等距离的点 M 是(　　).

A. $M(0, -1, 0)$　　　　B. $M(0, 1, 0)$　　　　C. $M(3, 1, 6)$　　　　D. $M(6, 2, 12)$

2. 向量 $\boldsymbol{a} = \boldsymbol{i} + \sqrt{2}\boldsymbol{j} + \boldsymbol{k}$ 与各坐标轴的夹角分别是(　　).

A. $\alpha = \dfrac{\pi}{6}, \beta = \dfrac{\pi}{4}, \gamma = \dfrac{\pi}{6}$　　　　　　　　B. $\alpha = \dfrac{\pi}{3}, \beta = \dfrac{\pi}{3}, \gamma = \dfrac{\pi}{3}$

C. $\alpha = \dfrac{\pi}{3}$, $\beta = \dfrac{\pi}{4}$, $\gamma = \dfrac{\pi}{6}$ 　　　　　　　D. $\alpha = \dfrac{\pi}{3}$, $\beta = \dfrac{\pi}{4}$, $\gamma = \dfrac{\pi}{3}$

3. 设 $\boldsymbol{a}$, $\boldsymbol{b}$, $\boldsymbol{c} \neq \boldsymbol{0}$, 则下列命题成立的是（　　）.

A. $|\boldsymbol{a} + \boldsymbol{b}| = |\boldsymbol{a} - \boldsymbol{b}|$ 　　　　　　　B. $\boldsymbol{a} \cdot \boldsymbol{b} = \boldsymbol{b} \cdot \boldsymbol{a}$

C. 当 $\boldsymbol{a} \cdot \boldsymbol{c} = \boldsymbol{b} \cdot \boldsymbol{c}$ 时,有 $\boldsymbol{a} = \boldsymbol{b}$ 　　　D. 当 $\boldsymbol{a} \times \boldsymbol{b} = \boldsymbol{a} \times \boldsymbol{c}$ 时,有 $\boldsymbol{b} = \boldsymbol{c}$

4. 已知 $\boldsymbol{a} = \{2, -2, 1\}$, $\boldsymbol{b} = \{3, 2, 2\}$, 则垂直于 $\boldsymbol{a}$ 和 $\boldsymbol{b}$ 的向量为（　　）.

A. $\{6, -1, 10\}$ 　　　B. $\{-6, 1, 10\}$ 　　　C. $\{-6, -1, 10\}$ 　　　D. $\{-6, 1, -10\}$

5. 两直线 $L_1 : \dfrac{x+1}{1} = \dfrac{y+2}{2} = \dfrac{z-1}{1}$, $L_2 : \begin{cases} x = 1, \\ y = -1 + t, \\ z = 2 + t \end{cases}$ 的位置关系是（　　）.

A. 平行 　　　　　　B. 垂直 　　　　　　C. 异面 　　　　　　D. 重合

6. 直线 $L : \dfrac{x+3}{2} = \dfrac{y+4}{7} = \dfrac{z}{-3}$ 和平面 $\pi : 4x - 2y - 2z - 1 = 0$ 位置关系是（　　）.

A. $L /\!/ \pi$ 　　　　　B. $L \perp \pi$ 　　　　　C. L 与 π 斜交 　　　　　D. $L \in \pi$

7. 设直线方程 $\begin{cases} A_1 x + B_1 y + C_1 z + D_1 = 0 \\ B_2 y + \qquad\quad D_2 = 0 \end{cases}$, 且 $A_1, B_1, C_1, D_1, B_2, D_2 \neq 0$, 则直线（　　）.

A. 过原点 　　　　　　　　　　　B. 平行于 z 轴

C. 垂直于 y 轴 　　　　　　　　　D. 平行于 x 轴

8. 过点 $(1, 1, 2)$ 且与平面 $2x + 3y + z + 12 = 0$ 平行的平面是（　　）.

A. $2x + 3y + z - 7 = 0$ 　　　　　　B. $2x + 3y + z + 7 = 0$

C. $x + y + 2z + 12 = 0$ 　　　　　　D. $x + y + 2z - 6 = 0$

9. 设直线 $L : \begin{cases} x + y + 3z = 0 \\ x - y - z = 0 \end{cases}$ 与平面 $\pi : x - y - z + 1 = 0$ 的夹角为（　　）.

A. $\dfrac{\pi}{4}$ 　　　　　　B. $\dfrac{\pi}{2}$ 　　　　　　C. $\dfrac{\pi}{3}$ 　　　　　　D. 0

10. 曲面 $z = \dfrac{x^2}{4} + \dfrac{y^2}{9}$ 为（　　）.

A. 椭圆柱面 　　　　　B. 椭圆抛物面 　　　　　C. 椭圆锥面 　　　　　D. 抛物柱面

二、填空题

1. 设 $M_1(1, 7, -6)$ 和 $M_2(5, -5, -2)$, 点 M 使 $\overrightarrow{M_1 M} = 3\overrightarrow{MM_2}$, $\overrightarrow{OM} = $ _____.

2. 已知 $\boldsymbol{a} = (\lambda, 5, -1)$ 与 $\boldsymbol{b} = (3, 1, \mu)$ 平行, 则 $\lambda = $ _____. $\mu = $ _____.

3. 若 $|\boldsymbol{a}| = 2$, $|\boldsymbol{b}| = \sqrt{2}$, 且 $\boldsymbol{a} \cdot \boldsymbol{b} = 2$, 则 $|\boldsymbol{a} \times \boldsymbol{b}| = $ _____.

4. 过点 $M(5, -6, 3)$ 且包含 z 轴的平面方程是 _____.

5. 直线 $L : \begin{cases} x - y + z = 1, \\ 2x + y + z = 4 \end{cases}$ 的对称式方程是 _____.

6. 以点 $(2, -3, 5)$ 为球心, 且通过原点的球面方程是 _____.

7. 方程组 $\dfrac{x^2}{4} + \dfrac{y^2}{9} = 1$ 在平面解析几何中表示 _____, 在空间解析几何中表示 _____.

8. 将 xOy 面上的双曲线 $4x^2 - 9y^2 = 36$ 绕 x 轴旋转一周所形成的旋转曲面方程是 _____, 绕 y 轴旋转一周所形成的旋转曲面方程是 _____.

三、 已知 $\boldsymbol{a} = \{2, -3, 1\}$, $\boldsymbol{b} = \{1, -1, 3\}$, $\boldsymbol{c} = \{1, -2, 0\}$, 计算

(1) $(\boldsymbol{a} \cdot \boldsymbol{b})\boldsymbol{c} - (\boldsymbol{a} \cdot \boldsymbol{c})\boldsymbol{b}$; 　　　　　　(2) $(\boldsymbol{a} + \boldsymbol{b}) \times (\boldsymbol{b} + \boldsymbol{c})$.

四、 设 $M_1(2, 2, \sqrt{2})$ 和 $M_2(1, 3, 0)$, 计算 $\overrightarrow{M_1 M_2}$ 的模、方向余弦和方向角.

五、已知动点 $M(x，y，z)$ 到 xOy 平面的距离与 M 到点 $P(1，-1，2)$ 的距离相等,求 M 的轨迹方程.

六、求过点 $(2，1，3)$ 且与直线 $L：\dfrac{x+1}{3}=\dfrac{y-1}{2}=\dfrac{z}{-1}$ 垂直相交的直线方程.

七、求过点 $M(4，-3，1)$ 且与两直线：$\dfrac{x}{6}=\dfrac{y}{2}=\dfrac{z}{-3}$ 和 $\begin{cases} x+2y-z+1=0，\\ 2x-z+2=0 \end{cases}$ 都平行的平面方程.

八、分别写出下列曲线旋转后所得到的曲面方程并说明是什么图形.

(1) yOz 面上的直线 $z=3y$ 绕 z 轴旋转一周所形成的旋转曲面;

(2) xOz 面上的抛物线 $z=x^2$ 绕 z 轴旋转一周所形成的旋转曲面.

九、已知曲线 $\begin{cases} y^2+z^2-2x=0 \\ z=3 \end{cases}$ 求该曲线：

(1) 对 xOy 面的投影柱面和在 xOy 面上的投影曲线方程;

(2) 对 yOz 面的投影柱面和在 yOz 面上的投影曲线方程.

十、求由上半球面 $z=\sqrt{a^2-x^2-y^2}$,柱面 $x^2+y^2-ax=0$ 及平面 $z=0$ 所围成的立体在 xOy 平面上的投影.

第7章 多元函数微分学

前面各章研究的函数都是只有一个自变量的,这样的函数称为一元函数.但在许多实际问题中,常常会遇到含有两个或者更多自变量的函数,即多元函数.例如,某种商品的需求量不仅与该商品的价格有关,还与消费者的收入以及其他相关商品的价格等因素有关,这就涉及多个自变量的问题.本章将在一元函数微分学的基础上,讨论多元函数的微分法及其应用.一元函数的许多概念、性质与结论可以很自然地推广到多元函数中,当然有时也会产生很多新问题,所以我们需要特别注意一些与一元函数微分学中不同的性质和结论.而多元函数中二元函数是最简单的,且所得的结论大都可以推广至二元以上的函数,因此,在下面的讨论中主要以二元函数为主.

7.1 多元函数的概念、极限与连续性

7.1.1 平面点集与区域

1. 平面点集

一元函数的定义域是实数轴上的点集,二元函数的定义域是 xOy 平面上的点集.由平面解析几何可知, xOy 平面上的点与一个二元有序实数组 (x, y) 一一对应,这些二元有序实数组 (x, y) 的全体组成的集合称为二维空间,记作 $\mathbf{R}^2$,即 $\mathbf{R}^2 = \{(x, y) \mid x, y \in \mathbf{R}\}$ 表示坐标平面 xOy.

xOy 平面上具有某种性质 P 的点的集合称为**平面点集**,记作

$$E = \{(x, y) \mid (x, y) \text{ 具有性质 } P\}.$$

讨论一元函数时,经常用到邻域和区间概念.而对于二元函数的讨论,需要把邻域和区间概念加以推广,同时还要引入一些其他概念.下面主要讨论平面上邻域及区域的有关概念.

2. 邻域

设 $P_0(x_0, y_0)$ 是平面 $\mathbf{R}^2$ 上的一个点, δ 是某一正数.与点 $P_0(x_0, y_0)$ 距离小于 δ 的点 $P(x, y)$ 的全体,称为**点 P_0 的 δ 邻域**,记为 $U(P_0, \delta)$,即

$$U(P_0, \delta) = \left\{ P \mid |PP_0| < \delta \right\},$$

也就是

$$U(P_0, \delta) = \left\{ (x, y) \mid \sqrt{(x - x_0)^2 + (y - y_0)^2} < \delta \right\}.$$

邻域的几何意义: $U(P_0, \delta)$ 表示平面 $\mathbf{R}^2$ 上以点 $P_0(x_0, y_0)$ 为中心, $\delta > 0$ 为半径的圆的内部(不包含圆周)的点 $P(x, y)$ 的全体.

将 $U(P_0, \delta)$ 的中心点 $P_0(x_0, y_0)$ 去掉后,称其为**点 P_0 的去心 δ 邻域**,记作 $\mathring{U}(P_0, \delta)$,即

$$\mathring{U}(P_0, \delta) = \{P \mid 0 < \mid P_0 P \mid < \delta\}.$$

如果不需要强调邻域半径时,可以用 $U(P_0)$ 表示点 P_0 的某个邻域,用 $\mathring{U}(P_0)$ 表示点 P_0 的去心邻域.

3. 区域

设 E 是平面 $\mathbf{R}^2$ 上的一个点集,P_0 是 $\mathbf{R}^2$ 上的一个点,如果存在点 P_0 的某一邻域 $U(P_0)$ 使 $U(P_0) \subset E$,则称 P_0 为 E 的**内点**(图 7-1).显然 E 的内点属于 E.

设 E 是平面 $\mathbf{R}^2$ 上的一个点集,P_1 是 $\mathbf{R}^2$ 上的一个点,如果存在点 P_1 的某一邻域 $U(P_1)$ 使 $U(P_1) \bigcap E = \varnothing$,则称 P_1 为 E 的**外点**(图 7-1).显然 E 的外点不属于 E.

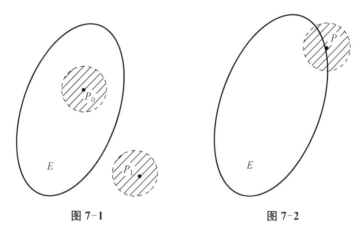

图 7-1　　　　　　　　　　图 7-2

如果点 P 的任一邻域内既有属于 E 的点,也有不属于 E 的点(点 P 本身可以属于 E,也可以不属于 E),则 P 称为 E 的**边界点**(图 7-2).E 的边界点的全体称为 E 的边界.

例如,设点集 $E_1 = \left\{(x, y) \mid x^2 + y^2 < 1\right\}$,点 $P_0(x_0, y_0) \in \mathbf{R}^2$.若满足 $x_0^2 + y_0^2 < 1$,则点 P_0 为 E_1 的内点;若满足 $x_0^2 + y_0^2 > 1$,则点 P_0 为 E_1 的外点;而圆周 $x_0^2 + y_0^2 = 1$ 上的点 P_0 是它的边界点.E_1 的边界为 $\partial E_1 = \left\{(x, y) \mid x^2 + y^2 = 1\right\}$

如果 E 中每一个点都是它的内点,则称 E 为**开集**.例如,上例中的点集 E_1 就是开集.

设 E 是开集,如果对于 E 中的任意两点都能用位于 E 中的折线连接起来,则称 E 为**区域**(或**开区域**).例如,$\left\{(x, y) \mid x + y > 1\right\}$ 及 $\left\{(x, y) \mid x^2 + y^2 < 4\right\}$ 都是区域.开区域连同它的边界一起所构成的点集称为**闭区域**.

例如,$\left\{(x, y) \mid x + y \geqslant 1\right\}$ 及 $\left\{(x, y) \mid x^2 + y^2 \leqslant 4\right\}$ 都是闭区域.

对于点集 E,如果存在正数 K,使对 E 上任意一点 P 与坐标原点 O 的距离不超过 K,即 $\mid OP \mid \leqslant K$,则称 E 为**有界区域**,否则称为**无界区域**.例如,$\left\{(x, y) \mid x + y > 1\right\}$ 是无界开区域(图 7-3),$\left\{(x, y) \mid x^2 + y^2 \leqslant 4\right\}$ 是有界闭区域(图 7-4).有界闭区域是闭区间

概念的延伸.

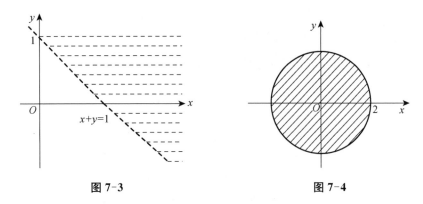

图 7-3   图 7-4

以上定义了二维平面上邻域及区域的概念,同样地可以定义空间中的相关概念. 在空间解析几何中,空间中的点与三元有序实数组 (x, y, z) 一一对应. 一般地,对于确定的正整数 n,称 n 元有序实数组 $(x_1, x_2, \cdots, x_n)$ 的全体为 **n 维空间**,而每个 n 元有序实数组 $(x_1, x_2, \cdots, x_n)$ 称为 n 维空间中的一个点,数 x_i 称为该点的第 i 个坐标($i=1, 2, \cdots, n$). n 维空间记作 $\mathbf{R}^n$. 而空间中任意两点 $P(x_1, x_2, \cdots, x_n)$ 和 $Q(y_1, y_2, \cdots, y_n)$ 之间的距离规定为

$$|PQ| = \sqrt{(x_1-y_1)^2 + (x_2-y_2)^2 + \cdots + (x_n-y_n)^2}.$$

当 $n=1, 2, 3$ 时,上式就是数轴上、平面上及空间中两点间的距离公式.

由此,前面针对平面点集的一系列概念都可以推广到 n 维空间中. 例如,设 P_0 是 n 维空间中的一个点,δ 是某一正数,则点集 $U(P_0, \delta) = \{P \mid |PP_0| < \delta, P \in \mathbf{R}^n\}$ 就定义为点 P_0 的 δ 邻域.

7.1.2   多元函数的概念

在许多实际问题中涉及的函数往往会依赖于两个或者多个变量. 例如,长方形的面积 S 和它的长度 x、宽度 y 之间具有关系 $S=xy$. 当 x, y 在集合 $\left\{(x, y) \mid x>0, y>0\right\}$ 内取定一组数值 x_0, y_0 时,面积 S 的对应值就随之唯一确定. 一般地,如果一个变量随着另外两个自变量的变化而变化,则当这两个自变量的值确定之后,这个变量也对应一个确定的值,这就是一个二元函数. 下面把一元函数的概念推广到二元函数,将二元函数具体定义如下:

定义 7.1.1   设 D 是 $\mathbf{R}^2$ 上的一个点集,如果对于 D 中每一点 $P(x, y) \in D$,变量 z 按照一定的法则 f 总有唯一确定的实数与之对应,则称 z 是变量 x, y 的二元函数,记为

$$z=f(x, y) \quad \text{或} \quad z=f(P).$$

点集 D 称为函数的**定义域**,x, y 称为**自变量**,变量 z 称为**因变量**.

二元函数 $z=f(x, y)$ 在点 (x_0, y_0) 处的**函数值**可记为 $z\big|_{(x_0, y_0)}$ 或 $f(x_0, y_0)$. 称全体函数值的集合

$$f(D) = \left\{ z \,\middle|\, z = f(x, y), (x, y) \in D \right\}$$

为函数的**值域**.

例 7.1.1 设 $z = \ln(x^2 + y^2 - 3) + \sin(\pi xy)$，求 $z\big|_{(2,1)}$.

解 $z\big|_{(2,1)} = \ln(4 + 1 - 3) + \sin 2\pi = \ln 2$.

一般地，二元函数表示空间直角坐标系中的一个曲面. 设函数 $z = f(x, y)$ 的定义域为 $\mathbf{R}^2$ 上的某一点集 D，对于任意取定的 $P(x, y) \in D$，对应的函数值为 $z = f(x, y)$，这样，以 x 为横坐标、y 为纵坐标、z 为竖坐标在空间就确定一点 $M(x, y, z)$. 当 P 取遍定义域 D 中的所有点时，点 $M(x, y, z)$ 就在空间中相应地变动，描绘出一个曲面

$$S = \{(x, y, z) \,|\, z = f(x, y), (x, y) \in D\},$$

这个点集 S 称为**二元函数** $z = f(x, y)$ 的**图形**.

将平面点集 D 换成 $\mathbf{R}^n$ 中的点集 D，则可类似地定义 n 元函数 $y = f(x_1, x_2, \cdots, x_n)$. n 元函数也可用点函数的形式表示为 $y = f(P)$，这里点 $P(x_1, x_2, \cdots, x_n) \in D$. 当 $n \geqslant 2$ 时，n 元函数统称为**多元函数**.

关于多元函数的定义域，作如下的约定：在一般地讨论用算式表达的多元函数 $u = f(P)$ 时，就以使这个算式有意义的自变量所确定的点集为这个多元函数的定义域.

例 7.1.2 求下列函数的定义域 D.

(1) $f(x, y) = \dfrac{\ln(1 - x^2 - y^2)}{\sqrt{4x - y^2}}$；

(2) $f(x, y) = \sqrt{1 - x^2} + \sqrt{y^2 - 1}$.

解 (1) 要使函数有意义，则必有 $\begin{cases} 1 - x^2 - y^2 > 0, \\ 4x - y^2 > 0, \end{cases}$ 即 $\begin{cases} x^2 + y^2 < 1, \\ y^2 < 4x, \end{cases}$

所以函数的定义域为 $D = \left\{ (x, y) \,\middle|\, y^2 < 4x, x^2 + y^2 < 1 \right\}$.

(2) 要使函数有意义，则必有 $\begin{cases} 1 - x^2 \geqslant 0, \\ y^2 - 1 \geqslant 0, \end{cases}$ 即 $\begin{cases} -1 \leqslant x \leqslant 1, \\ y \geqslant 1 \text{ 或 } y \leqslant -1, \end{cases}$

所以函数的定义域为 $D = \left\{ (x, y) \,\middle|\, -1 \leqslant x \leqslant 1, y \geqslant 1 \text{ 或 } y \leqslant -1 \right\}$.

7.1.3 多元函数的极限

二元函数 $z = f(x, y)$ 的极限概念，与一元函数的极限概念类似. 如果当平面 $\mathbf{R}^2$ 上的动点 $P(x, y)$ 以任意方式无限趋近于定点 $P_0(x_0, y_0)$，即 $P(x, y) \to P_0(x_0, y_0)$ 时，对应的函数值 $f(x, y)$ 无限接近于一个确定的常数 A，则称 A 是函数 $z = f(x, y)$ 当 $P \to P_0$ 时的**极限**.

下面用"$\varepsilon - \delta$"语言描述二元函数的极限概念，它精确地刻画出二元函数极限的本质.

定义 7.1.2 设函数 $z = f(x, y)$ 在开区域（或闭区域）D 内有定义，$P_0(x_0, y_0)$ 是 D 的内点或边界点，如果对于任意给定的正数 ε，总存在正数 δ，使得对于适合不等式

$$0 < |PP_0| = \sqrt{(x-x_0)^2 + (y-y_0)^2} < \delta$$

的一切点 $P(x, y) \in D$，都有

$$|f(x, y) - A| < \varepsilon$$

成立，则称常数 A 为函数 $z = f(x, y)$ 当 $(x, y) \to (x_0, y_0)$ 时（或 $P \to P_0$ 时）的极限，记作

$$\lim_{(x, y) \to (x_0, y_0)} f(x, y) = A \quad \text{或} \quad f(x, y) \to A \quad ((x, y) \to (x_0, y_0)),$$

也可记作 $\lim\limits_{P \to P_0} f(P) = A$.

为了区别于一元函数的极限，通常把二元函数的极限称为**二重极限**.

必须指出的是，这里 $P \to P_0$ 表示点 P 以任何方式趋于点 P_0，也就是点 P 与点 P_0 间的距离趋于零，即

$$|PP_0| = \sqrt{(x-x_0)^2 + (y-y_0)^2} \to 0.$$

例 7.1.3 设 $f(x, y) = (x^2 + y^2)\cos\dfrac{1}{x^2 + y^2}$，证明 $\lim\limits_{(x, y) \to (0, 0)} f(x, y) = 0$.

证明 因为

$$|f(x, y) - 0| = \left| (x^2 + y^2)\cos\frac{1}{x^2 + y^2} - 0 \right| \leqslant x^2 + y^2,$$

可见，对任意给定的 $\varepsilon > 0$，取 $\delta = \sqrt{\varepsilon}$，则当 $0 < \sqrt{(x-0)^2 + (y-0)^2} < \delta$ 时，总有

$$|f(x, y) - 0| < \varepsilon$$

成立，所以

$$\lim_{(x, y) \to (0, 0)} f(x, y) = 0.$$

例 7.1.4 证明当 $(x, y) \to (0, 0)$ 时，二元函数 $f(x, y) = \begin{cases} \dfrac{xy}{x^2 + y^2}, & x^2 + y^2 \neq 0, \\ 0, & x^2 + y^2 = 0 \end{cases}$

的极限不存在.

证明 当点 $P(x, y)$ 沿直线 $y = x$ 趋于 $(0, 0)$ 时，有

$$\lim_{\substack{(x, y) \to (0, 0) \\ y = x}} f(x, y) = \lim_{x \to 0} \frac{x^2}{x^2 + x^2} = \frac{1}{2}.$$

但当点 $P(x, y)$ 沿抛物线 $y = x^2$ 趋于 $(0, 0)$ 时，又有

$$\lim_{\substack{(x, y) \to (0, 0) \\ y = x^2}} f(x, y) = \lim_{x \to 0} \frac{x^3}{x^2 + x^4} = \lim_{x \to 0} \frac{x}{1 + x^2} = 0.$$

因此，函数 $f(x, y)$ 在点 $(0, 0)$ 处极限不存在.

注 （1）二重极限的存在，是指动点 $P(x, y)$ 以任何方式趋于定点 $P_0(x_0, y_0)$ 时，函

数值 $f(x, y)$ 都无限接近于同一个确定的常数 A.

（2）当 $P(x, y)$ 沿着某些特殊路径趋于 $P_0(x_0, y_0)$ 时，虽都有 $f(x, y) \to A$，但不能断定极限存在.

例如，例 7.1.4 中，当点 $P(x, y)$ 沿直线 $y=0$ 趋于点 $(0, 0)$ 时，有

$$\lim_{\substack{(x, y) \to (0, 0) \\ y=0}} f(x, y) = \lim_{x \to 0} \frac{0}{x^2+0} = 0;$$

当点 $P(x, y)$ 沿直线 $x=0$ 趋于点 $(0, 0)$ 时，有

$$\lim_{\substack{(x, y) \to (0, 0) \\ x=0}} f(x, y) = \lim_{y \to 0} \frac{0}{0+y^2} = 0;$$

但是不能说明函数 $f(x, y)$ 在点 $(0, 0)$ 处极限等于零. 事实上，由例 7.1.4 可知，函数 $f(x, y)$ 在点 $(0, 0)$ 处极限不存在.

（3）如果 $P(x, y)$ 沿两种不同路径趋于 $P_0(x_0, y_0)$ 时，函数 $f(x, y)$ 趋于不同的值，或者取某一特殊路径趋于 $P_0(x_0, y_0)$ 时，函数 $f(x, y)$ 的极限会随着某个值的变化而变化，则可确定函数 $f(x, y)$ 在点 $P_0(x_0, y_0)$ 处的极限不存在.

例如，例 7.1.4，当点 $P(x, y)$ 沿任意曲线 $y=kx$ 趋于点 $(0, 0)$ 时，有

$$\lim_{\substack{(x, y) \to (0, 0) \\ y=kx}} f(x, y) = \lim_{x \to 0} \frac{kx^2}{x^2+k^2 x^2} = \frac{k}{1+k^2},$$

说明函数 $f(x, y)$ 的极限会随着 k 值的变化而变化，因此函数 $f(x, y)$ 在点 $P_0(x_0, y_0)$ 处的极限不存在.

（4）关于二元函数极限的概念，可相应地推广到 n 元函数 $y=f(x_1, x_2, \cdots, x_n)$ 的情形.

（5）关于多元函数的极限运算，有与一元函数类似的运算法则. 例如一元函数求极限的四则运算法则、复合函数求极限法则、夹逼定理等基本法则，都可以推广到多元函数中.

例 7.1.5　求 $\lim\limits_{(x, y) \to (0, 0)} \dfrac{xy}{\sqrt{x^2+y^2}}$.

解　因为

$$0 \leqslant \left| \frac{xy}{\sqrt{x^2+y^2}} \right| \leqslant \left| \frac{xy}{x} \right| = |y|,$$

当 $(x, y) \to (0, 0)$ 时，$|y| \to 0$，所以由夹逼定理，有

$$\lim_{(x, y) \to (0, 0)} \frac{xy}{\sqrt{x^2+y^2}} = 0.$$

例 7.1.6　求 $\lim\limits_{(x, y) \to (0, 1)} \dfrac{x}{\sin xy}$.

解　令 $u=xy$，则当 $(x, y) \to (0, 1)$ 时 $u \to 0$，则 $\lim\limits_{(x, y) \to (0, 1)} \dfrac{xy}{\sin xy} = \lim\limits_{u \to 0} \dfrac{u}{\sin u} = 1.$ 所以由极限的四则运算法则，有

$$\lim_{(x,y)\to(0,1)}\frac{x}{\sin xy}=\lim_{(x,y)\to(0,1)}\frac{xy}{\sin xy}\cdot\frac{1}{y}=\lim_{(x,y)\to(0,1)}\frac{xy}{\sin xy}\cdot\lim_{(x,y)\to(0,1)}\frac{1}{y}=1\times1=1.$$

例 7.1.7 求 $\lim\limits_{(x,y)\to(0,0)}(x^2+y^2)\sin\dfrac{1}{\sqrt{x^2+y^2}}$.

解 因为

$$\lim_{(x,y)\to(0,0)}(x^2+y^2)=0,\quad\left|\sin\frac{1}{\sqrt{x^2+y^2}}\right|\leqslant1$$

所以由无穷小与有界变量的乘积是无穷小，有

$$\lim_{(x,y)\to(0,0)}(x^2+y^2)\sin\frac{1}{\sqrt{x^2+y^2}}=0.$$

7.1.4　多元函数的连续性

类似一元函数连续的定义，二元函数的连续的定义如下.

定义 7.1.3 设函数 $z=f(x,y)$ 在开区域（或闭区域）D 内有定义，$P_0(x_0,y_0)$ 是 D 的内点或边界点，且 $P_0\in D$. 如果

$$\lim_{(x,y)\to(x_0,y_0)}f(x,y)=f(x_0,y_0),$$

则称函数 $f(x,y)$ 在点 $P_0(x_0,y_0)$ 处连续，否则称点 $P_0(x_0,y_0)$ 为函数 $f(x,y)$ 的间断点.

如果函数 $f(x,y)$ 在区域 D 内的每一点都连续，我们就称函数 $f(x,y)$ 在区域 D 内连续，或者称 $f(x,y)$ 是 D 内的连续函数.

依次可以定义多元函数的连续性与间断点.

利用多元函数的极限运算法则，可以证明多元连续函数的和、差、积、商（分母不为零）还是连续函数，多元连续函数的复合函数也是连续函数.

由常数及不同自变量的一元基本初等函数经过有限次的四则运算和复合步骤，并能用一个解析式表示的函数称为多元初等函数. 例如 $f(x,y)=xy+x^2$，$f(x,y)=\dfrac{y+x^2}{1+x^2}$，$f(x,y)=x\sin\dfrac{1}{y}+y\sin\dfrac{1}{x}$ 等都是多元初等函数.

与一元初等函数类似，一切多元初等函数在其定义区域（定义域内的区域）内都是连续函数. 例如函数 $f(x,y)=\dfrac{y+x^2}{1+x^2}$ 在全平面上连续，函数 $f(x,y)=x\sin\dfrac{1}{y}+y\sin\dfrac{1}{x}$ 在平面上除去两条坐标轴的点都连续.

由此可见，求多元初等函数 $f(P)$ 在点 P_0 处的极限，如果点 P_0 在函数的定义区域内，则由函数的连续性可知，极限值等于函数在点 P_0 处的函数值，即

$$\lim_{P\to P_0}f(x,y)=f(P_0).$$

当 $f(x,y)$ 在点 (x_0,y_0) 处连续时，$f(x_0,y_0)$ 即为 $f(x,y)$ 在点 (x_0,y_0) 处的极限.

例 7.1.8 讨论函数 $f(x, y) = \begin{cases} \dfrac{xy}{x^2 + y^2}, & x^2 + y^2 \neq 0, \\ 0, & x^2 + y^2 = 0 \end{cases}$ 的连续性.

解 函数 $f(x, y) = \dfrac{xy}{x^2 + y^2}$ 是初等函数,故在其定义域 $\left\{ (x, y) \mid x^2 + y^2 \neq 0 \right\}$ 内连续. 由例 7.1.4 知,函数 $f(x, y) = \dfrac{xy}{x^2 + y^2}$ 在点 $(0, 0)$ 处极限不存在,所以点 $(0, 0)$ 是 $f(x, y)$ 的间断点. 所以函数 $f(x, y)$ 在定义域 $\mathbf{R}^2$ 内除了点 $(0, 0)$ 外都连续.

例 7.1.9 求 $\displaystyle\lim_{(x, y) \to (1, 1)} \dfrac{\mathrm{e}^{xy} \cos (x - y)}{1 + x^2 + y^2}$.

解 函数 $f(x, y) = \dfrac{\mathrm{e}^{xy} \cos (x - y)}{1 + x^2 + y^2}$ 是初等函数,$(1, 1)$ 是它定义域内的点,所以 $f(x, y)$ 在点 $(1, 1)$ 处连续,从而

$$\lim_{(x, y) \to (1, 1)} \frac{\mathrm{e}^{xy} \cos (x - y)}{1 + x^2 + y^2} = f(1, 1) = \frac{\mathrm{e}^1 \cos (1 - 1)}{1 + 1 + 1} = \frac{\mathrm{e}}{3}.$$

例 7.1.10 求 $\displaystyle\lim_{(x, y) \to (0, 0)} \dfrac{\sqrt{xy + 4} - 2}{xy}$.

解 将分子有理化得

$$\lim_{(x, y) \to (0, 0)} \frac{\sqrt{xy + 4} - 2}{xy} = \lim_{(x, y) \to (0, 0)} \frac{(\sqrt{xy + 4} - 2)(\sqrt{xy + 4} + 2)}{xy(\sqrt{xy + 4} + 2)}$$

$$= \lim_{(x, y) \to (0, 0)} \frac{1}{\sqrt{xy + 4} + 2}.$$

函数 $f(x, y) = \dfrac{1}{\sqrt{xy + 4} + 2}$ 是初等函数,$(0, 0)$ 是它定义域内的点,所以 $f(x, y)$ 在点 $(0, 0)$ 处连续,从而

$$\lim_{(x, y) \to (0, 0)} \frac{\sqrt{xy + 4} - 2}{xy} = f(0, 0) = \frac{1}{\sqrt{0 + 4} + 2} = \frac{1}{4}.$$

有界闭区域 D 上的二元连续函数 $f(x, y)$ 也具有与闭区间 $[a, b]$ 上一元连续函数 $f(x)$ 类似的性质,叙述如下.

（1）有界性定理

如果函数 $f(x, y)$ 在有界闭区域 D 上连续,则 $f(x, y)$ 在 D 上有界.

（2）最大值、最小值定理

如果函数 $f(x, y)$ 在有界闭区域 D 上连续,则 $f(x, y)$ 在 D 上一定能取得最大值和最小值.

（3）介值定理

如果函数 $f(x, y)$ 在有界闭区域 D 上连续,M 与 m 分别是 $f(x, y)$ 在 D 上的最大值和最小值,则对于介于 M 与 m 之间的任意数 μ,在 D 中至少存在一点 (ξ, η),使 $f(\xi, \eta) = \mu$.

（4）零点存在定理

如果函数 $f(x, y)$ 在有界闭区域 D 上连续，且在 D 中两点 $(x_1, y_1), (x_2, y_2)$ 取值异号，即 $f(x_1, y_1) \cdot f(x_2, y_2) < 0$，则在 D 中至少存在一点 (ξ, η)，使 $f(\xi, \eta) = 0$.

习 题 7-1

1. 已知函数 $f(x, y) = \dfrac{x^2 - y^2}{2xy}$，求 $f(1, 2)$，$f\left(\dfrac{1}{x}, \dfrac{1}{y}\right)$ 和 $f(y, -x)$.

2. 求下列函数的定义域.

(1) $z = \sqrt{4x^2 + y^2 - 1}$；　　　　　　(2) $z = \arcsin(x^2 + y^2)$；

(3) $z = \ln(xy)$；　　　　　　　　　　(4) $z = \sqrt{1 - |x| - |y|}$；

(5) $z = \sqrt{R^2 - x^2 - y^2 - z^2} + \dfrac{1}{\sqrt{x^2 + y^2 + z^2 - r^2}}$ $(R > r)$.

3. 求下列各极限.

(1) $\lim\limits_{(x, y) \to (0, 1)} \dfrac{1 - xy}{2x^2 + y^2}$；　　　　(2) $\lim\limits_{(x, y) \to (0, 0)} \sqrt{x^2 + y^2} \sin \dfrac{1}{x^2 + y^2}$；

(3) $\lim\limits_{(x, y) \to (2, 0)} \dfrac{\ln(xy + 1)}{y}$；　　　　(4) $\lim\limits_{(x, y) \to (0, 2)} \dfrac{\tan xy}{x}$；

(5) $\lim\limits_{(x, y) \to (0, 0)} \dfrac{(3 + x)\sin(x^2 + y^2)}{x^2 + y^2}$；　　(6) $\lim\limits_{(x, y) \to (0, 0)} \dfrac{\sin(x^2 y)}{x^2 + y^2}$；

(7) $\lim\limits_{(x, y) \to (0, 0)} \dfrac{3xy}{2 - \sqrt{xy + 4}}$；　　　(8) $\lim\limits_{(x, y) \to (1, 0)} \dfrac{\ln(x + \mathrm{e}^y)}{\sqrt{x^2 + y^2}}$.

4. 证明下列极限不存在：

(1) $\lim\limits_{(x, y) \to (0, 0)} \dfrac{x^2 y}{x^3 - y^3}$；　　　　(2) $\lim\limits_{(x, y) \to (0, 0)} \dfrac{x + y}{x - y}$；

(3) $\lim\limits_{(x, y) \to (0, 0)} \dfrac{xy}{x + y}$；　　　　(4) $\lim\limits_{(x, y) \to (0, 0)} \dfrac{xy^2}{x^2 + y^4}$.

5. 设 $f(x, y) = \begin{cases} (x + y)\sin \dfrac{1}{xy}, & x^2 + y^2 \neq 0, \\ 0, & x^2 + y^2 = 0, \end{cases}$ 讨论 $f(x, y)$ 在点 $(0, 0)$ 处的连续性.

6. 下列函数在何处间断？

(1) $z = \dfrac{1}{\sqrt{x^2 + y^2}}$；　　　　　　(2) $z = \ln(1 - x^2 - y^2)$.

7.2　偏导数及其应用

7.2.1　偏导数的定义及其计算方法

1. 偏导数的定义

在一元函数微分学中，一元函数的导数定义为函数增量和自变量增量的比值的极限，刻画了函数 $f(x)$ 在一点处的变化率. 对于多元函数，也需要考虑它们的变化率问题，但多元函数的自变量不止一个，情况比一元函数复杂很多. 对此，可以先考虑多元函数对于某一自变量的变化率,也就是在某一自变量发生变化,而其他自变量保持不变的情况下,考虑函数对这个自变量的变化率. 比如在二元函数 $z=f(x,y)$ 中,当自变量 y 不变(即把 y 看作常量),z 对 x 的变化率(即 z 对 x 求导)就称为二元函数 $z=f(x,y)$ 对 x 的**偏导数**,由此有如下定义.

定义 7.2.1　设函数 $z=f(x,y)$ 在点 (x_0,y_0) 的某一邻域内有定义,当 y 固定在 y_0 而 x 在 x_0 处有增量 Δx 时,相应地,函数在点 (x_0,y_0) 处有对 x 的偏增量

$$\Delta_x z=f(x_0+\Delta x,y_0)-f(x_0,y_0),$$

如果

$$\lim_{\Delta x\to 0}\frac{\Delta_x z}{\Delta x}=\lim_{\Delta x\to 0}\frac{f(x_0+\Delta x,y_0)-f(x_0,y_0)}{\Delta x}$$

存在,则称此极限为**函数 $z=f(x,y)$ 在点 (x_0,y_0) 处对 x 的偏导数**,记作

$$\frac{\partial z}{\partial x}\bigg|_{(x_0,y_0)},\quad \frac{\partial f}{\partial x}\bigg|_{(x_0,y_0)},\quad z_x(x_0,y_0)\quad 或\quad f_x(x_0,y_0),$$

即

$$f_x(x_0,y_0)=\lim_{\Delta x\to 0}\frac{f(x_0+\Delta x,y_0)-f(x_0,y_0)}{\Delta x}.$$

类似地,如果

$$\lim_{\Delta y\to 0}\frac{\Delta_y z}{\Delta y}=\lim_{\Delta y\to 0}\frac{f(x_0,y_0+\Delta y)-f(x_0,y_0)}{\Delta y}$$

存在,则称此极限为**函数 $z=f(x,y)$ 在点 (x_0,y_0) 处对 y 的偏导数**,记作

$$\frac{\partial z}{\partial y}\bigg|_{(x_0,y_0)},\quad \frac{\partial f}{\partial y}\bigg|_{(x_0,y_0)},\quad z_y(x_0,y_0)\quad 或\quad f_y(x_0,y_0),$$

即

$$f_y(x_0,y_0)=\lim_{\Delta y\to 0}\frac{f(x_0,y_0+\Delta y)-f(x_0,y_0)}{\Delta y}.$$

如果函数 $z=f(x,y)$ 在区域 D 内每一点 (x,y) 处对 x 的偏导数都存在,则对于 D 内每一点 (x,y),都有一个偏导数与之对应,这样就在 D 内定义了一个新的函数,这个函数称为**函数 $z=f(x,y)$ 对自变量 x 的偏导函数**(简称为**偏导数**),记作 $\dfrac{\partial z}{\partial x}$,$\dfrac{\partial f}{\partial x}$,$z_x$,$f_x(x,y)$,

即

$$f_x(x,y)=\lim_{\Delta x\to 0}\frac{f(x+\Delta x,y)-f(x,y)}{\Delta x}.$$

类似地,可得**函数 $z=f(x,y)$ 对自变量 y 的偏导数**,记作 $\dfrac{\partial z}{\partial y}$,$\dfrac{\partial f}{\partial y}$,$z_y$,$f_y(x,y)$,

即

$$f_y(x,y)=\lim_{\Delta x\to 0}\frac{f(x,y+\Delta y)-f(x,y)}{\Delta y}.$$

由偏导数的定义可知,函数 $z=f(x,y)$ 在点 (x_0,y_0) 处对 x 的偏导数 $f_x(x_0,y_0)$ 是偏导函数 $f_x(x,y)$ 在点 (x_0,y_0) 处的函数值,即

$$f_x(x_0, y_0) = f_x(x, y) \Big|_{\substack{x=x_0 \\ y=y_0}};$$

函数 $z = f(x, y)$ 在点 (x_0, y_0) 处对 y 的偏导数 $f_y(x_0, y_0)$ 是偏导函数 $f_y(x, y)$ 在点 (x_0, y_0) 处的函数值，即

$$f_y(x_0, y_0) = f_y(x, y) \Big|_{\substack{x=x_0 \\ y=y_0}}.$$

偏导数的定义还可以推广到二元以上的函数，例如三元函数 $u = f(x, y, z)$ 在 (x, y, z) 处对 x, y, z 的偏导数分别定义为

$$f_x(x, y, z) = \lim_{\Delta x \to 0} \frac{f(x+\Delta x, y, z) - f(x, y, z)}{\Delta x},$$

$$f_y(x, y, z) = \lim_{\Delta y \to 0} \frac{f(x, y+\Delta y, z) - f(x, y, z)}{\Delta y},$$

$$f_z(x, y, z) = \lim_{\Delta z \to 0} \frac{f(x, y, z+\Delta z) - f(x, y, z)}{\Delta z}.$$

从定义可以看出，计算多元函数对某一变量的偏导数时，只需把其余的自变量暂时看成常量，对这个变量求导，这时使用的是一元函数的求导公式和运算法则，实际上还是求一元函数的导数问题.

例 7.2.1 设 $f(x, y) = 2x^3 y^2 - xy^2$，求 $f_x(x, y)$，$f_y(x, y)$，$f_x(1, 1)$，$f_y(1, -1)$.

解 把 y 看作常量，对 x 求导，得

$$f_x(x, y) = 6x^2 y^2 - y^2;$$

把 x 看作常量，对 y 求导，得

$$f_y(x, y) = 4x^3 y - 2xy;$$

将 $(1, 1)$，$(1, -1)$ 代入上面的结果，得到

$$f_x(1, 1) = 6 \times 1^2 \times 1^2 - 1^2 = 5, \quad f_y(1, -1) = 4 \times 1^3 \times (-1) - 2 \times 1 \times (-1) = -2.$$

例 7.2.2 设 $z = e^{xy} \sin 2y$，求 $\dfrac{\partial z}{\partial x}$，$\dfrac{\partial z}{\partial y}$.

解 把 y 看作常量，对 x 求导，得

$$\frac{\partial z}{\partial x} = y e^{xy} \sin 2y;$$

把 x 看作常量，对 y 求导，得

$$\frac{\partial z}{\partial y} = x e^{xy} \sin 2y + e^{xy} \cdot 2\cos 2y = e^{xy}(x \sin 2y + 2\cos 2y).$$

例 7.2.3 设 $z = x^y (x > 0, x \neq 1)$，证明 $\dfrac{x}{y} \dfrac{\partial z}{\partial x} + \dfrac{1}{\ln x} \dfrac{\partial z}{\partial y} = 2z$.

证明　因为

$$\frac{\partial z}{\partial x}=yx^{y-1},\ \frac{\partial z}{\partial y}=x^{y}\ln x,$$

代入整理,得到

$$\frac{x}{y}\frac{\partial z}{\partial x}+\frac{1}{\ln x}\frac{\partial z}{\partial y}=\frac{x}{y}\cdot yx^{y-1}+\frac{1}{\ln x}\cdot x^{y}\ln x=2x^{y}=2z.$$

例 7.2.4　设 $f(x,y)=\begin{cases}\dfrac{xy}{x^{2}+y^{2}},& x^{2}+y^{2}\neq 0,\\0,& x^{2}+y^{2}=0,\end{cases}$ 求 $f(x,y)$ 在点 $(0,0)$ 处的偏导数.

解　$f(x,y)$ 在点 $(0,0)$ 处对 x 的偏导数

$$f_{x}(0,0)=\lim_{\Delta x\to 0}\frac{f(0+\Delta x,0)-f(0,0)}{\Delta x}=\lim_{\Delta x\to 0}\frac{0-0}{\Delta x}=\lim_{\Delta x\to 0}0=0,$$

$f(x,y)$ 在点 $(0,0)$ 处对 y 的偏导数

$$f_{y}(0,0)=\lim_{\Delta y\to 0}\frac{f(0,0+\Delta y)-f(0,0)}{\Delta y}=\lim_{\Delta y\to 0}\frac{0-0}{\Delta y}=\lim_{\Delta y\to 0}0=0.$$

由例 7.2.4 可知函数 $f(x,y)$ 在点 $(0,0)$ 处的两个偏导数都存在,但是在第 7.1 节例 7.1.8 中已经知道该函数在点 $(0,0)$ 处不连续,说明对于多元函数,函数在一点处偏导数存在时不一定连续.这一点和一元函数是不同的.因此,一元函数在某点导数存在必定连续的结论,对多元函数是不成立的.这是因为各偏导数存在只能保证点 P 沿着平行于坐标轴的方向趋于 P_{0} 时,函数值 $f(P)$ 趋于 $f(P_{0})$,但不能保证点 P 按任何方式趋于 P_{0} 时,函数值 $f(P)$ 都趋于 $f(P_{0})$.

例 7.2.5　设 $f(x,y)=\sqrt{x^{2}+y^{2}}$,讨论 $f(x,y)$ 在点 $(0,0)$ 处的连续性和可导性.

解　函数 $f(x,y)=\sqrt{x^{2}+y^{2}}$ 是初等函数,故在其定义域 $\mathbf{R}^{2}$ 上连续,所以点 $(0,0)$ 是 $f(x,y)$ 的连续点,函数 $z=\sqrt{x^{2}+y^{2}}$ 在点 $(0,0)$ 处连续.但在点 $(0,0)$ 处它的两个偏导数

$$f_{x}(0,0)=\lim_{\Delta x\to 0}\frac{f(0+\Delta x,0)-f(0,0)}{\Delta x}=\lim_{\Delta x\to 0}\frac{|\Delta x|}{\Delta x}\ \text{不存在};$$

$$f_{y}(0,0)=\lim_{\Delta y\to 0}\frac{f(0,0+\Delta y)-f(0,0)}{\Delta y}=\lim_{\Delta x\to 0}\frac{|\Delta y|}{\Delta y}\ \text{不存在}.$$

由例 7.2.5 可知,二元函数 $f(x,y)$ 在一点处连续不能保证它在这点的偏导数存在.可见,二元函数与一元函数不同,其连续性与可导性之间没有必然的联系.

2. 偏导数的几何意义

实际上,二元函数 $z=f(x,y)$ 在点 (x_{0},y_{0}) 处对 x 的偏导数 $f_{x}(x_{0},y_{0})$,就是一元函数 $f(x,y_{0})$ 在点 x_{0} 处的导数 $\dfrac{\mathrm{d}}{\mathrm{d}x}f(x,y_{0})\Big|_{x=x_{0}}$.如图 7-5 所示,设 $M_{0}(x_{0},y_{0},f(x_{0},y_{0}))$ 为曲面 $z=f(x,y)$ 上一点,过点 M_{0} 作平面 $y=y_{0}$,此平面与曲面 $z=f(x,y)$ 相交

得一曲线,此曲线的方程为 $z=f(x,y_0)$,由于偏导数 $f_x(x_0,y_0)$ 等于一元函数 $z=f(x,y_0)$ 的导数 $\dfrac{\mathrm{d}}{\mathrm{d}x}f(x,y_0)\Big|_{x=x_0}$,即二元函数的偏导数 $f_x(x_0,y_0)$ 就是曲面被平面 $y=y_0$ 所截得的曲线 $z=f(x,y_0)$ 在点 M_0 处的切线 M_0T_x 对 x 轴的斜率;同样偏导数 $f_y(x_0,y_0)$ 就是曲面被平面 $x=x_0$ 所截得的曲线 $z=f(x_0,y)$ 在点 M_0 处的切线 M_0T_y 对 y 轴的斜率.

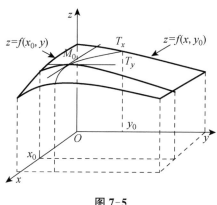

图 7-5

7.2.2 高阶偏导数

设函数 $z=f(x,y)$ 在平面区域 D 内具有偏导数 $f_x(x,y)$,$f_y(x,y)$,那么在 D 内 $f_x(x,y)$,$f_y(x,y)$ 仍是 x,y 的二元函数.如果这两个偏导数仍然可以求偏导数,则称它们的偏导数为函数 $z=f(x,y)$ 的二阶偏导数.按照对变量求导次序的不同,有下列四种不同的二阶偏导数:

$$\frac{\partial}{\partial x}\left(\frac{\partial z}{\partial x}\right)=\frac{\partial^2 z}{\partial x^2}=f_{xx}(x,y),\quad \frac{\partial}{\partial y}\left(\frac{\partial z}{\partial x}\right)=\frac{\partial^2 z}{\partial x \partial y}=f_{xy}(x,y),$$

$$\frac{\partial}{\partial x}\left(\frac{\partial z}{\partial y}\right)=\frac{\partial^2 z}{\partial y \partial x}=f_{yx}(x,y),\quad \frac{\partial}{\partial y}\left(\frac{\partial z}{\partial y}\right)=\frac{\partial^2 z}{\partial y^2}=f_{yy}(x,y).$$

其中 $\dfrac{\partial}{\partial y}\left(\dfrac{\partial z}{\partial x}\right)=\dfrac{\partial^2 z}{\partial x \partial y}=f_{xy}(x,y)$,$\dfrac{\partial}{\partial x}\left(\dfrac{\partial z}{\partial y}\right)=\dfrac{\partial^2 z}{\partial y \partial x}=f_{yx}(x,y)$ 称为混合偏导数.同样可得三阶、四阶以及更高阶的偏导数.二阶及二阶以上的偏导数统称为高阶偏导数.

例 7.2.6 设 $z=\mathrm{e}^{xy^2}$,求 $\dfrac{\partial^2 z}{\partial x^2}\Big|_{(1,1)}$.

解 $\dfrac{\partial z}{\partial x}=y^2\mathrm{e}^{xy^2}$,$\dfrac{\partial^2 z}{\partial x^2}=y^2\mathrm{e}^{xy^2}\cdot y^2=y^4\mathrm{e}^{xy^2}$,

$\dfrac{\partial^2 z}{\partial x^2}\Big|_{(1,1)}=y^4\mathrm{e}^{xy^2}\Big|_{\substack{x=1\\y=1}}=\mathrm{e}.$

例 7.2.7 设 $z=x^3y^2-3xy^3-xy+1$,求 $\dfrac{\partial^2 z}{\partial x^2}$,$\dfrac{\partial^2 z}{\partial y \partial x}$,$\dfrac{\partial^2 z}{\partial x \partial y}$,$\dfrac{\partial^2 z}{\partial y^2}$ 及 $\dfrac{\partial^3 z}{\partial x^3}$.

解　$\dfrac{\partial z}{\partial x}=3x^2y^2-3y^3-y,$　　　$\dfrac{\partial z}{\partial y}=2x^3y-9xy^2-x,$

$\dfrac{\partial^2 z}{\partial x^2}=6xy^2,$　　　　　$\dfrac{\partial^2 z}{\partial y\partial x}=6x^2y-9y^2-1,$

$\dfrac{\partial^2 z}{\partial x\partial y}=6x^2y-9y^2-1,$　$\dfrac{\partial^2 z}{\partial y^2}=2x^3-18xy,$

$\dfrac{\partial^3 z}{\partial x^3}=6y^2.$

例 7.2.8　设 $z=\arctan\dfrac{y}{x}$，求所有二阶偏导数.

解　$\dfrac{\partial z}{\partial x}=\dfrac{-y}{x^2+y^2},$　　　$\dfrac{\partial z}{\partial y}=\dfrac{x}{x^2+y^2};$

$\dfrac{\partial^2 z}{\partial x^2}=\dfrac{2xy}{(x^2+y^2)^2},$　$\dfrac{\partial^2 z}{\partial y^2}=\dfrac{-2xy}{(x^2+y^2)^2};$

$\dfrac{\partial^2 z}{\partial x\partial y}=\dfrac{y^2-x^2}{(x^2+y^2)^2},$　$\dfrac{\partial^2 z}{\partial y\partial x}=\dfrac{y^2-x^2}{(x^2+y^2)^2}.$

在上面两例中，两个二阶混合偏导数相等，即 $\dfrac{\partial^2 z}{\partial y\partial x}=\dfrac{\partial^2 z}{\partial x\partial y}$，也就是说混合偏导数与求偏导数的次序无关. 事实上，这不是偶然的，有下述定理.

定理 7.2.1　如果函数 $z=f(x,y)$ 的两个二阶混合偏导数 $\dfrac{\partial^2 z}{\partial y\partial x}$ 及 $\dfrac{\partial^2 z}{\partial x\partial y}$ 在区域 D 内连续，那么在该区域内这两个二阶混合偏导数相等.

该定理表明，二阶混合偏导数在连续的条件下，与先对 x 还是先对 y 求导的次序无关. 这个结论对高阶混合偏导数也成立，定理证明从略.

例 7.2.9　验证函数 $z=\ln\sqrt{x^2+y^2}$ 满足拉普拉斯方程 $\dfrac{\partial^2 z}{\partial x^2}+\dfrac{\partial^2 z}{\partial y^2}=0.$

证明　因为 $z=\ln\sqrt{x^2+y^2}=\dfrac{1}{2}\ln(x^2+y^2)$，所以

$$\dfrac{\partial z}{\partial x}=\dfrac{1}{2}\cdot\dfrac{2x}{x^2+y^2}=\dfrac{x}{x^2+y^2},\ \dfrac{\partial^2 z}{\partial x^2}=\dfrac{(x^2+y^2)-x\cdot 2x}{(x^2+y^2)^2}=\dfrac{y^2-x^2}{(x^2+y^2)^2},$$

$$\dfrac{\partial z}{\partial y}=\dfrac{y}{x^2+y^2},\ \dfrac{\partial^2 z}{\partial y^2}=\dfrac{(x^2+y^2)-y\cdot 2y}{(x^2+y^2)^2}=\dfrac{x^2-y^2}{(x^2+y^2)^2},$$

因此　$\dfrac{\partial^2 z}{\partial x^2}+\dfrac{\partial^2 z}{\partial y^2}=\dfrac{y^2-x^2}{(x^2+y^2)^2}+\dfrac{x^2-y^2}{(x^2+y^2)^2}=0.$

7.2.3　偏导数在经济学中的应用——偏边际与偏弹性

在这部分中将介绍一些常见的多元经济函数，以及多元经济函数的边际理论及弹性理论，阐述偏导数在经济学中的应用.

1. 多元经济函数的偏边际

二元经济函数的偏导数，也有类似于一元经济函数导数（边际函数）的经济意义，只不过

需假定其他变量不变.

以效用函数为例. 假设消费者消费甲、乙两种商品的数量分别为 x，y. 消费者的效用函数是消费商品数量的二元函数 $U=U(x，y)$，称效用 U 对消费商品数量 x，y 的偏导数为边际效用. $U_x(x，y)$ 是关于甲商品的边际效用；$U_y(x，y)$ 是关于乙商品的边际效用. $U_x(x，y)$ 的经济意义是，当消费乙种商品的数量保持 $y=y_0$ 单位不再变化时，消费甲种商品的数量由 x_0 个单位再增加 1 个单位时，效用增加的近似值. 同样地，可对 $U_y(x，y)$ 作出类似的经济解释.

对于其他经济函数的偏导数也可以作出类似的经济解释.

例 7.2.10 如果某工厂的生产函数是

$$Q=5L+2L^2+3LK+8K+3K^2，$$

其中 Q（单位：百件），L（单位：千工时/周），K（千元/周）分别表示产品产量，劳动力的投入，资本的投入. 试决定当 $L=5$，$K=12$ 时的边际生产率. 并解释它们的意义.

解 由 Q 的表达式求偏导数得

$$\frac{\partial Q}{\partial L}=5+4L+3K，\qquad \frac{\partial Q}{\partial K}=3L+8+6K.$$

其中 $\dfrac{\partial Q}{\partial L}$ 称为劳动力的边际生产率，$\dfrac{\partial Q}{\partial K}$ 称为投资的边际生产率. 于是

$$\frac{\partial Q}{\partial L}\bigg|_{\substack{L=5\\K=12}}=5+4\times5+3\times12=61，$$

$$\frac{\partial Q}{\partial K}\bigg|_{\substack{L=5\\K=12}}=3\times5+8+6\times12=95.$$

这就是说，当该厂每周投入的劳动力是 5 千工时和资本 12 千元时，每周再增加 1 千工时的劳动力可增产 61 百件，而每周增加 1 千元的投资可增加产量 95 百件.

2. 多元经济函数的偏弹性

设二元函数 $z=f(x，y)$，定义 f 对 x 的偏弹性函数

$$\frac{E_f}{E_x}=\frac{x}{f(x，y)}\cdot\frac{\partial f}{\partial x}$$

或表示为（设 $x>0$，$f(x，y)>0$）

$$\frac{E_f}{E_x}=\frac{\partial\ln f(x，y)}{\partial\ln x}.$$

上式右端分子、分母的记号分别理解为偏导数记号 $\dfrac{\partial}{\partial x}\ln f(x，y)$ 和 $\dfrac{\partial}{\partial x}\ln x=\dfrac{\mathrm{d}}{\mathrm{d}x}\ln x$. 定义 f 对 x 的偏弹性函数

$$\frac{E_f}{E_y}=\frac{y}{f(x，y)}\cdot\frac{\partial f}{\partial y}$$

或表示为(设 $y > 0$, $f(x, y) > 0$)

$$\frac{E_f}{E_y} = \frac{\partial \ln f(x, y)}{\partial \ln y}.$$

与一元函数相仿,当 $f(x, y)$ 是二元经济函数时,分别把 $\dfrac{E_f}{E_x}$ 和 $\dfrac{E_f}{E_y}$ 简称为要素 x 的偏弹性和要素 y 的偏弹性,并分别简记为 E_x 和 E_y.

例 7.2.11 设需求函数为

$$Q = f(P, P_1, M)$$

其中,Q 为商品的需求量,P 为该商品的价格,P_1 为此商品相关的另一种商品的价格,M 为消费者的收入.

需求的直接价格偏弹性

$$E_P = \frac{E_Q}{E_P} = \frac{P}{Q} \cdot \frac{\partial Q}{\partial P} = \frac{\partial \ln Q}{\partial \ln P},$$

它表示在相关商品价格及收入不变的前提下,需求量随商品自身价格而变化的相对幅度的大小.

需求的相关价格偏弹性

$$E_{P_1} = \frac{E_Q}{E_{P_1}} = \frac{P_1}{Q} \cdot \frac{\partial Q}{\partial P_1} = \frac{\partial \ln Q}{\partial \ln P_1},$$

它表示在相关商品价格及收入不变的前提下,需求量随相关价格而变化的相对幅度的大小.如果 $E_{P_1} > 0$,说明两种商品是相互竞争的;如果 $E_{P_2} > 0$,说明两种商品是相辅的;如果 $|E_{P_1}|$ 很小甚至接近于零,表明两种商品之间基本互不相关.

需求的收入偏弹性

$$E_M = \frac{E_Q}{E_M} = \frac{M}{Q} \cdot \frac{\partial Q}{\partial M} = \frac{\partial \ln Q}{\partial \ln M},$$

它表示在商品自身价格及相关商品价格都不变的前提之下,需求量随收入而变化的相对幅度的大小.

习 题 7-2

1. 设 $f(x, y) = x^2 e^{xy} + (x-1)\arctan\dfrac{y}{x}$,求 $f_x(x, 0)$ 和 $f_x(1, 0)$.

2. 设 $z = \ln(x + \ln y)$ 在点 $(1, e)$ 的偏导数.

3. 求下列函数的偏导数.

(1) $z = x + xy^2 + \ln 3$;
(2) $z = \sqrt{x^4 + y^2}$;

(3) $z = x^2 \ln(x + 2y)$;
(4) $z = xy + \dfrac{y}{x}$;

(5) $z = \dfrac{x^2 + y^2}{xy}$;
(6) $z = \tan\dfrac{y}{x}$;

(7) $z = (1 + xy)^y$;   (8) $u = \sqrt{x^2 + y^2 + z^2}$.

4. 设 $z = xy + x e^{\frac{y}{x}}$, 证明 $x \dfrac{\partial z}{\partial x} + y \dfrac{\partial z}{\partial y} = xy + z$.

5. 求下列函数的所有二阶偏导数.

(1) $z = x^3 y^2 + xy$;   (2) $z = x \ln(x + y)$;

(3) $z = y^x$;   (4) $z = \cos^2(x + 2y)$.

6. 验证函数 $z = \sin(x - ay)$ (a 是常数)满足波动方程 $\dfrac{\partial^2 z}{\partial y^2} = a^2 \dfrac{\partial^2 z}{\partial x^2}$.

7. 验证函数 $z = \arctan \dfrac{x}{y}$ (a 是常数)满足拉普拉斯方程 $\dfrac{\partial^2 z}{\partial x^2} + \dfrac{\partial^2 z}{\partial y^2} = 0$.

8. 如果效用函数的形式为

$$U = U(x, y) = (x + 2)^2 (y + 3)^2,$$

其中 x, y 是两种商品的消费量.

(1) 求出每种商品的边际效用函数;

(2) 每种商品消费三个单位时第一种商品的边际效用函数是多少? 并解释其经济意义.

7.3　全　微　分

一元函数微分学中,我们研究过一元函数的微分和增量之间的关系. 如果函数 $y = f(x)$ 在点 x 处的增量等于自变量增量 Δx 的线性函数与 Δx 的高阶无穷小之和,即 $\Delta y = f'(x) \cdot \Delta x + o(\Delta x)$,则称函数在点 x 处可微分,把自变量增量 Δx 的线性函数称为函数的微分,记作 $dy = f'(x)\Delta x$. 我们常常用微分来近似代替函数的增量. 下面把一元函数微分的概念推广到二元函数中.

7.3.1　全微分的定义

设函数 $z = f(x, y)$ 在点 $P(x, y)$ 的某个邻域内有定义,并设 $P'(x + \Delta x, y + \Delta y)$ 为这邻域内的任意一点,则称这两点的函数值之差 $f(x + \Delta x, y + \Delta y) - f(x, y)$ 为函数在点 P 对应于自变量增量 Δx, Δy 的**全增量**,记为 Δz, 即

$$\Delta z = f(x + \Delta x, y + \Delta y) - f(x, y).$$

一般地,全增量的计算比较复杂. 类似一元函数,希望用自变量增量 Δx、Δy 的线性函数来近似代替函数的全增量 Δz. 由此引入二元函数全微分的定义.

定义 7.3.1　设函数 $z = f(x, y)$ 在点 (x, y) 的某个邻域内有定义,如果函数 $z = f(x, y)$ 在点 (x, y) 的全增量

$$\Delta z = f(x + \Delta x, y + \Delta y) - f(x, y)$$

可以表示为

$$\Delta z = A\Delta x + B\Delta y + o(\rho),$$

其中 A, B 不依赖于 Δx, Δy 而仅与 x, y 有关,$\rho = \sqrt{(\Delta x)^2 + (\Delta y)^2}$,则称函数 $z = f(x, y)$ 在点 (x, y) 处**可微分**,称 $A\Delta x + B\Delta y$ 为函数 $z = f(x, y)$ 在点 (x, y) 的**全微分**,记作

dz，即

$$dz = A\Delta x + B\Delta y.$$

如果函数 $z = f(x, y)$ 在某区域 D 内各点处都可微，则称 $z = f(x, y)$ **在区域 D 内可微**.

7.3.2 可微的必要条件

由全微分的定义，我们容易得到函数 $z = f(x, y)$ 在点 (x, y) 处可微分的条件.

定理 7.3.1(必要条件) 如果函数 $z = f(x, y)$ 在点 (x, y) 处可微分，则函数 $z = f(x, y)$ 在点 (x, y) 处连续.

证明 由于函数 $z = f(x, y)$ 在点 (x, y) 处可微分，则有 $\Delta z = A\Delta x + B\Delta y + o(\rho)$，其中 $\rho = \sqrt{(\Delta x)^2 + (\Delta y)^2}$. 那么

$$\lim_{\rho \to 0}\Delta z = \lim_{(\Delta x, \Delta y) \to (0, 0)}\left[A\Delta x + B\Delta y + o(\rho)\right] = 0.$$

所以

$$\lim_{\substack{\Delta x \to 0 \\ \Delta y \to 0}}f(x+\Delta x, y+\Delta y) = \lim_{\rho \to 0}\left[f(x, y) + \Delta z\right] = f(x, y),$$

故函数 $z = f(x, y)$ 在点 (x, y) 处连续.

定理 7.3.2(必要条件) 如果函数 $z = f(x, y)$ 在点 (x, y) 处可微分，则函数 $z = f(x, y)$ 在点 (x, y) 处的偏导数必定存在，且函数 $z = f(x, y)$ 在点 (x, y) 处的全微分为

$$dz = f_x(x, y)\Delta x + f_y(x, y)\Delta y.$$

证明 由于函数 $z = f(x, y)$ 在点 (x, y) 处可微分，则有 $\Delta z = A\Delta x + B\Delta y + o(\rho)$，其中 $\rho = \sqrt{(\Delta x)^2 + (\Delta y)^2}$. 令 $\Delta y = 0$ 时，$\rho = |\Delta x|$，则有

$$f(x+\Delta x, y) - f(x, y) = A\Delta x + o(|\Delta x|)$$

成立. 等式两端同除以 Δx，再令 $\Delta x \to 0$ 时取极限，得

$$\lim_{\Delta x \to 0}\frac{f(x+\Delta x, y) - f(x, y)}{\Delta x} = \lim_{\Delta x \to 0}\frac{A\Delta x + o(|\Delta x|)}{\Delta x} = A.$$

从而偏导数 $f_x(x, y)$ 存在，且等于 A. 同理，可得 $f_y(x, y) = B$. 因此有

$$dz = f_x(x, y)\Delta x + f_y(x, y)\Delta y.$$

在一元函数微分学中，函数可导和可微互为充分必要条件. 但是，对于多元函数而言，函数的各偏导数存在只是可微的必要条件而不是充分条件.

例 7.3.1 证明函数

$$f(x, y) = \begin{cases} \dfrac{xy}{\sqrt{x^2 + y^2}}, & x^2 + y^2 \neq 0, \\ 0, & x^2 + y^2 = 0 \end{cases}$$

在点 $(0, 0)$ 处是不可微的.

证明 $f(x, y)$ 在点 $(0, 0)$ 处对 x 的偏导数

$$f_x(0, 0) = \lim_{\Delta x \to 0} \frac{f(0 + \Delta x) - f(0, 0)}{\Delta x} = \lim_{\Delta x \to 0} \frac{0 - 0}{\Delta x} = \lim_{\Delta x \to 0} 0 = 0,$$

$f(x, y)$ 在点 $(0, 0)$ 处对 y 的偏导数

$$f_y(0, 0) = \lim_{\Delta y \to 0} \frac{f(0 + \Delta y) - f(0, 0)}{\Delta y} = \lim_{\Delta y \to 0} \frac{0 - 0}{\Delta y} = \lim_{\Delta y \to 0} 0 = 0.$$

由于

$$\Delta z - [f_x(0, 0) \cdot \Delta x + f_y(0, 0) \cdot \Delta y] = \frac{\Delta x \cdot \Delta y}{\sqrt{(\Delta x)^2 + (\Delta y)^2}},$$

则

$$\frac{\dfrac{\Delta x \cdot \Delta y}{\sqrt{(\Delta x)^2 + (\Delta y)^2}}}{\rho} = \frac{\Delta x \cdot \Delta y}{(\Delta x)^2 + (\Delta y)^2}.$$

但是，由于

$$\lim_{(\Delta x, \Delta y) \to (0, 0)} \frac{\Delta x \cdot \Delta y}{\sqrt{(\Delta x)^2 + (\Delta y)^2}} \Big/ \rho = \lim_{(\Delta x, \Delta y) \to (0, 0)} \frac{\Delta x \cdot \Delta y}{(\Delta x)^2 + (\Delta y)^2}$$

不存在，所以

$$\Delta z - [f_x(0, 0) \cdot \Delta x + f_y(0, 0) \cdot \Delta y] \neq o(\rho),$$

函数在点 $(0, 0)$ 处是不可微的.

可见，多元函数偏导数存在是可微的必要而非充分条件，这一点与一元函数可导和可微等价是不同的. 为了保证函数可微，需要把条件再加强一些. 下面我们给出二元函数 $z = f(x, y)$ 在点 (x, y) 处可微的充分条件.

7.3.3 可微的充分条件

定理 7.3.3(充分条件) 如果函数 $z = f(x, y)$ 的偏导数 $f_x(x, y)$, $f_y(x, y)$ 在点 (x, y) 处连续，则函数 $z = f(x, y)$ 在点 (x, y) 处可微分.

证明 因为函数的全增量

$$\begin{aligned}
\Delta z &= f(x + \Delta x, y + \Delta y) - f(x, y) \\
&= [f(x + \Delta x, y + \Delta y) - f(x, y + \Delta y)] + [f(x, y + \Delta y) - f(x, y)],
\end{aligned}$$

由一元微分中值定理，可得

$$f(x + \Delta x, y + \Delta y) - f(x, y + \Delta y) = f_x(x + \theta_1 \Delta x, y + \Delta y)\Delta x, \quad (0 < \theta_1 < 1),$$
$$f(x, y + \Delta y) - f(x, y) = f_y(x, y + \theta_2 \Delta y)\Delta y, \quad (0 < \theta_2 < 1).$$

由于 $f_x(x,y)$ 及 $f_y(x,y)$ 连续,所以当 $\Delta x \to 0$, $\Delta y \to 0$,即 $\rho = \sqrt{(\Delta x)^2 + (\Delta y)^2} \to 0$ 时,有

$$\lim_{\rho \to 0} f_x(x+\theta_1 \Delta x, y+\Delta y) = f_x(x,y), \quad \lim_{\rho \to 0} f_y(x, y+\theta_2 \Delta y) = f_y(x,y),$$

即　$f_x(x+\theta_1 \Delta x, y+\Delta y) = f_x(x,y) + \alpha, \quad f_y(x, y+\theta_2 \Delta y) = f_y(x,y) + \beta,$

其中 α, β 当 $\rho \to 0$ 时趋于 0,因而

$$\Delta z = f_x(x,y)\Delta x + f_y(x,y)\Delta y + \alpha \Delta x + \beta \Delta y.$$

再由

$$\frac{|\alpha \Delta x + \beta \Delta y|}{\rho} = \frac{|\alpha \Delta x + \beta \Delta y|}{\sqrt{(\Delta x)^2 + (\Delta y)^2}} \leqslant \frac{|\alpha||\Delta x|}{\sqrt{(\Delta x)^2 + (\Delta y)^2}} + \frac{|\beta||\Delta y|}{\sqrt{(\Delta x)^2 + (\Delta y)^2}}$$
$$\leqslant |\alpha| + |\beta|.$$

可知,当 $\rho \to 0$ 时,$\lim\limits_{\rho \to 0} \dfrac{\alpha \Delta x + \beta \Delta y}{\rho} = 0$,即 $\alpha \Delta x + \beta \Delta y$ 是 ρ 的高阶无穷小量,因此

$$\Delta z = f_x(x,y)\Delta x + f_y(x,y)\Delta y + o(\rho),$$

这就证明了函数 $z = f(x,y)$ 在点 (x,y) 处可微.

习惯上,我们将自变量 x, y 的增量 Δx, Δy 分别记作 $\mathrm{d}x$, $\mathrm{d}y$,并分别称为自变量 x, y 的微分.这样,函数 $z = f(x,y)$ 的全微分就可以写为

$$\mathrm{d}z = \frac{\partial z}{\partial x}\mathrm{d}x + \frac{\partial z}{\partial y}\mathrm{d}y.$$

以上关于二元函数全微分的定义及可微分的必要条件和充分条件,都可以推广到三元和三元以上的多元函数中.例如,如果三元函数 $u = (x,y,z)$ 可微分,那么它的全微分为

$$\mathrm{d}u = \frac{\partial u}{\partial x}\mathrm{d}x + \frac{\partial u}{\partial y}\mathrm{d}y + \frac{\partial u}{\partial z}\mathrm{d}z.$$

例 7.3.2　求函数 $z = 5x^2 + y^2$ 当 $x = 1$, $y = 2$, $\Delta x = 0.05$, $\Delta y = 0.1$ 时的全增量 Δz 和全微分 $\mathrm{d}z$.

解　因为　　　　$\Delta z = [5(x+\Delta x)^2 + (y+\Delta y)^2] - (5x^2 + y^2),$

$$\mathrm{d}z = \frac{\partial z}{\partial x}\Delta x + \frac{\partial z}{\partial y}\Delta y = 10x \cdot \Delta x + 2y \cdot \Delta y,$$

代入 $x = 1$, $y = 2$, $\Delta z = 0.05$, $\Delta y = 0.1$,得全增量和全微分分别为

$$\Delta z = [5(1+0.05)^2 + (2+0.1)^2] - (5 \times 1^2 + 2^2) = 0.9225,$$
$$\mathrm{d}z = 10 \times 1 \times 0.05 + 2 \times 2 \times 0.1 = 0.9.$$

例 7.3.3　求函数 $z = \mathrm{e}^{xy}$ 在点 $(1,1)$ 处的全微分.

解　因为　　　　　　$\dfrac{\partial z}{\partial x} = y\mathrm{e}^{xy}, \qquad \dfrac{\partial z}{\partial y} = x\mathrm{e}^{xy},$

$$\frac{\partial z}{\partial x}\Big|_{(1,1)}=\mathrm{e}, \quad \frac{\partial z}{\partial y}\Big|_{(1,1)}=\mathrm{e},$$

所以

$$\mathrm{d}z=\mathrm{e}\mathrm{d}x+\mathrm{e}\mathrm{d}y.$$

例 7.3.4 计算函数 $u=\arctan\dfrac{y}{x}+\mathrm{e}^{yz}$ 的全微分.

解 因为 $\quad\dfrac{\partial u}{\partial x}=-\dfrac{y}{x^2+y^2}, \quad \dfrac{\partial u}{\partial y}=\dfrac{x}{x^2+y^2}+z\mathrm{e}^{yz}, \quad \dfrac{\partial u}{\partial z}=y\mathrm{e}^{yz},$

所以

$$\mathrm{d}u=-\frac{y}{x^2+y^2}\mathrm{d}x+\left(\frac{x}{x^2+y^2}+z\mathrm{e}^{yz}\right)\mathrm{d}y+y\mathrm{e}^{yz}\mathrm{d}z.$$

7.3.4 全微分在近似计算中的应用

由全微分的定义可知,当函数 $z=f(x,y)$ 在点 (x_0,y_0) 处可微,且 $|\Delta x|$,$|\Delta y|$ 足够小时,可用全微分 $\mathrm{d}z$ 近似代替全增量 Δz,得到

$$\Delta z=f(x+\Delta x,y+\Delta y)-f(x,y)\approx\mathrm{d}z=f_x(x,y)\Delta x+f_y(x,y)\Delta y,$$

由此可得两个近似计算公式:

(1) $f(x+\Delta x,y+\Delta y)\approx f(x,y)+f_x(x,y)\Delta x+f_y(x,y)\Delta y$;

(2) $\Delta z\approx\mathrm{d}z=f_x(x,y)\Delta x+f_y(x,y)\Delta y$.

例 7.3.5 计算 $(1.97)^{1.05}$ 的近似值.

解 选取函数 $z=f(x,y)=x^y$. 显然,要计算的值就是函数在 $x=1.97,y=1.05$ 时的函数值. 令 $x=2,y=1,\Delta x=-0.03,\Delta y=0.05$,因为

$$f_x(2,1)=yx^{y-1}\Big|_{(2,1)}=1, f_y(2,1)=xy\ln x\Big|_{(2,1)}=2\ln 2\approx1.386,$$

由近似公式,得到

$$(1.97)^{1.05}\approx2^1+1\times(-0.03)+1.386\times0.05=2.0393.$$

例 7.3.6 有一圆柱体,受压后发生形变,它的半径由 20 cm 增大到 20.05 cm,高度由 100 cm 减少到 99 cm. 求此圆柱体体积变化的近似值.

解 设圆柱体的半径、高和体积依次为 r,h 和 V,则有 $V=\pi r^2 h$. 记 r,h 和 V 的增量依次为 $\Delta r,\Delta h$ 和 ΔV,由公式得

$$\Delta V\approx\mathrm{d}V=V_r\Delta r+V_h\Delta h=2\pi rh\Delta r+\pi r^2\Delta h.$$

把 $r=20,h=100,\Delta r=0.05,h=-1$ 代入,得

$$\Delta V\approx2\pi\times20\times100\times0.05+\pi\times20^2\times(-1)=-200\pi \ (\mathrm{cm}^2).$$

即此圆柱体在受压后体积约减少了 200π cm^3.

习　题　7-3

1. 求下列函数的全微分.

(1) $z = x^2 y + y^2 + 2xy$;

(2) $z = \dfrac{y}{\sqrt{x^2 + y^2}}$;

(3) $z = y\sin(x + 2y)$;

(4) $z = xy + \dfrac{x}{y}$;

(5) $z = x - \cos\dfrac{y}{2} + \arctan\dfrac{x}{y}$;

(6) $z = \ln\tan\dfrac{x}{y}$;

(7) $u = e^{xy+z}$;

(8) $u = \ln\sqrt{x^2 + y^2 + z^2}$.

2. 求函数 $z = \dfrac{x}{y}$ 当 $x = 1$, $y = 2$, $\Delta x = -0.2$, $\Delta y = 0.1$ 时的全增量 Δz 和全微分 $\mathrm{d}z$.

3. 求函数 $z = \ln(x^2 + y^2 + 1)$ 在点 $(1, 2)$ 处的全微分.

4. 计算 $\sqrt{(1.02)^3 + (1.97)^3}$ 的近似值.

5. 计算 $(1.04)^{1.98}$ 的近似值.

6. 有一圆柱体,受压后发生形变,它的半径由 5 cm 增大到 5.2 cm,高度由 12 cm 减少到 11.6 cm. 求此圆柱体体积变化的近似值.

7.4　多元复合函数的求导法则

在一元函数微分学中,我们学习了复合函数的链式求导法则. 对于多元复合函数,也有类似的求导法则. 但是多元复合函数的复合情形是多种多样的,对应的求导公式也各不相同. 下面按照多元复合函数不同的复合情形,分三种情况进行讨论.

7.4.1　复合函数的中间变量均为一元函数的情形

定理 7.4.1　如果函数 $u = \varphi(t)$ 及 $v = \psi(t)$ 都在点 t 处可导,函数 $z = f(u, v)$ 在对应点 (u, v) 具有连续偏导数,则复合函数 $z = f[\varphi(t), \psi(t)]$ 在点 t 处可导,且其导数可用下列公式计算:

$$\frac{\mathrm{d}z}{\mathrm{d}t} = \frac{\partial z}{\partial u} \cdot \frac{\mathrm{d}u}{\mathrm{d}t} + \frac{\partial z}{\partial v} \cdot \frac{\mathrm{d}v}{\mathrm{d}t}. \tag{7.4.1}$$

证明　设 t 获得增量 Δt 时, $u = \varphi(t)$ 和 $v = \psi(t)$ 的对应增量为 Δu 和 Δv,因此,函数 $z = f(u, v)$ 相应地获得增量 Δz. 由已知条件可知, $z = f(u, v)$ 在点 (u, v) 处可微,即

$$\Delta z = \mathrm{d}z + o(\rho) = \frac{\partial z}{\partial u}\Delta u + \frac{\partial z}{\partial v}\Delta v + \alpha\rho,$$

其中 $\rho = \sqrt{(\Delta u)^2 + (\Delta v)^2}$ 且当 $\rho \to 0$ 时有 $\alpha \to 0$. 两边同时除以 Δt,得

$$\frac{\Delta z}{\Delta t} = \frac{\partial z}{\partial u} \cdot \frac{\Delta u}{\Delta t} + \frac{\partial z}{\partial v} \cdot \frac{\Delta v}{\Delta t} + \alpha\sqrt{\left(\frac{\Delta u}{\Delta t}\right)^2 + \left(\frac{\Delta v}{\Delta t}\right)^2},$$

由于 $u = \varphi(t)$ 及 $v = \psi(t)$ 都在点 t 处可导,从而 $u = \varphi(t)$ 及 $v = \psi(t)$ 连续. 故当 $\Delta t \to 0$ 时,

$\Delta u \to 0$，$\Delta v \to 0$，有 $\rho \to 0$，则 $\lim\limits_{\Delta t \to 0} \dfrac{\Delta u}{\Delta t} = \dfrac{\mathrm{d}u}{\mathrm{d}t}$，$\lim\limits_{\Delta t \to 0} \dfrac{\Delta v}{\Delta t} = \dfrac{\mathrm{d}v}{\mathrm{d}t}$，$\alpha \sqrt{\left(\dfrac{\Delta u}{\Delta t}\right)^2 + \left(\dfrac{\Delta v}{\Delta t}\right)^2} \to 0$.

所以

$$\frac{\mathrm{d}z}{\mathrm{d}t} = \lim_{\Delta t \to 0} \frac{\Delta z}{\Delta t} = \frac{\partial z}{\partial u} \cdot \frac{\mathrm{d}u}{\mathrm{d}t} + \frac{\partial z}{\partial v} \cdot \frac{\mathrm{d}v}{\mathrm{d}t}.$$

把定理推广到复合函数的中间变量多于两个的情形. 例如，设函数 $z = f(u，v，w)$，其中 $u = \varphi(t)$，$v = \psi(t)$，$w = \omega(t)$，则复合函数 $z = f(\varphi(t), \psi(t), \omega(t))$ 在与定理类似的条件下，在点 t 处可导，且其导数可用下列公式计算：

$$\frac{\mathrm{d}z}{\mathrm{d}t} = \frac{\partial z}{\partial u} \cdot \frac{\mathrm{d}u}{\mathrm{d}t} + \frac{\partial z}{\partial v} \cdot \frac{\mathrm{d}v}{\mathrm{d}t} + \frac{\partial z}{\partial w} \cdot \frac{\mathrm{d}w}{\mathrm{d}t}. \tag{7.4.2}$$

公式 (7.4.1) 与公式 (7.4.2) 称为复合函数偏导数的**全导数公式**，公式中的导数 $\dfrac{\mathrm{d}z}{\mathrm{d}t}$ 称为**全导数**.

例 7.4.1　设 $z = uv^2 + \sin v$，$u = \mathrm{e}^t$，$v = t^2$，求全导数 $\dfrac{\mathrm{d}z}{\mathrm{d}t}$.

解　本题是中间变量为一元函数的情形，由全导数公式得

$$\begin{aligned}
\frac{\mathrm{d}z}{\mathrm{d}x} &= \frac{\partial z}{\partial u} \cdot \frac{\mathrm{d}u}{\mathrm{d}x} + \frac{\partial z}{\partial v} \cdot \frac{\mathrm{d}v}{\mathrm{d}x} \\
&= v^2 \mathrm{e}^t + (2uv + \cos v) \cdot 2t \\
&= t^4 \mathrm{e}^t + (2\mathrm{e}^t t^2 + \cos t^2) \cdot 2t \\
&= t^4 \mathrm{e}^t + 4t^3 \mathrm{e}^t + 2t \cos t^2.
\end{aligned}$$

例 7.4.2　设 $z = \dfrac{y}{x}$，其中 $y = \sqrt{1 - x^2}$，求 $\dfrac{\mathrm{d}z}{\mathrm{d}x}$.

解　本题中间变量是 x，y，它们都是关于 x 的一元函数. 由全导数公式得

$$\begin{aligned}
\frac{\mathrm{d}z}{\mathrm{d}x} &= \frac{\partial z}{\partial x} \cdot \frac{\mathrm{d}x}{\mathrm{d}x} + \frac{\partial z}{\partial y} \cdot \frac{\mathrm{d}y}{\mathrm{d}x} = \frac{\partial z}{\partial x} \cdot 1 + \frac{\partial z}{\partial y} \frac{\mathrm{d}y}{\mathrm{d}x} \\
&= \left(-\frac{y}{x^2}\right) + \frac{1}{x} \cdot \frac{-2x}{2\sqrt{1 - x^2}} = -\frac{1}{x^2 \sqrt{1 - x^2}}.
\end{aligned}$$

7.4.2　复合函数的中间变量均为多元函数的情形

定理 7.4.2　如果函数 $u = \varphi(x，y)$，$v = \psi(x，y)$ 在点 $(x，y)$ 处都具有对 x 及对 y 的偏导数，函数 $z = f(u，v)$ 在对应点 $(u，v)$ 具有连续偏导数，则复合函数 $z = f[\varphi(x，y)，\psi(x，y)]$ 在点 $(x，y)$ 处的两个偏导数存在，且可用下列公式计算：

$$\frac{\partial z}{\partial x} = \frac{\partial z}{\partial u} \cdot \frac{\partial u}{\partial x} + \frac{\partial z}{\partial v} \cdot \frac{\partial v}{\partial x},$$

$$\frac{\partial z}{\partial y} = \frac{\partial z}{\partial u} \cdot \frac{\partial u}{\partial y} + \frac{\partial z}{\partial v} \cdot \frac{\partial v}{\partial y}.$$

这两个公式称为求复合函数偏导数的链式法则.

事实上,这里求 $\dfrac{\partial z}{\partial x}$ 时,把 y 看作常量,因此中间变量 u,v 仍可看作一元函数而应用上述定理.但由于 $z=f[\varphi(x,y),\psi(x,y)]$, $u=\varphi(x,y)$ 和 $v=\psi(x,y)$ 都是 x,y 的二元函数,所以应把第一个公式中的记号 d 改成记号 ∂.这样便得到复合函数 $z=f(u,v)$ 对 x,y 的偏导数 $\dfrac{\partial z}{\partial x}$ 及 $\dfrac{\partial z}{\partial y}$.

为了更好地掌握多元复合函数求偏导数的公式,可以借助复合函数关系的树形图.给出定理 7.4.2 中复合函数关系的树形图,如图 7-6 所示.

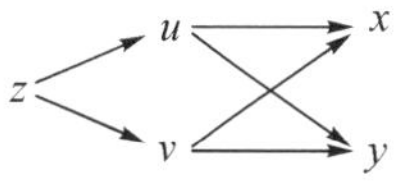

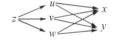

图 7-6

复合函数 $z=f(u,v)$ 对 x,y 的偏导数公式符合规则:分线相加,连线相乘;单路全导,叉路偏导.分线相加是指函数 z 到自变量 x(或 y)有几条路径,求导公式中就有几项相加;连线相乘是指函数 z 对各条路径上的变量依次求偏导的乘积;单路全导是指某个变量到下一个变量只有一条路径,这时求的是导数;叉路偏导是指某个变量到下一个变量有不止一条路径,这时求的是偏导数.

借助复合函数关系的树形图,还可以把定理 7.4.2 推广到中间变量不止两个的情形.

如果函数 $u=\varphi(x,y)$, $v=\psi(x,y)$, $w=\omega(x,y)$ 都在点 (x,y) 处具有对 x 及 y 的偏导数,函数 $z=f(u,v,w)$ 在对应点 (u,v,w) 处具有连续偏导数,则复合函数

$$z=f[\varphi(x,y),\psi(x,y),\omega(x,y)],$$

在点 (x,y) 处的两个偏导数都存在(树形图 7-7),且可用下列公式计算:

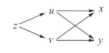

图 7-7

$$\frac{\partial z}{\partial x}=\frac{\partial z}{\partial u}\cdot\frac{\partial u}{\partial x}+\frac{\partial z}{\partial v}\cdot\frac{\partial v}{\partial x}+\frac{\partial z}{\partial w}\cdot\frac{\partial w}{\partial x},$$

$$\frac{\partial z}{\partial y}=\frac{\partial z}{\partial u}\cdot\frac{\partial u}{\partial y}+\frac{\partial z}{\partial v}\cdot\frac{\partial v}{\partial y}+\frac{\partial z}{\partial w}\cdot\frac{\partial w}{\partial y}.$$

例 7.4.3　设 $z=u^2\ln v$, $u=\dfrac{x}{y}$, $v=3x-2y$,求 $\dfrac{\partial z}{\partial x}$ 和 $\dfrac{\partial z}{\partial y}$.

解　根据复合关系,画出树形图(图 7-8),则

图 7-8

$$\begin{aligned}\frac{\partial z}{\partial x}&=\frac{\partial z}{\partial u}\cdot\frac{\partial u}{\partial x}+\frac{\partial z}{\partial v}\cdot\frac{\partial v}{\partial x}=2u\ln v\cdot\frac{1}{y}+u^2\cdot\frac{1}{v}\cdot 3\\&=\frac{2x}{y^2}\ln(3x-2y)+\frac{3x^2}{(3x-2y)y^2}.\end{aligned}$$

$$\begin{aligned}\frac{\partial z}{\partial y}&=\frac{\partial z}{\partial u}\cdot\frac{\partial u}{\partial y}+\frac{\partial z}{\partial v}\cdot\frac{\partial v}{\partial y}=2u\ln v\cdot\left(-\frac{x}{y^2}\right)+u^2\cdot\frac{1}{v}\cdot(-2)\\&=-\frac{2x^2}{y^3}\ln(3x-2y)-\frac{2x^2}{(3x-2y)y^2}.\end{aligned}$$

例 7.4.4　设 $z=f\left(xy,\dfrac{y}{x}\right)$,其中 f 具有连续的二阶偏导数,求 $\dfrac{\partial^2 z}{\partial y\partial x}$.

解　令 $u=xy$, $v=\dfrac{y}{x}$,则 $z=f(u,v)$.

为表达简便,记 $f_1'=\dfrac{\partial f(u,v)}{\partial u}$, $f_{12}''=\dfrac{\partial^2 f(u,v)}{\partial u\partial v}$,这里下标 1 表示对第一个变量求偏

导数，下标 2 表示对第二个变量求偏导数.同理有 f'_2，f''_{11}，f''_{22}.由条件 f 具有连续的二阶偏导数，可知 $f''_{12}=f''_{21}$.

由复合函数的求导法则，有

$$\frac{\partial z}{\partial y}=\frac{\partial f}{\partial u}\cdot\frac{\partial u}{\partial y}+\frac{\partial f}{\partial v}\cdot\frac{\partial v}{\partial y}=xf'_1+\frac{1}{x}f'_2,$$

于是

$$\frac{\partial^2 z}{\partial y\partial x}=\frac{\partial}{\partial x}\left(xf'_1+\frac{1}{x}f'_2\right)=f'_1+x\frac{\partial f'_1}{\partial x}-\frac{1}{x^2}f'_2+\frac{1}{x}\frac{\partial f'_2}{\partial x},$$

应注意 f'_1 及 f'_2 都是关于 u，v 函数，还是 x，y 的复合函数，再运用复合函数求导法则，有

$$\frac{\partial f'_1}{\partial x}=\frac{\partial f'_1}{\partial u}\cdot\frac{\partial u}{\partial x}+\frac{\partial f'_1}{\partial v}\cdot\frac{\partial v}{\partial x}=yf''_{11}-\frac{y}{x^2}f''_{12},$$

$$\frac{\partial f'_2}{\partial x}=\frac{\partial f'_2}{\partial u}\cdot\frac{\partial u}{\partial y}+\frac{\partial f'_2}{\partial v}\cdot\frac{\partial v}{\partial y}=yf''_{21}-\frac{y}{x^2}f''_{22},$$

于是

$$\frac{\partial^2 z}{\partial y\partial x}=f'_1+x\left(yf''_{11}-\frac{y}{x^2}f''_{12}\right)-\frac{1}{x^2}f'_2+\frac{1}{x}\left(yf''_{21}-\frac{y}{x^2}f''_{22}\right)$$

$$=f'_1+xyf''_{11}-\frac{1}{x^2}f'_2-\frac{y}{x^3}f''_{22}.$$

7.4.3 其他情形

情形 1 复合函数的中间变量有一元函数也有多元函数的情形

定理 7.4.3 如果函数 $u=\varphi(x,y)$，$v=\psi(y)$ 在点 (x,y) 处都具有对 x 及对 y 的偏导数，函数 $z=f(u,v)$ 在对应点 (u,v) 具有连续偏导数，则复合函数 $z=f[\varphi(x,y),\psi(y)]$ 在点 (x,y) 处的两个偏导数存在（树形图 7-9），且可用下列公式计算：

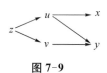

图 7-9

$$\frac{\partial z}{\partial x}=\frac{\partial z}{\partial u}\cdot\frac{\partial u}{\partial x},$$

$$\frac{\partial z}{\partial y}=\frac{\partial z}{\partial u}\cdot\frac{\partial u}{\partial y}+\frac{\partial z}{\partial v}\cdot\frac{\mathrm{d}v}{\mathrm{d}y}.$$

更特殊地，如果函数 $z=f(u,x,y)$ 具有连续偏导数，其中 $u=\varphi(x,y)$ 在点 (x,y) 处具有对 x 及 y 的偏导数，则复合函数 $z=f[\varphi(x,y),x,y]$ 在点 (x,y) 处的两个偏导数存在，且可用下列公式计算：

$$\frac{\partial z}{\partial x}=\frac{\partial f}{\partial u}\cdot\frac{\partial u}{\partial x}+\frac{\partial f}{\partial x},\quad \frac{\partial z}{\partial y}=\frac{\partial f}{\partial u}\cdot\frac{\partial u}{\partial y}+\frac{\partial f}{\partial y}.$$

值得注意的是，$\frac{\partial z}{\partial x}$ 是把复合函数 $z=f[\varphi(x,y),x,y]$ 中的 y 看作常量而对 x 的偏

导数;而 $\dfrac{\partial f}{\partial x}$ 则是把 $z=f(u,x,y)$ 中的 u 及 y 看作常量而对 x 的偏导数;$\dfrac{\partial z}{\partial y}$ 和 $\dfrac{\partial f}{\partial y}$ 的区别与上述相同.

例 7.4.5 设 $z=f(u,x,y)$,$u=x\,\mathrm{e}^y$,其中 f 具有连续的一阶偏导数,求 $\dfrac{\partial z}{\partial x}$ 和 $\dfrac{\partial z}{\partial y}$.

解 $\quad\dfrac{\partial z}{\partial x}=\dfrac{\partial f}{\partial u}\cdot\dfrac{\partial u}{\partial x}+\dfrac{\partial f}{\partial x}=f_u\mathrm{e}^y+f_x,\qquad \dfrac{\partial z}{\partial y}=\dfrac{\partial f}{\partial u}\cdot\dfrac{\partial u}{\partial y}+\dfrac{\partial f}{\partial y}=f_u x\,\mathrm{e}^y+f_y.$

情形 2 外层函数是一元函数,中间变量是多元函数的情形

例 7.4.6 设 $z=f(u)$,$u=x^2+y^2$,其中 $f(u)$ 可微,求 $\dfrac{\partial z}{\partial x}$ 和 $\dfrac{\partial z}{\partial y}$.

解 画出树形图(图 7-10),可得

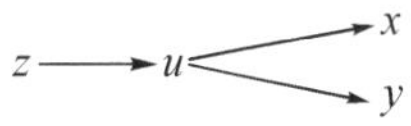

$$\frac{\partial z}{\partial x}=\frac{\mathrm{d}f}{\mathrm{d}u}\cdot\frac{\partial u}{\partial x}=f'(u)\cdot 2x=2xf'(x^2+y^2),$$

$$\frac{\partial z}{\partial y}=\frac{\mathrm{d}f}{\mathrm{d}u}\cdot\frac{\partial u}{\partial y}=f'(u)\cdot 2y=2yf'(x^2+y^2).$$

图 7-10

7.4.4 全微分形式不变性

设函数 $z=f(u,v)$ 具有连续偏导数,当 u,v 是自变量时,则全微分为

$$\mathrm{d}z=\frac{\partial z}{\partial u}\mathrm{d}u+\frac{\partial z}{\partial v}\mathrm{d}v.$$

如果 u,v 是 x,y 的函数 $u=\varphi(x,y)$,$v=\psi(x,y)$,且这两个函数具有连续偏导数时,则复合函数 $z=f[\varphi(x,y),\psi(x,y)]$ 的全微分为

$$\mathrm{d}z=\frac{\partial z}{\partial x}\mathrm{d}x+\frac{\partial z}{\partial y}\mathrm{d}y,$$

其中 $\dfrac{\partial z}{\partial x}$ 及 $\dfrac{\partial z}{\partial y}$ 由定理 7.4.2 给出,代入上式得

$$\begin{aligned}
\mathrm{d}z&=\left(\frac{\partial z}{\partial u}\cdot\frac{\partial u}{\partial x}+\frac{\partial z}{\partial v}\cdot\frac{\partial v}{\partial x}\right)\mathrm{d}x+\left(\frac{\partial z}{\partial u}\cdot\frac{\partial u}{\partial y}+\frac{\partial z}{\partial v}\cdot\frac{\partial v}{\partial y}\right)\mathrm{d}y\\
&=\frac{\partial z}{\partial u}\left(\frac{\partial u}{\partial x}\mathrm{d}x+\frac{\partial u}{\partial y}\mathrm{d}y\right)+\frac{\partial z}{\partial v}\left(\frac{\partial v}{\partial x}\mathrm{d}x+\frac{\partial v}{\partial y}\mathrm{d}y\right)\\
&=\frac{\partial z}{\partial u}\mathrm{d}u+\frac{\partial z}{\partial v}\mathrm{d}v.
\end{aligned}$$

因此,不论 u,v 是自变量还是中间变量,函数 $z=f(u,v)$ 的全微分形式是一样的. 这个性质称为全微分形式不变性.

习 题 7-4

1. 设 $z=u^2v+3uv^4$,$u=\mathrm{e}^t$,$v=\sin t$,求全导数 $\dfrac{\mathrm{d}z}{\mathrm{d}t}$.

2. 设 $z = uv + \sin t$，$u = \mathrm{e}^t$，$v = \cos t$，求 $\dfrac{\mathrm{d}z}{\mathrm{d}t}$.

3. 设 $z = \arcsin(u - v)$，$u = 3x$，$v = x^3$，求 $\dfrac{\mathrm{d}z}{\mathrm{d}x}$.

4. 设 $z = u^2 v^3$，$u = x + 2y$，$v = x - y$，求 $\dfrac{\partial z}{\partial x}$，$\dfrac{\partial z}{\partial y}$.

5. 设 $z = \dfrac{u^2}{v}$，$u = x - 2y$，$v = 2x + y$，求 $\dfrac{\partial z}{\partial x}$ 和 $\dfrac{\partial z}{\partial y}$.

6. 设 $z = \mathrm{e}^u \sin v$，$u = xy$，$v = x - y$，求 $\dfrac{\partial z}{\partial x}$ 和 $\dfrac{\partial z}{\partial y}$.

7. 设 $z = f(x \cos y, x \sin y)$，且 f 具有一阶连续偏导数，求 $\dfrac{\partial z}{\partial x}$，$\dfrac{\partial z}{\partial y}$.

8. 设 $u = f(x, xy, xyz)$，且 f 具有一阶连续偏导数，求 $\dfrac{\partial u}{\partial x}$，$\dfrac{\partial u}{\partial y}$ 和 $\dfrac{\partial u}{\partial z}$.

9. 设 $z = f(xy, x^2 + y^2)$，其中 f 具有连续的二阶偏导数，求 $\dfrac{\partial^2 z}{\partial x^2}$ 和 $\dfrac{\partial^2 z}{\partial x \partial y}$.

10. 设 $z = f\left(x, \dfrac{y^2}{x}\right)$，其中 f 具有二阶连续偏导数，求 $\dfrac{\partial^2 z}{\partial x \partial y}$.

11. 设 $z = f(x, v)$，$v = xy$，且 f 具有二阶连续偏导数，求 $\dfrac{\partial^2 z}{\partial x^2}$.

12. 设 $u = f(x^2 + y^2 + z^2)$，且 $u = f(v)$ 可导，求 $\dfrac{\partial u}{\partial x}$，$\dfrac{\partial u}{\partial y}$ 和 $\dfrac{\partial u}{\partial z}$.

13. 设 $z = \arctan \dfrac{u}{v}$，其中 $u = x + y$，$v = x - y$，证明：$\dfrac{\partial z}{\partial x} + \dfrac{\partial z}{\partial y} = \dfrac{x - y}{x^2 + y^2}$.

14. 设 $z = xy + xF(u)$，其中 $u = \dfrac{y}{x}$，且 F 是可微的函数，证明：$x \dfrac{\partial z}{\partial x} + y \dfrac{\partial z}{\partial y} = xy + z$.

15. 设 $z = \dfrac{y}{f(x^2 - y^2)}$，且 $f(u)$ 可导，证明：$\dfrac{1}{x} \dfrac{\partial z}{\partial x} + \dfrac{1}{y} \dfrac{\partial z}{\partial y} = \dfrac{z}{y^2}$.

7.5 隐函数的求导公式

在一元函数微分学中，我们研究了一元隐函数的求导方法，但是没有给出求隐函数的一般的求导公式. 现在根据多元复合函数的求导法则，得到一元隐函数的存在定理，给出一般的求导公式，然后推广到多元隐函数的情形.

7.5.1 一元隐函数的求导公式

定理 7.5.1（隐函数存在定理 1） 设二元函数 $F(x, y)$ 在点 (x_0, y_0) 的某一邻域内具有连续偏导数，且 $F(x_0, y_0) = 0$，$F_y(x_0, y_0) \neq 0$，则方程 $F(x, y) = 0$ 在点 (x_0, y_0) 的某一邻域内能唯一确定一个连续且具有连续导数的一元隐函数 $y = f(x)$，使得 $y_0 = f(x_0)$，且

$$\frac{\mathrm{d}y}{\mathrm{d}x} = -\frac{F_x}{F_y}. \tag{7.5.1}$$

公式（7.5.1）就是一元隐函数的求导公式. 这个定理我们不证，下面仅在满足定理 7.5.1

的条件下对公式进行推导.

将方程 $F(x, y) = 0$ 所确定的隐函数为 $y = f(x)$ 代入方程,得恒等式

$$F(x, f(x)) \equiv 0,$$

其左端看作是 x 的复合函数,求这个函数的全导数,由于恒等式两端求导后仍然恒等,即得

$$\frac{\partial F}{\partial x} + \frac{\partial F}{\partial y} \cdot \frac{\mathrm{d}y}{\mathrm{d}x} = 0,$$

由于 F_y 连续且 $F_y(x_0, y_0) \neq 0$ 时,所以存在点 (x_0, y_0) 的某一邻域,在这个邻域内 $F_y \neq 0$,故

$$\frac{\mathrm{d}y}{\mathrm{d}x} = -\frac{\dfrac{\partial F}{\partial x}}{\dfrac{\partial F}{\partial y}} = -\frac{F_x}{F_y}.$$

例 7.5.1 设 $y = f(x)$ 是由方程 $x - x\mathrm{e}^y + y = 0$ 所确定的函数,求 $\dfrac{\mathrm{d}y}{\mathrm{d}x}$.

解法 1(公式法) 令 $F(x, y) = x - x\mathrm{e}^y + y$,则有

$$F_x = 1 - \mathrm{e}^y, \quad F_y = -x\mathrm{e}^y + 1,$$

所以

$$\frac{\mathrm{d}y}{\mathrm{d}x} = -\frac{F_x}{F_y} = -\frac{1 - \mathrm{e}^y}{-x\mathrm{e}^y + 1} = \frac{1 - \mathrm{e}^y}{x\mathrm{e}^y - 1}.$$

解法 2(求导法) 方程两端同时对 x 求导,得

$$1 - \left(\mathrm{e}^y + x\mathrm{e}^y\frac{\mathrm{d}y}{\mathrm{d}x}\right) + \frac{\mathrm{d}y}{\mathrm{d}x} = 0,$$

即

$$(1 - x\mathrm{e}^y)\frac{\mathrm{d}y}{\mathrm{d}x} = \mathrm{e}^y - 1,$$

解得

$$\frac{\mathrm{d}y}{\mathrm{d}x} = \frac{1 - \mathrm{e}^y}{x\mathrm{e}^y - 1}.$$

7.5.2 二元隐函数的求导公式

定理 7.5.2(隐函数存在定理 2) 设三元函数 $F(x, y, z)$ 在点 (x_0, y_0, z_0) 的某一邻域内具有连续偏导数,且 $F(x_0, y_0, z_0) = 0$,$F_z(x_0, y_0, z_0) \neq 0$,则方程 $F(x, y, z) = 0$ 在点 (x_0, y_0, z_0) 的某一邻域内能唯一确定一个连续且具有连续偏导数的函数 $z = f(x, y)$,使得 $z_0 = f(x_0, y_0)$,且

$$\frac{\partial z}{\partial x} = -\frac{F_x}{F_z}, \quad \frac{\partial z}{\partial y} = -\frac{F_y}{F_z}. \tag{7.5.2}$$

与定理 7.5.1 类似,这个定理我们不证,仅在满足定理 7.5.2 的条件下对公式(7.5.2)进行推导.

将方程 $F(x, y, z) = 0$ 所确定的隐函数为 $z = f(x, y)$ 代入方程,得恒等式

$$F(x, y, f(x, y)) \equiv 0,$$

其左端看作 x, y 的复合函数,求这个函数的偏导数,由于恒等式两端求导后仍然恒等,即得

$$\frac{\partial F}{\partial x} + \frac{\partial F}{\partial z} \cdot \frac{\partial z}{\partial x} = 0, \quad \frac{\partial F}{\partial y} + \frac{\partial F}{\partial z} \cdot \frac{\partial z}{\partial y} = 0,$$

由于 F_z 连续且 $F_z(x_0, y_0, z_0) \neq 0$ 时,所以存在点 (x_0, y_0, z_0) 的某一邻域,在这个邻域内 $F_z \neq 0$,故

$$\frac{\partial z}{\partial x} = -\frac{\dfrac{\partial F}{\partial x}}{\dfrac{\partial F}{\partial z}} = -\frac{F_x}{F_z}, \quad \frac{\partial z}{\partial y} = -\frac{\dfrac{\partial F}{\partial y}}{\dfrac{\partial F}{\partial z}} = -\frac{F_y}{F_z}.$$

这就是二元隐函数的求导公式.

例 7.5.2 求由方程 $e^{-xy} - 2z + e^z = 0$ 所确定的函数 $z = f(x, y)$ 的一阶偏导数.

解 设 $F(x, y, z) = e^{-xy} - 2z + e^z$,将 y, z 看作常量,对 x 求偏导数得

$$F_x = -y e^{-xy},$$

同样可得

$$F_y = -x e^{-xy}, \quad F_z = e^z - 2.$$

当 $z \neq \ln 2$ 时,有

$$\frac{\partial z}{\partial x} = -\frac{F_x}{F_z} = \frac{y e^{-xy}}{e^z - 2}, \quad \frac{\partial z}{\partial y} = -\frac{F_y}{F_z} = \frac{x e^{-xy}}{e^z - 2}.$$

例 7.5.3 设函数 $z = f(x, y)$ 是由方程 $x^2 + y^2 + z^2 - 4z = 0$ 所确定的,求 $\dfrac{\partial^2 z}{\partial y \partial x}$.

解 设 $F(x, y, z) = x^2 + y^2 + z^2 - 4z$,则

$$F_x = 2x, \quad F_y = 2y, \quad F_z = 2z - 4.$$

当 $z \neq 2$ 时,有

$$\frac{\partial z}{\partial x} = -\frac{F_x}{F_z} = \frac{x}{2 - z}, \quad \frac{\partial z}{\partial y} = -\frac{F_y}{F_z} = \frac{y}{2 - z}.$$

对 $\dfrac{\partial z}{\partial y}$ 求关于 x 的偏导数,得

$$\frac{\partial^2 z}{\partial y \partial x} = \frac{\partial}{\partial x}\left(\frac{y}{2-z}\right) = \frac{(-y) \cdot \left(-\dfrac{\partial z}{\partial x}\right)}{(2-z)^2} = \frac{(-y) \cdot \left(-\dfrac{\partial z}{\partial x}\right)}{(2-z)^2} = \frac{xy}{(2-z)^3}.$$

例 7.5.4　设方程 $F(yz, e^{xz}) = 0$ 确定 z 为 x, y 的隐函数,且 F 具有一阶连续偏导数,求 dz.

解
$$F_x = z e^{xz} F_2', \quad F_y = z F_1', \quad F_z = y F_1' + x e^{xz} F_2'.$$

则
$$\frac{\partial z}{\partial x} = -\frac{z e^{xz} F_2'}{y F_1' + x e^{xz} F_2'}, \quad \frac{\partial z}{\partial y} = -\frac{z F_1'}{y F_1' + x e^{xz} F_2'},$$

所以
$$dz = -\frac{z e^{xz} F_2'}{y F_1' + x e^{xz} F_2'} dx - \frac{z F_1'}{y F_1' + x e^{xz} F_2'} dy.$$

习　题　7-5

1. 设函数 $y = f(x)$ 是由方程 $x e^y + y \sin x = 0$ 所确定的,求 $\dfrac{dy}{dx}$.

2. 设函数 $y = f(x)$ 是由方程 $\ln\sqrt{x^2 + y^2} = \arctan\dfrac{y}{x}$ 所确定的,求 $\dfrac{dy}{dx}$.

3. 设函数 $y = f(x)$ 是由方程 $xy + \ln y + \ln x = 1$ 所确定的,求 $\dfrac{dy}{dx}$,$\dfrac{d^2 y}{dx^2}$.

4. 设二元函数 $z = f(x, y)$ 是由方程 $\dfrac{x}{z} = \ln\dfrac{z}{y}$ 所确定的,求 $\dfrac{\partial z}{\partial x}$,$\dfrac{\partial z}{\partial y}$.

5. 设二元函数 $z = f(x, y)$ 是由方程 $e^{-xy} - 2z + e^z = 0$ 所确定的,求 $\dfrac{\partial z}{\partial x}$,$\dfrac{\partial z}{\partial y}$.

6. 设二元函数 $z = f(x, y)$ 是由方程 $e^x = xyz$ 所确定的,求 $\dfrac{\partial z}{\partial x}$,$\dfrac{\partial z}{\partial y}$.

7. 设函数 $z = f(x, y)$ 是由方程 $x^2 + y^2 + z^2 = R^2$ 所确定的,其中 $z \neq 0$. 求 $\dfrac{\partial^2 z}{\partial y \partial x}\bigg|_{(1, -2, 1)}$.

8. 设 $z = f(xz, z - y)$,且 $f(u, v)$ 具有连续的一阶偏导数,求 dz.

9. 求由方程 $F(x - y, y - z) = 0$ 确定的函数 $z = f(x, y)$ 的偏导数,其中 $F(u, v)$ 具有连续的一阶偏导数.

10. 方程 $f\left(\dfrac{y}{z}, \dfrac{z}{x}\right) = 0$ 确定 z 是 x, y 的函数,其中 $f_v(u, v) \neq 0$,求证: $x\dfrac{\partial z}{\partial x} + y\dfrac{\partial z}{\partial y} = z$.

11. 设 $F(u, v)$ 具有连续偏导数,证明由方程 $F(cx - az, cy - bz) = 0$ 所确定的函数 $z = f(x, y)$ 满足 $a\dfrac{\partial z}{\partial x} + b\dfrac{\partial z}{\partial y} = c$.

7.6　多元函数的极值及其求法

在实际问题中,经常会碰到多元函数的最大值、最小值问题. 与一元函数类似,多元函数的最值与极值有着密切的联系. 下面以二元函数为例,先来讨论多元函数的极值问题.

7.6.1　多元函数的无条件极值

定义 7.6.1　设函数 $z = f(x, y)$ 在点 (x_0, y_0) 的某邻域内有定义,对于该邻域内异于 (x_0, y_0) 的任意点 (x, y),如果都有

$$f(x,y)<f(x_0,y_0),$$

则称函数在点 (x_0,y_0) 处有极大值 $f(x_0,y_0)$；如果都有

$$f(x,y)>f(x_0,y_0),$$

则称函数在点 (x_0,y_0) 处有极小值 $f(x_0,y_0)$.

极大值、极小值统称为**极值**. 使函数取得极值的点称为**极值点**.

例如，(1) 设 $f(x,y)=4x^2+y^2$ 在点 $(0,0)$ 处取得极小值 $f(0,0)=0$. 因为当 $(x,y)=(0,0)$ 时，$f(0,0)=0$；当 $(x,y)\neq(0,0)$ 时，$f(x,y)>0$；因此，$f(0,0)=0$ 是函数的极小值.

(2) 设 $f(x,y)=-\sqrt{x^2+y^2}$ 在点 $(0,0)$ 处取得极大值 $f(0,0)=0$. 因为当 $(x,y)=(0,0)$ 时，$f(0,0)=0$；当 $(x,y)\neq(0,0)$ 时，$f(x,y)<0$；因此，$f(0,0)=0$ 是函数的极大值.

(3) 设 $f(x,y)=xy$ 在点 $(0,0)$ 处既不取得极大值也不取得极小值. 因为当 $(x,y)=(0,0)$ 时，$f(0,0)=0$；当 $(x,y)\neq(0,0)$ 时，函数值有正值也有负值；因此函数在点 $(0,0)$ 处没有极大值也没有极小值.

以上关于二元函数的极值概念，可推广到 n 元函数. 与一元函数的极值类似，先给出二元函数取得极值的必要条件.

定理 7.6.1(极值存在的必要条件) 设函数 $z=f(x,y)$ 在点 (x_0,y_0) 处具有偏导数，且在点 (x_0,y_0) 处有极值，则它在该点的偏导数必然为零：

$$f_x(x_0,y_0)=0,\quad f_y(x_0,y_0)=0.$$

证明 不妨设 $z=f(x,y)$ 在点 (x_0,y_0) 处有极大值. 由定义，对点 (x_0,y_0) 的某邻域内异于 (x_0,y_0) 的任何点 (x,y) 都有

$$f(x,y)<f(x_0,y_0),$$

特殊地，在该邻域内取 $y=y_0$ 而 $x\neq x_0$，则有

$$f(x,y_0)<f(x_0,y_0),$$

即一元函数 $z=f(x,y_0)$ 在点 x_0 处取得极大值，所以 $f_x(x_0,y_0)=0$.

同理可证 $f_y(x_0,y_0)=0$.

如果三元函数 $u=f(x,y,z)$ 在点 $P(x_0,y_0,z_0)$ 处具有偏导数，则它在点 $P(x_0,y_0,z_0)$ 处有极值的必要条件为

$$f_x(x_0,y_0,z_0)=0,\quad f_y(x_0,y_0,z_0)=0,\quad f_z(x_0,y_0,z_0)=0.$$

凡能使 $f_x(x_0,y_0)=0$，$f_y(x_0,y_0)=0$ 同时成立的点 (x_0,y_0) 称为函数 $z=f(x,y)$ 的**驻点**.

从定理 7.6.1 可知，对于具有偏导数的函数，其极值点必定是驻点. 但函数的驻点不一定是极值点. 例如，点 $(0,0)$ 是函数 $f(x,y)=xy$ 的驻点，但该点并不是该函数的极值点.

下面给出判断驻点是否是极值点的一个充分条件.

定理 7.6.2(充分条件)　设函数 $z = f(x, y)$ 在点 (x_0, y_0) 的某邻域内连续,且具有一阶及二阶连续偏导数,又 $f_x(x_0, y_0) = 0$, $f_y(x_0, y_0) = 0$. 若令 $f_{xx}(x_0, y_0) = A$, $f_{xy}(x_0, y_0) = B$, $f_{yy}(x_0, y_0) = C$, 则 $f(x, y)$ 在点 (x_0, y_0) 处是否取得极值的条件如下:

(1) 当 $AC - B^2 > 0$ 时,具有极值,且当 $A < 0$ 时有极大值,当 $A > 0$ 时有极小值;

(2) 当 $AC - B^2 < 0$ 时,没有极值;

(3) 当 $AC - B^2 = 0$ 时,可能有极值,也可能没有极值,还需另作讨论.

根据上述两个定理,求 $z = f(x, y)$ 极值的一般步骤归纳如下:

(1) 解方程组

$$\begin{cases} f_x(x, y) = 0, \\ f_y(x, y) = 0, \end{cases}$$

求出一切驻点.

(2) 求出二阶偏导数 $f_{xx}(x, y)$, $f_{yy}(x, y)$, $f_{xy}(x, y)$.

(3) 求出每一个驻点 (x_0, y_0) 处二阶偏导数的值 A, B, C, 确定 $AC - B^2$ 的符号,并按照定理 7.6.2 的结论来判定 $f(x_0, y_0)$ 是否是极值,是极大值还是极小值.

例 7.6.1　求函数 $f(x, y) = x^3 + y^3 - 3xy$ 的极值.

解　　　　　　解方程组 $\begin{cases} f_x(x, y) = 3x^2 - 3y = 0, \\ f_y(x, y) = 3y^2 - 3x = 0, \end{cases}$

得驻点为 $(0, 0)$ 和 $(1, 1)$.

求出二阶偏导数 $f_{xx}(x, y) = 6x$, $f_{yy}(x, y) = 6y$, $f_{xy}(x, y) = -3$.

在点 $(0, 0)$ 处, $A = f_{xx}(0, 0) = 0$, $C = f_{yy}(0, 0) = 0$, $B = f_{xy}(0, 0) = -3$. 因此 $AC - B^2 = -9 < 0$, 所以点 $(0, 0)$ 不是函数的极值点.

在点 $(1, 1)$ 处, $A = f_{xx}(1, 1) = 6$, $C = f_{yy}(1, 1) = 6$, $B = f_{xy}(1, 1) = -3$. 因此 $AC - B^2 = 27 > 0$ 且 $A = 6 > 0$, 所以函数在点 $(1, 1)$ 处取得极小值 $f(1, 1) = -1$.

讨论函数的极值问题时,如果函数在所讨论的区域内具有偏导数,则由定理 7.6.1 可知,极值只可能在驻点取得. 然而,如果函数在个别点处的偏导数不存在,这些点当然不是驻点,但也可能是极值点. 例如,函数 $z = \sqrt{x^2 + y^2}$ 在点 $(0, 0)$ 处的偏导数不存在,但该函数在点 $(0, 0)$ 处却具有极小值. 因此在考虑函数的极值问题时,除了考虑函数的驻点外,如果有偏导数不存在的点,那么对这些点也应当考虑.

7.6.2　二元函数的最值

与一元函数类似,可以利用极值来求函数的最大和最小值. 由最大最小值定理,如果 $f(x, y)$ 在有界闭区域 D 上连续,则 $f(x, y)$ 在 D 上必定能取得最大值和最小值. 这种使函数取得最大值或最小值的点既可能在 D 的内部,也可能在 D 的边界上. 假定,函数 $f(x, y)$ 在 D 上连续、在 D 内可微分且只有有限个驻点. 这时如果函数在 D 的内部取得最大值(最小值),那么这个最大值(最小值)也是函数的极大值(极小值). 因此,在上述假定下,求函数的最大值和最小值的一般方法是:将函数 $f(x, y)$ 在 D 内的所有驻点处的函数值及在 D

的边界上的最大值和最小值相互比较，其中最大的就是最大值，最小的就是最小值. 但这种做法，由于要求出 $f(x,y)$ 在 D 的边界上的最大值和最小值，所以往往相当复杂. 在实际问题中，如果事先已知能够判定 $f(x,y)$ 在区域 D 的内部一定能取得最大值（最小值），且函数在区域 D 内只有一个驻点，那么就可以认定该驻点处的函数值就是函数 $f(x,y)$ 在 D 上的最大值（最小值）.

例 7.6.2 假设某企业有两个分工厂生产同一种产品，且在同一个市场销售，售价均为 P（单位：万元/吨），销售量分别为 Q_1 和 Q_2（单位：吨），设其成本函数分别为 $C_1 = 2Q_1^2 + 4$，$C_2 = 6Q_2^2 + 8$，市场需求函数 $P = 88 - 4Q$，$Q = Q_1 + Q_2$，企业追求最大利润，假设每个工厂的产量都严格大于零，试确定每个工厂的产量和产品的价格。

解 利润函数为

$$
\begin{aligned}
L(Q_1, Q_2) &= PQ - C_1 - C_2 \\
&= [88 - 4(Q_1 + Q_2)](Q_1 + Q_2) - (2Q_1^2 + 4) - (6Q_2^2 + 8) \\
&= 88Q_1 + 88Q_2 - 6Q_1^2 - 10Q_2^2 - 8Q_1Q_2 - 12.
\end{aligned}
$$

对 x，y 求偏导数，并令其为零，得方程组

$$
\begin{cases}
L_{Q_1} = 88 - 12Q_1 - 8Q_2 = 0, \\
L_{Q_2} = 88 - 20Q_2 - 8Q_1 = 0.
\end{cases}
$$

解得驻点 $(Q_1, Q_2) = (6, 2)$，因驻点唯一，根据问题的实际意义，最大利润一定存在，所以当 $Q_1 = 6$（吨）与 $Q_2 = 2$（吨）时利润最大，此时售价为 $P = 56$（万元/吨）.

7.6.3 条件极值　拉格朗日乘数法

前面所讨论的二元函数 $z = f(x,y)$ 的极值问题，对于函数的自变量 x，y，除了限制在函数的定义域内以外，没有其他附加的约束条件，称为无条件极值. 但在实际问题中，求极值时函数的自变量 x，y 可能还要受到其他附加条件 $\varphi(x,y) = 0$ 的限制，这种对自变量有附加的约束条件的极值称为条件极值.

求函数 $z = f(x,y)$ 在约束条件 $\varphi(x,y) = 0$ 下的条件极值有两种方法：代入法和拉格朗日乘数法.

1. 代入法

对于有些实际问题，可以把条件极值化为无条件极值，然后加以解决. 如果能从约束条件 $\varphi(x,y) = 0$ 中解出 $y = g(x)$，再将其代入二元函数 $z = f(x,y)$ 中，把条件极值问题转化为一元函数 $z = f[x, g(x)]$ 的无条件极值问题.

例 7.6.3 求目标函数 $z = xy$ 在约束条件 $x + y = 1$ 下的极值.

解 由 $x + y = 1$ 解出 $y = 1 - x$，将其代入函数 $z = xy$ 中，得 $z = x(1-x)$. 这时把条件极值问题转化为一元函数 $z = x(1-x)$ 的无条件极值问题.

令 $\dfrac{dz}{dx} = 1 - 2x = 0$，解得 $x = \dfrac{1}{2}$. 又因为 $\dfrac{d^2z}{dx^2}\Big|_{x = \frac{1}{2}} = -2 < 0$，所以 $x = \dfrac{1}{2}$ 是 $z = x(1-x)$ 的极大值. 因此，当 $x = \dfrac{1}{2}$，$y = \dfrac{1}{2}$ 时，函数 $z = xy$ 在约束条件 $x + y = 1$ 下的极大值为

$$z = \frac{1}{4}.$$

但在很多情形下,将条件极值化为无条件极值并不这样简单. 有另一种直接寻求条件极值的方法,可以不必先把问题化为无条件极值的问题,这就是下面所述的拉格朗日乘数法.

2. 拉格朗日乘数法

现在我们来寻求函数 $z = f(x, y)$ 在约束条件 $\varphi(x, y) = 0$ 下取得极值的必要条件.

如果函数 $z = f(x, y)$ 在点 (x_0, y_0) 处取得极值,那么有 $\varphi(x_0, y_0) = 0$. 假定在 (x_0, y_0) 的某一邻域内 $f(x, y)$ 与 $\varphi(x, y)$ 均有连续的一阶偏导数,而 $\varphi_y(x_0, y_0) \neq 0$. 由隐函数存在定理,由方程 $\varphi(x, y) = 0$ 确定一个连续且具有连续导数的函数 $y = g(x)$,且函数 $y = g(x)$ 在点 (x_0, y_0) 处导数为 $\left. \dfrac{dy}{dx} \right|_{(x_0, y_0)} = -\dfrac{\varphi_x(x_0, y_0)}{\varphi_y(x_0, y_0)}$. 将其代入目标函数 $z = f(x, y)$,得一元函数 $z = f[x, g(x)]$.

于是 $x = x_0$ 是一元函数 $z = f[x, g(x)]$ 的极值点,由取得极值的必要条件,有

$$\left. \frac{dz}{dx} \right|_{x=x_0} = f_x(x_0, y_0) + f_y(x_0, y_0) \left. \frac{dy}{dx} \right|_{x=x_0} = 0,$$

即

$$f_x(x_0, y_0) - f_y(x_0, y_0) \frac{\varphi_x(x_0, y_0)}{\varphi_y(x_0, y_0)} = 0.$$

所以,函数 $z = f(x, y)$ 在约束条件 $\varphi(x, y) = 0$ 下在点 (x_0, y_0) 处取得极值的必要条件是 $f_x(x_0, y_0) - f_y(x_0, y_0) \dfrac{\varphi_x(x_0, y_0)}{\varphi_y(x_0, y_0)} = 0$ 与 $\varphi(x_0, y_0) = 0$ 同时成立.

设 $\dfrac{f_y(x_0, y_0)}{\varphi_y(x_0, y_0)} = -\lambda$,上述必要条件变为

$$\begin{cases} f_x(x, y) + \lambda \varphi_x(x, y) = 0, \\ f_y(x, y) + \lambda \varphi_y(x, y) = 0, \\ \varphi(x, y) = 0. \end{cases}$$

将利用拉格朗日乘数法求函数 $z = f(x, y)$ 在约束条件 $\varphi(x, y) = 0$ 下极值的步骤总结如下.

(1) 构造拉格朗日函数 $F(x, y, \lambda) = f(x, y) + \lambda \varphi(x, y)$.

(2) 求三元函数 $F(x, y, \lambda)$ 对 x,y 和 λ 的偏导数,并令它们都为零,即

$$\begin{cases} F_x = f_x(x, y) + \lambda \varphi_x(x, y) = 0, \\ F_y = f_y(x, y) + \lambda \varphi_y(x, y) = 0, \\ F_\lambda = \varphi(x, y) = 0, \end{cases}$$

求出此方程组的所有解 (x_0, y_0, λ_0).

(3) 判断点 (x_0, y_0) 是否为极值点.

拉格朗日乘数法还可以推广到自变量多于两个而条件多于一个的情形. 例如,求三元函数 $f(x, y, z)$ 在约束条件 $\varphi(x, y, z) = 0$ 及 $\psi(x, y, z) = 0$ 下的极值,可作拉格朗

日函数

$$F(x,y,z,\lambda_1,\lambda_2)=f(x,y,z)+\lambda_1\varphi(x,y,z)+\lambda_2\psi(x,y,z)$$

其中 λ_1,λ_2 是拉格朗日乘数. 然后对 F 求 x,y,z,λ_1 和 λ_2 的一阶偏导数, 并使之为零. 求出驻点, 再判断这些点是否为极值点.

例 7.6.4 求表面积为 a^2 而体积为最大的长方体的体积.

解 设长方体的三棱长为 x,y,z, 则所求问题为在条件

$$\varphi(x,y,z)=2xy+2yz+2xz-a^2=0$$

下, 求函数 $V=xyz(x>0,y>0,z>0)$ 的最大值. 作拉格朗日函数

$$F(x,y,z,\lambda)=xyz+\lambda(2xy+2yz+2xz-a^2),$$

求其对 x,y,z,λ 的偏导数, 并使之为零, 得到

$$\begin{cases} yz+2\lambda(y+z)=0,\\ xz+2\lambda(x+z)=0,\\ xy+2\lambda(y+x)=0,\\ 2xy+2yz+2xz-a^2=0, \end{cases}$$

解得 $x=y=z=\dfrac{\sqrt{6}}{6}a$.

由于 $\left(\dfrac{\sqrt{6}}{6}a,\dfrac{\sqrt{6}}{6}a,\dfrac{\sqrt{6}}{6}a\right)$ 是唯一的驻点, 又由问题本身可知最大值一定存在, 所以最大值就在这个可能的极值点处取得. 此时, 以棱长为 $\dfrac{\sqrt{6}}{6}a$ 的正方体的体积最大, 最大体积 $V=\dfrac{\sqrt{6}}{36}a^3$.

例 7.6.5 求曲面 $4z=3x^2-2xy+3y^2$ 到平面 $x+y-4z=1$ 的最短距离.

解 曲面上任一点 (x,y,z) 到平面的距离为

$$d=\frac{|x+y-4z-1|}{\sqrt{18}}.$$

设 $F(x,y,z)=\dfrac{1}{2}(x+y-4z-1)^2$, 则本题即是求函数 $F(x,y,z)$ 在约束条件

$$\varphi(x,y,z)=3x^2-2xy+3y^2-4z=0$$

下的最小值. 作拉格朗日函数

$$F(x,y,z,\lambda)=\frac{1}{2}(x+y-4z-1)^2+\lambda(3x^2-2xy+3y^2-4z),$$

求其对 x,y,z,λ 的偏导数, 并使之为零, 得到

$$\begin{cases} F_x = x + y - 4z - 1 + \lambda(6x - 2y) = 0, \\ F_y = x + y - 4z - 1 + \lambda(6y - 2x) = 0, \\ F_z = -4(x + y - 4z - 1) - 4\lambda = 0, \\ F_\lambda = 3x^2 - 2xy + 3y^2 - 4z = 0, \end{cases}$$

解得 $x = y = \dfrac{1}{4}$，$z = \dfrac{1}{16}$．由题意知最短距离一定存在，且驻点唯一，所以最短距离为

$$d_{\min} = \frac{\left| \dfrac{1}{4} + \dfrac{1}{4} - \dfrac{4}{16} - 1 \right|}{\sqrt{18}} = \frac{\sqrt{2}}{8}.$$

例 7.6.6 某公司可通过电台及报纸两种方式做销售某商品的广告. 根据统计资料，销售收入 R（万元）与电台广告费用 x_1（万元）及报纸广告费用 x_2（万元）之间的关系有如下的经验公式：$R = 15 + 14x_1 + 32x_2 - 8x_1x_2 - 2x_1^2 - 10x_2^2$. 若提供的广告费用为 1.5 万元，求相应的最优广告策略.

解 本题是求利润函数 $L(x, y) = R - (x_1 + x_2) = 15 + 13x_1 + 31x_2 - 8x_1x_2 - 2x_1^2 - 10x_2^2$ 在约束条件 $\varphi(x_1, x_2) = x_1 + x_2 = 1.5$ 之下的条件极值.

作拉格朗日函数

$$\begin{aligned} F(x_1, x_2, \lambda) &= L(x_1, x_2) + \lambda(x_1 + x_2 - 1.5) \\ &= 15 + 13x_1 + 31x_2 - 8x_1x_2 - 2x_1^2 - 10x_2^2 + \lambda(x_1 + x_2 - 1.5) \end{aligned}$$

求其对 x_1，x_2，λ 的偏导数，并使之为零，得到

$$\begin{cases} \dfrac{\partial F}{\partial x_1} = 13 - 8x_2 - 4x_1 + \lambda = 0, \\ \dfrac{\partial F}{\partial x_2} = 31 - 8x_1 - 20x_2 + \lambda = 0, \\ x_1 + x_2 = 1.5. \end{cases}$$

可得到唯一的驻点 $(0, 1.5)$．由问题的实际意义知，当 1.5 万元全部用于报纸广告时，可使利润最大.

习 题 7-6

1. 求函数 $f(x, y) = x^4 - 8xy + 2y^2 - 3$ 的极值.

2. 求函数 $f(x, y) = 4(x - y) - x^2 - y^2$ 的极值.

3. 若函数 $f(x, y) = 2x^2 + ax + xy^2 + 2y$ 在点 $(1, -1)$ 处取得极值，试确定常数 a.

4. 求函数 $z = x^2 + y^2$ 在附加条件 $\dfrac{x}{a} + \dfrac{y}{b} = 1$ 下的极小值.

5. 从斜边长为 l 的一切直角三角形中，求有最大周长的直角三角形.

6. 要造一个容积为定值 a 的长方体无盖水池，应如何选择水池的尺度，方可使它的表面积最小.

7. 设某产品的产量 s 与所用两种原料 A，B 的数量 x，y 间的关系为 $s = 0.005x^2y$（吨）. 现欲用

150 万元购料,已知 A ,B 原料每吨单价分别为 1 万元、2 万元,问两种原料各购进多少时产量最高.

8. 某工厂生产甲,乙两种型号的机床,其产量分别为 x 台和 y 台,成本函数为

$$C(x,y) = x^2 + 2y^2 - xy (万元).$$

(1) 若这两种机床的售价分别为 4 万元和 5 万元,这两种机床产量分别为多少时利润最大? 最大利润是多少?

(2) 若市场调查分析,两种机床共需要 8 台,求如何安排生产,总成本最少? 最小成本为多少?

9. 某工厂生产两种产品 Ⅰ 与 Ⅱ,出售单价分别为 10 万元和 9 万元.生产 x 单位的产品和生产 y 单位的产品的总费用为 $400 + 2x + 3y + 0.01(3x^2 + xy + 3y^2)$ (万元).问两种产品的产量各为多少时才能获得最大利润?

10. 某企业生产两种产品,产量分别为 Q_1 ,Q_2 ,总成本函数为 $C(Q_1,Q_2) = 5Q_1^2 + 2Q_1Q_2 + 3Q_2^2 + 80$.若两种产品共生产 39 件,问每种产品生产多少时,可使总成本最小?

综合练习 7

一、选择题

1. 二元函数 $f(x,y)$ 在点 (x_0,y_0) 处的两个偏导数 $f_x(x_0,y_0)$,$f_y(x_0,y_0)$ 存在,是函数 $f(x,y)$ 在该点处连续的(   ).

A. 充分条件而非必要条件　　　　　　　B. 必要条件而非充分条件

C. 充分必要条件　　　　　　　　　　　D. 既非充分条件又非必要条件

2. 极限 $\lim\limits_{\substack{x\to 0\\ y\to 0}} \dfrac{x^2\sin y}{x^4 + y^2} = ($).

A. 0　　　　　　　B. $\dfrac{1}{2}$　　　　　　　C. 2　　　　　　　D. 不存在

3. 函数 $f(x,y) = xy(x+y-1)$ 在点 $\left(\dfrac{1}{3},\dfrac{1}{3}\right)$ 处(   ).

A. 取极大值　　　　B. 取极小值　　　　C. 不取极值　　　　D. 在该点不可微

4. 设 $z = z(x,y)$ 由方程 $y^2 + x^2y^2 + 2z - 2e^z = 0$ 所确定,则 $\dfrac{\partial z}{\partial y} = ($).

A. $\dfrac{y+x^2y}{1-e^z}$　　　　B. $\dfrac{xy^2}{e^z-1}$　　　　C. $\dfrac{y+x^2y}{e^z-1}$　　　　D. $\dfrac{xy^2}{1-e^z}$

5. 设 $f\left(x+y,\dfrac{y}{x}\right) = x^2 - y^2$,则 $f(x,y) = ($).

A. $\dfrac{y^2(1-x)}{1+x}$　　　B. $\dfrac{x^2(1-x)}{1+y}$　　　C. $\dfrac{y^2(1-y)}{1+x}$　　　D. $\dfrac{x^2(1-y)}{1+y}$

6. 若 $z = f(x,y)$ 有连续的二阶偏导数,且 $f_{xy}(x,y) = K$ (常数),则 $f_y(x,y) = ($).

A. $\dfrac{1}{2}K^2$　　　　B. Ky　　　　C. $Ky + \varphi(x)$　　　　D. $Kx + \varphi(y)$

二、填空题

1. 函数 $z = \dfrac{\ln(4-x^2-y^2)}{\sqrt{2x-y^2}}$ 的定义域是_____.

2. 设 $z = f(x^2-y^2,2x+3y)$ 其中 f 可微,则 $\dfrac{\partial z}{\partial x} + \dfrac{\partial z}{\partial y} = $_____.

3. $\lim\limits_{\substack{x\to 1\\ y\to 0}} \dfrac{e^{xy}-1}{\sin y} = $_____.

4. $\lim\limits_{(x,y)\to(0,1)} \dfrac{\cos(xy)-1}{\sqrt{x^2y^2+1}-1} = $ _____.

5. 函数 $u = \ln(x^2+y^2+z^2)$ 的全微分是 _____.

6. 已知方程 $xz + \ln y = \ln x$ 确定函数 $z = f(x,y)$，则 $\dfrac{\partial z}{\partial y} = $ _____.

7. 函数 $z = 2x^2 - 3y^2 - 4x - 6y - 1$ 的驻点是 _____.

三、计算题

1. 设 $f(x,y) = \arctan\dfrac{x}{y} + \sin(xy)$，求 $f_x(1,1)$，$f_y(1,1)$.

2. 设 $e^{-xy} + e^{-z} - 2z = 1$，求全微分 dz.

3. 设 $z = f(x+2y, x^2-y^2)$，f 具有二阶连续偏导数，求 $\dfrac{\partial z}{\partial x}$，$\dfrac{\partial z}{\partial y}$，$\dfrac{\partial^2 z}{\partial x \partial y}$.

4. 设 $z = e^u \sin v$，而 $u = xy$，$v = x+y$，求 $\dfrac{\partial z}{\partial x}$ 和 $\dfrac{\partial z}{\partial y}$.

5. 设 $z^3 - 3xyz = 1$，求 $\dfrac{\partial^2 z}{\partial x \partial y}$.

6. 设 $z = f(x^2 \sin y, e^{xy})$，$f$ 具有一阶连续偏导数，求 $\dfrac{\partial z}{\partial x}$，$\dfrac{\partial z}{\partial y}$.

四、应用题

1. 求函数 $f(x,y) = x^3 - 4x^2 + 2xy - y^2 + 3$ 的极值.

2. 某厂家生产的一种产品同时在两个市场销售，售价分别为 P_1 和 P_2（单位：万元/吨），销售量分别为 Q_1 和 Q_2（单位：吨），需求函数分别为

$$Q_1 = 24 - 0.2P_1, \quad Q_2 = 10 - 0.05P_2,$$

总成本函数 $C = 35 + 40(Q_1 + Q_2)$. 试问：厂家如何确定两个市场的售价，使其所获总利润最大？最大利润是多少？

3. 假设某企业有两个分工厂生产同一种产品，且在同一个市场销售，售价均为 P（单位：万元/吨），销售量分别为 Q_1 和 Q_2（单位：吨），设其成本函数分别为 $C_1 = 2Q_1^2 + 4$，$C_2 = 6Q_2^2 + 8$，市场需要函数 $P = 88 - 4Q$，$Q = Q_1 + Q_2$，企业追求最大利润，假设每个工厂的产量都严格大于零，试确定每个工厂的产量和产品的价格。

五、证明：函数 $f(x,y) = \begin{cases} xy\sin\dfrac{1}{x^2+y^2}, & x^2+y^2 \neq 0, \\ 0, & x^2+y^2 = 0 \end{cases}$ 在点 $(0,0)$ 处连续且偏导数存在.

第8章 二重积分

在一元函数积分学中学习过,定积分是某种确定形式的和的极限.若将这种形式的和的极限推广到定义在区域上的二元函数中,可以得到二重积分的概念.本章介绍二重积分的概念与性质,并讨论其计算方法.

8.1 二重积分的概念与性质

8.1.1 二重积分的概念

1. 曲顶柱体的体积

设有一立体,它的底是 xOy 平面上的有界闭区域 D,它的侧面是以 D 的边界曲线为准线而母线平行于 z 轴的柱面,它的顶是曲面 $z = f(x, y)$,这里 $f(x, y) \geqslant 0$ 且在 D 上连续.这种立体称为曲顶柱体(图 8-1).现在来讨论如何计算曲顶柱体的体积.

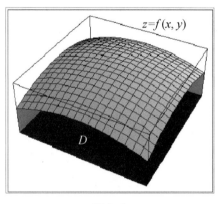

图 8-1

已知,平顶柱体的高是不变的,它的体积可以用公式

$$体积＝高×底面积$$

进行计算.对于曲顶柱体,当点 (x, y) 在区域 D 上变动时,它的高 $f(x, y)$ 是个变量,所以曲顶柱体的体积不能直接用上述公式来计算.回顾之前学习过的求曲边梯形面积的方法,同样的方法可以应用于计算曲顶柱体的体积.

(1) **分割** 用一组曲线网把 D 任意分成 n 个小闭区域

$$\Delta\sigma_1, \ \Delta\sigma_2, \ \cdots, \ \Delta\sigma_n.$$

小闭区域 $\Delta\sigma_i (i = 1, 2, \cdots, n)$ 的面积也记作 $\Delta\sigma_i$. 分别以这些小闭区域的边界曲线为准线,作母线平行于 z 轴的柱面,这些柱面把原来的曲顶柱体分为 n 个小曲顶柱体.

　（2）**近似**　当这些小闭区域的直径(有界闭区域的直径是指区域中任意两点间距离的最大值)很小时,由于 $f(x,y)$ 连续,对同一个小闭区域来说,$f(x,y)$ 变化很小,这时小曲顶柱体可近似地看作平顶柱体. 在每个 $\Delta\sigma_i$ 中任取一点 (ξ_i,η_i),以 $f(\xi_i,\eta_i)$ 为高而底为 $\Delta\sigma_i$ 的平顶柱体(图 8-2)的体积为

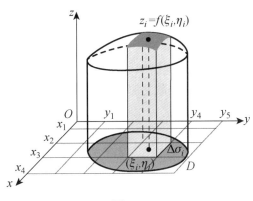

图 8-2

$$f(\xi_i,\eta_i)\Delta\sigma_i,\quad (i=1,2,\cdots,n).$$

　（3）**求和**　这 n 个平顶柱体体积之和为

$$\sum_{i=1}^n f(\xi_i,\eta_i)\Delta\sigma_i,$$

可以认为是整个曲顶柱体体积的近似值.

　（4）**取极限**　为求得曲顶柱体体积的精确值,令 n 个小闭区域的直径中的最大值(记作 λ)趋于零,若上述和的极限存在,所得的极限就是所求曲顶柱体的体积 V,即

$$V=\lim_{\lambda\to 0}\sum_{i=1}^n f(\xi_i,\eta_i)\Delta\sigma_i.$$

2. 平面薄片的质量

　设有一平面薄片占有 xOy 面上的闭区域 D,它在点 (x,y) 处的面密度为 $\rho(x,y)$,这里 $\rho(x,y)>0$ 且在 D 上连续. 现在要计算该薄片的质量 M.

　如果薄片是均匀的,即面密度是常数,那么薄片的质量可以用公式

$$质量＝面密度×面积$$

来计算. 现在面密度 $\rho(x,y)$ 是变量,薄片的质量就不能直接用上述公式来计算,我们可以用上面处理曲顶柱体体积问题的方法来解决本问题.

　（1）**分割**　用一组曲线网把 D 任意分成 n 个小区域

$$\Delta\sigma_1,\Delta\sigma_2,\cdots,\Delta\sigma_n.$$

小区域 $\Delta\sigma_i(i=1,2,\cdots,n)$ 的面积也记作 $\Delta\sigma_i$.

　（2）**近似**　由于 $\rho(x,y)$ 连续,当各小块的直径足够小,这些小块可以近似地看作均匀

薄片,在 $\Delta\sigma_i$ 上任取一点 (ξ_i,η_i),则

$$\rho(\xi_i,\eta_i)\Delta\sigma_i \quad (i=1,2,\cdots,n)$$

可看作第 i 小块质量的近似值(图 8-3).

（3）**求和**　求和即可得到平面薄片质量的近似值

$$\sum_{i=1}^{n}\rho(\xi_i,\eta_i)\Delta\sigma_i.$$

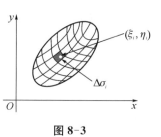

图 8-3

（4）**取极限**　当 n 个小闭区域的直径中的最大值 λ 趋于零时,若上述和的极限存在,所得的极限就是所求平面薄片的质量,即

$$M=\lim_{\lambda\to 0}\sum_{i=1}^{n}\rho(\xi_i,\eta_i)\Delta\sigma_i.$$

上面两个问题具有不同的实际意义,应用的领域也不同,但所求量都可归结为同一形式的和的极限. 在物理、力学、几何和工程技术中,有许多实际问题都可归结为这一形式的和的极限. 因此,我们将这类和式的极限抽象出来,定义为二重积分.

3. 二重积分的定义

定义 8.1.1　设 $f(x,y)$ 是有界闭区域 D 上的有界函数. 将闭区域 D 任意分成 n 个小闭区域

$$\Delta\sigma_1,\Delta\sigma_2,\cdots,\Delta\sigma_n,$$

其中 $\Delta\sigma_i$ 表示第 i 个小闭区域,也表示它的面积. 在每个 $\Delta\sigma_i$ 上任取一点 (ξ_i,η_i),作乘积 $f(\xi_i,\eta_i)\Delta\sigma_i$,并作和

$$\sum_{i=1}^{n}f(\xi_i,\eta_i)\Delta\sigma_i.$$

如果不论对区域 D 怎样划分,也不论在 (ξ_i,η_i) 如何选取,如果当各小闭区域的直径中的最大值 λ 趋于零时,和 $\sum_{i=1}^{n}f(\xi_i,\eta_i)\Delta\sigma_i$ 总趋于相同的极限,则称此极限为函数 $f(x,y)$ 在闭区域 D 上的**二重积分**,记作 $\iint\limits_{D}f(x,y)\mathrm{d}\sigma$,即

$$\iint\limits_{D}f(x,y)\mathrm{d}\sigma=\lim_{\lambda\to 0}\sum_{i=1}^{n}f(\xi_i,\eta_i)\Delta\sigma_i.$$

其中,$f(x,y)$ 称为**被积函数**,$f(x,y)\mathrm{d}\sigma$ 称为**被积表达式**,$\mathrm{d}\sigma$ 称为**面积元素**,x,y 称为**积分变量**,D 称为**积分区域**,$\sum_{i=1}^{n}f(\xi_i,\eta_i)\Delta\sigma_i$ 称为**积分和**.

根据二重积分的定义,前面两个问题可以表述如下:

当 $f(x,y)\geqslant 0$ 时,以 xOy 面上的闭区域 D 为底,以 D 的边界曲线为准线而母线平行于 z 轴的柱面为侧面,曲面 $z=f(x,y)$ 为顶的曲顶柱体的体积等于函数 $f(x,y)$ 在平面

区域 D 上的二重积分,即

$$V = \iint\limits_{D} f(x, y) \mathrm{d}\sigma,$$

当 $\rho(x, y) > 0$ 时,以连续函数 $\rho(x, y)$ 为面密度,所占闭区域 D 的平面薄片的质量 M 等于面密度 $\rho(x, y)$ 在薄片所占区域 D 上的二重积分,即

$$M = \iint\limits_{D} \rho(x, y) \mathrm{d}\sigma.$$

4. 二重积分的存在性及几何意义

可以证明,当 $f(x, y)$ 是在有界闭区域 D 上连续时,定义 8.1.1 中和的极限一定存在,也就是说,函数 $f(x, y)$ 在 D 上的二重积分必定存在.今后如不特别声明,我们总假定函数 $f(x, y)$ 在 D 上的二重积分都是存在的.

5. 二重积分的几何意义

在平面区域 D 上,如果 $f(x, y) \geqslant 0$,被积函数 $f(x, y)$ 可解释为曲顶柱体的顶在点 (x, y) 处的竖坐标,那么,二重积分 $\iint\limits_{D} f(x, y) \mathrm{d}\sigma$ 的几何意义就是曲顶柱体的体积.如果 $f(x, y) \leqslant 0$,柱体就在 xOy 面的下方,二重积分的绝对值仍等于柱体的体积,但二重积分的值是负的.如果 $f(x, y)$ 在 D 的若干部分区域上是正的,而在其他的部分区域上是负的,可以把 xOy 面上方的柱体体积取成正,xOy 面下方的柱体体积取成负,那么 $f(x, y)$ 在 D 上的二重积分就等于这些部分区域上的柱体体积的代数和.

8.1.2　二重积分的性质

二重积分与定积分有类似的性质,现叙述于下.

性质 1　设 α, β 是常数,则

$$\iint\limits_{D} [\alpha f(x, y) + \beta g(x, y)] \mathrm{d}\sigma = \alpha \iint\limits_{D} f(x, y) \mathrm{d}\sigma + \beta \iint\limits_{D} g(x, y) \mathrm{d}\sigma.$$

性质 2　如果闭区域 D 被有限条曲线分为有限个闭区域,则在 D 上的二重积分等于在各部分闭区域上的二重积分的和.例如 D 分为两个闭区域 D_1 与 D_2,则

$$\iint\limits_{D} f(x, y) \mathrm{d}\sigma = \iint\limits_{D_1} f(x, y) \mathrm{d}\sigma + \iint\limits_{D_2} f(x, y) \mathrm{d}\sigma.$$

这个性质表示二重积分对于积分区域具有可加性.

性质 3　如果在闭区域 D 上,$f(x, y) = 1$,σ 是 D 的面积,则

$$\iint\limits_{D} 1 \cdot \mathrm{d}\sigma = \iint\limits_{D} \mathrm{d}\sigma = \sigma.$$

性质 4　如果在闭区域 D 上,$f(x, y) \leqslant g(x, y)$,则有不等式

$$\iint\limits_{D} f(x, y) \mathrm{d}\sigma \leqslant \iint\limits_{D} g(x, y) \mathrm{d}\sigma.$$

特殊地,由于

$$-| f(x , y) |\leqslant f(x , y)\leqslant | f(x , y) |,$$

又有

$$\left|\iint\limits_{D} f(x , y)\mathrm{d}\sigma\right|\leqslant \iint\limits_{D} | f(x , y) | \mathrm{d}\sigma.$$

性质 5(估值不等式) 设 M , m 分别是 $f(x , y)$ 在闭区域 D 上的最大值和最小值, σ 是 D 的面积,则有

$$m\sigma \leqslant \iint\limits_{D} f(x , y)\mathrm{d}\sigma \leqslant M\sigma.$$

性质 6(二重积分的中值定理) 设函数 $f(x , y)$ 在闭区域 D 上连续, σ 是 D 的面积, 则在 D 上至少存在一点 (ξ , η),使得

$$\iint\limits_{D} f(x , y)\mathrm{d}\sigma =f(\xi , \eta)\sigma.$$

证明 设 $f(x , y)$ 在 D 上的最大值与最小值分别是 M 与 m,显然 $\sigma \neq 0$,则把性质 5 中不等式各除以 σ,有

$$m\leqslant \frac{1}{\sigma}\iint\limits_{D} f(x , y)\mathrm{d}\sigma \leqslant M,$$

即确定的数值 $\dfrac{1}{\sigma}\iint\limits_{D} f(x , y)\mathrm{d}\sigma$ 是介于函数 $f(x , y)$ 的最大值 M 与最小值 m 之间的. 根据闭区域上连续函数的介值定理,在 D 上至少存在一点 (ξ , η) 使得函数在该点的值与这个确定的数值相等,即

$$\frac{1}{\sigma}\iint\limits_{D} f(x , y)\mathrm{d}\sigma =f(\xi , \eta).$$

上式两端各乘以 σ,即为所需证明的公式.

例 8.1.1 估计积分 $I =\iint\limits_{D}(x^2 +4y^2 +9)\mathrm{d}\sigma$ 的值,其中 $D =\{(x , y) \mid x^2 +y^2 \leqslant 4\}$.

解 因为在积分区域 D 上有 $x^2 +y^2 \leqslant 4$,所以有

$$9\leqslant x^2 +4y^2 +9\leqslant 4(x^2 +y^2) +9\leqslant 25.$$

又 D 的面积等于 4π,因此

$$36\pi \leqslant \iint\limits_{D}(x^2 +4y^2 +9)\mathrm{d}\sigma \leqslant 100\pi.$$

例 8.1.2 比较积分 $\iint\limits_{D}\ln(x +y)\mathrm{d}\sigma$ 与 $\iint\limits_{D}[\ln(x +y)]^2\mathrm{d}\sigma$ 的大小,其中 D 是由直线 $x =1 , y =0$ 和 $x +y =2$ 所围成的.

解　因为积分区域 D 在直线 $x + y = 2$ 的下方(图 8-4),所以对于积分区域 D 内的任一点 (x, y),都有 $1 \leqslant x + y \leqslant 2 < \mathrm{e}$,故 $\ln(x + y) < 1$,从而有

$$\ln(x + y) \geqslant [\ln(x + y)]^2,$$

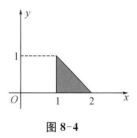

图 8-4

由二重积分的性质得:$\displaystyle\iint_D \ln(x + y) \mathrm{d}\sigma > \iint_D [\ln(x + y)]^2 \mathrm{d}\sigma.$

在定积分中,当积分区间是对称区间时,利用被积函数的奇偶性能简化定积分的计算.对于对称积分区域上的二重积分,也有类似的性质.考虑以下几种情况.

1) 积分区域 D 关于 x 轴对称,则

$$\iint_D f(x, y) \mathrm{d}\sigma = \begin{cases} 0, & f(x, -y) = -f(x, y), \\ 2\displaystyle\iint_{D_1} f(x, y) \mathrm{d}\sigma, & f(x, -y) = f(x, y), \end{cases}$$

其中 D_1 为 D 在 x 轴的上半平面部分.

2) 积分区域 D 关于 y 轴对称,则

$$\iint_D f(x, y) \mathrm{d}\sigma = \begin{cases} 0, & f(-x, y) = -f(x, y), \\ 2\displaystyle\iint_{D_1} f(x, y) \mathrm{d}\sigma, & f(-x, y) = f(x, y), \end{cases}$$

其中 D_1 为 D 在 y 轴的右半平面部分.

3) 积分区域 D 关于原点对称,则

$$\iint_D f(x, y) \mathrm{d}\sigma = \begin{cases} 0, & f(-x, -y) = -f(x, y), \\ 2\displaystyle\iint_{D_1} f(x, y) \mathrm{d}\sigma, & f(-x, -y) = f(x, y), \end{cases}$$

其中 D_1 为 D 的上半平面或右半平面部分.

4) 积分区域 D 关于直线 $y = x$ 对称,则

$$\iint_D f(x, y) \mathrm{d}\sigma = \iint_D f(y, x) \mathrm{d}\sigma.$$

若 D_1,D_2 分别为 D 在 $y = x$ 的上方与下方部分,且 $D = D_1 \bigcup D_2$,则

$$\iint_{D_1} f(x, y) \mathrm{d}\sigma = \iint_{D_2} f(y, x) \mathrm{d}\sigma.$$

习　题　8-1

1. 设 $I_1 = \displaystyle\iint_{D_1} (x^2 + y^2)^3 \mathrm{d}\sigma$,其中 $D_1 = \{(x, y) \mid -1 \leqslant x \leqslant 1, -2 \leqslant y \leqslant 2\}$;

又 $I_2 = \iint\limits_{D_2} (x^2 + y^2)^3 \mathrm{d}\sigma$，其中 $D_2 = \{(x, y) \mid 0 \leqslant x \leqslant 1, 0 \leqslant y \leqslant 2\}$.

试利用二重积分的几何意义说明 I_1 与 I_2 之间的关系.

2. 根据二重积分的性质，比较下列积分的大小：

(1) $I_1 = \iint\limits_{D} (x + y)^2 \mathrm{d}\sigma$ 与 $I_2 = \iint\limits_{D} (x + y)^3 \mathrm{d}\sigma$，其中 D 是由 x 轴，y 轴及直线 $x + y = 1$ 所围成；

(2) $I_1 = \iint\limits_{D} (x + y)^2 \mathrm{d}\sigma$ 与 $I_2 = \iint\limits_{D} (x + y)^3 \mathrm{d}\sigma$，其中 $D = \{(x, y) \mid (x - 2)^2 + (y - 1)^2 \leqslant 2\}$；

(3) $I_1 = \iint\limits_{D} \ln(x + y)\mathrm{d}\sigma$ 与 $I_2 = \iint\limits_{D} [\ln(x + y)]^2 \mathrm{d}\sigma$，其中 $D = \{(x, y) \mid 3 \leqslant x \leqslant 5, 0 \leqslant y \leqslant 1\}$.

3. 利用二重积分的性质估计下列二重积分的值：

(1) $I = \iint\limits_{D} (x + y + 1)\mathrm{d}\sigma$，其中 $D = \{(x, y) \mid 0 \leqslant x \leqslant 1, 0 \leqslant y \leqslant 2\}$；

(2) $I = \iint\limits_{D} e^{x^2 + y^2} \mathrm{d}\sigma$，其中 $D = \left\{(x, y) \mid \dfrac{x^2}{a^2} + \dfrac{y^2}{b^2} \leqslant 1\right\}$ $(0 < b < a)$；

(3) $I = \iint\limits_{D} \sin^2 x \sin^2 y \mathrm{d}\sigma$，其中 $D = \{(x, y) \mid 0 \leqslant x \leqslant \pi, 0 \leqslant y \leqslant \pi\}$.

8.2 直角坐标系下二重积分的计算

按照二重积分的定义来计算二重积分，对少数简单的被积函数和积分区域来说是可行的. 但对一般的函数和区域，用这种方法是很难求出结果的. 下面介绍一种计算二重积分的方法：把二重积分化为二次积分（即两次定积分）来计算. 用这种方法计算二重积分的关键在于如何确定两个定积分的积分限.

若函数 $f(x, y)$ 在积分区域 D 上的二重积分存在，则对积分区域 D 的划分是任意的. 如果在直角坐标系中用平行于坐标轴的直线网（图 8-5）来划分 D，那么除了包含边界点的一些小闭区域外，其余的小闭区域都是矩形闭区域. 设矩形闭区域 $\Delta\sigma$ 的边长为 Δx 和 Δy，则 $\Delta\sigma = \Delta x \Delta y$，因此在直角坐标系中，有时也把面积元素 $\mathrm{d}\sigma$ 记作 $\mathrm{d}x\,\mathrm{d}y$，而把二重积分记作

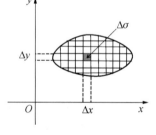

图 8-5

$$\iint\limits_{D} f(x, y)\mathrm{d}x\,\mathrm{d}y.$$

下面从几何观点来讨论二重积分 $\iint\limits_{D} f(x, y)\mathrm{d}\sigma$ 的计算问题. 在讨论中，我们假定 $f(x, y) \geqslant 0$ 且在 D 上连续.

如果积分区域 D 可表示为

$$D = \{(x, y) \mid \varphi_1(x) \leqslant y \leqslant \varphi_2(x), a \leqslant x \leqslant b\},$$

其中函数 $\varphi_1(x)$，$\varphi_2(x)$ 在区间 $[a, b]$ 上连续（图 8-6），则称 D 为 X 型区域. X 型区域的特点是，穿过区域 D 且垂直于 x 轴的直线与 D 的边界相交不多于两个交点.

由二重积分的几何意义，二重积分 $\iint\limits_{D} f(x, y)\mathrm{d}\sigma$ 等于以闭区域 D 为底，以曲面 $z = f(x,$

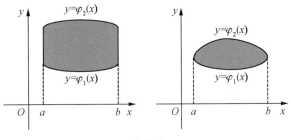

图 8-6

y）为顶的曲顶柱体的体积. 另一方面,这个曲顶柱体的体积又可用计算"平行截面面积为已知的立体体积"的方法求得. 在区间 $[a,b]$ 上任取一点 x_0,过点 $(x_0,0,0)$ 作平行于 yOz 面的平面 $x=x_0$,此平面截曲顶柱体所得截面是一个以区间 $[\varphi_1(x_0),\varphi_2(x_0)]$ 为底,$z=f(x_0,y)$ 为曲边的曲边梯形(图 8-7 中阴影部分),其面积 $A(x_0)$ 可用定积分计算如下:

$$A(x_0)=\int_{\varphi_1(x_0)}^{\varphi_2(x_0)}f(x_0,y)\mathrm{d}y.$$

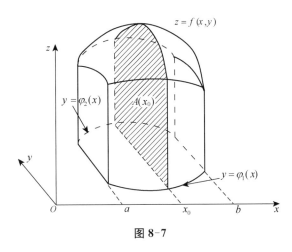

图 8-7

一般地,过区间 $[a,b]$ 上任一点且平行于 yOz 面的平面截曲顶柱体所得的截面的面积为

$$A(x)=\int_{\varphi_1(x)}^{\varphi_2(x)}f(x,y)\mathrm{d}y.$$

于是,应用"平行截面面积为已知的立体体积"的计算方法,得到曲顶柱体的体积 V 为

$$V=\int_a^b A(x)\mathrm{d}x=\int_a^b\left[\int_{\varphi_1(x)}^{\varphi_2(x)}f(x,y)\mathrm{d}y\right]\mathrm{d}x.$$

从而得等式

$$\iint\limits_D f(x,y)\mathrm{d}\sigma=\int_a^b\left[\int_{\varphi_1(x)}^{\varphi_2(x)}f(x,y)\mathrm{d}y\right]\mathrm{d}x. \tag{8.2.1}$$

式(8.2.1)右端的积分称为**先对 y、后对 x 的二次积分**. 即先把 x 看作常数,把 $f(x,y)$ 只看作 y 的函数,并对 y 计算从 $\varphi_1(x)$ 到 $\varphi_2(x)$ 的定积分;然后把算得的结果(是 x 的函

数)再对 x 计算在区间 $[a,b]$ 上的定积分. 这个先对 y、后对 x 的二次积分也常记作

$$\int_a^b \mathrm{d}x \int_{\varphi_1(x)}^{\varphi_2(x)} f(x,y) \mathrm{d}y.$$

于是,等式(8.2.1)也可写成

$$\iint\limits_D f(x,y) \mathrm{d}\sigma = \int_a^b \mathrm{d}x \int_{\varphi_1(x)}^{\varphi_2(x)} f(x,y) \mathrm{d}y.$$

在上述讨论中,假定了 $f(x,y) \geqslant 0$,但实际上,公式(8.2.1)的成立并不受此条件限制.

类似地,如果积分区域 D 可以表示为

$$D = \{(x,y) \mid \phi_1(y) \leqslant x \leqslant \phi_2(y), c \leqslant y \leqslant d\},$$

其中函数 $\phi_1(y)$,$\phi_2(y)$ 在区间 $[c,d]$ 上连续(图 8-8),则称 D 为 Y 型区域. Y 型区域的特点是,穿过区域 D 且垂直于 y 轴的直线与 D 的边界相交不多于两个交点. 那么就有

$$\iint\limits_D f(x,y) \mathrm{d}\sigma = \int_c^d \left[\int_{\phi_1(y)}^{\phi_2(y)} f(x,y) \mathrm{d}x \right] \mathrm{d}y \tag{8.2.2}$$

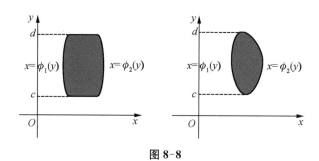

图 8-8

式(8.2.2)右端的积分叫做先对 x、后对 y 的二次积分,这个积分也常记作

$$\int_c^d \mathrm{d}y \int_{\phi_1(y)}^{\phi_2(y)} f(x,y) \mathrm{d}x.$$

因此,等式(8.2.2)也写成

$$\iint\limits_D f(x,y) \mathrm{d}\sigma = \int_c^d \mathrm{d}y \int_{\phi_1(y)}^{\phi_2(y)} f(x,y) \mathrm{d}x.$$

如果积分区域 D 既不是 X 型的,又不是 Y 型的,可以用平行于坐标轴的线段将它分割为几个 X 型或 Y 型区域的和. 例如图 8-9 中 D 既不是 X 型又不是 Y 型区域,但 $D=D_1+D_2+D_3$,其中,D_2,D_3 是 X 型区域,D_1 既是 X 型又是 Y 型区域.

将二重积分化为二次积分来计算时,确定二次积分的积分限是一个关键,而积分限由积分区域确定,因此在计算时,一般先画出积分区域 D 的图形,根据区域的特点选择合适的积分次

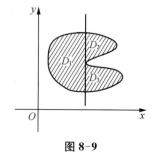

图 8-9

序,确定出相应的积分上下限,用穿线法定出,具体如下:当积分区域 D 是 X 型时,作平行于 y 轴的直线沿着 y 轴自下而上穿过区域 D,并分别与区域 D 的边界曲线交于两点 A 与 B,A 点所在的边界曲线就是对 y 的积分下限 $\varphi_1(x)$,B 点所在的边界曲线就是积分上限 $\varphi_2(x)$. 当 D 是 Y 型区域时,作平行于 x 轴的直线沿着 x 轴从左到右穿过区域 D,并分别与区域 D 的边界曲线交于两点 E 与 F,E 点所在的边界曲线就是对 x 的积分下限 $\phi_1(y)$,F 点所在的边界曲线就是积分上限 $\phi_2(y)$,如图 8-10 所示.

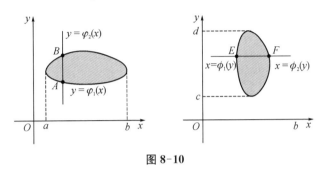

图 8-10

例 8.2.1 计算 $\iint\limits_{D}(2x+y)\mathrm{d}x\mathrm{d}y$,其中 D 是由曲线 $y=x^2$ 和 $x+y=0$ 围成的闭区域.

解法 1 画出区域 D［图 8-11(a)］. D 是 X 型的,$D=\left\{(x,y)\left|\,x^2 \leqslant y \leqslant -x,-1 \leqslant x \leqslant 0\right.\right\}$. 于是

$$\iint\limits_{D}(2x+y)\mathrm{d}x\mathrm{d}y=\int_{-1}^{0}\mathrm{d}x\int_{x^2}^{-x}(2x+y)\mathrm{d}y=\int_{-1}^{0}\left[2xy+\frac{y^2}{2}\right]_{x^2}^{-x}\mathrm{d}x$$

$$=\int_{-1}^{0}\left(-\frac{3x^2}{2}-2x^3-\frac{x^4}{2}\right)\mathrm{d}x$$

$$=\left[-\frac{x^3}{2}-\frac{x^4}{2}-\frac{x^5}{10}\right]_{-1}^{0}=-\frac{1}{10}.$$

解法 2 把 D 看成是 Y 型的(图 8-11(b)),$D=\left\{(x,y)\left|\,-\sqrt{y} \leqslant x \leqslant -y,0 \leqslant x \leqslant 1\right.\right\}$. 于是

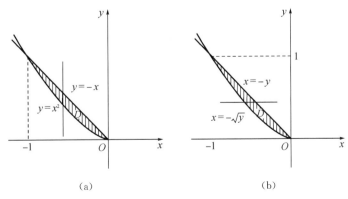

(a)   (b)

图 8-11

$$\iint\limits_{D}(2x+y)\mathrm{d}x\mathrm{d}y=\int_{0}^{1}\mathrm{d}y\int_{-\sqrt{y}}^{-y}(2x+y)\mathrm{d}x=\int_{0}^{1}\left[x^{2}+yx\right]_{-\sqrt{y}}^{-y}\mathrm{d}x$$

$$=\int_{0}^{1}(y^{\frac{3}{2}}-y)\mathrm{d}y=\left[\frac{2}{5}y^{\frac{5}{2}}-\frac{y^{2}}{2}\right]_{0}^{1}=-\frac{1}{10}.$$

例 8.2.2 $\iint\limits_{D}xy^{2}\mathrm{d}\sigma$，其中 D 是由圆周 $x^{2}+y^{2}=4$ 及 y 轴所围成的右半闭区域.

解 把 D 看成是 Y 型的(图 8-12(a))，$D=\left\{(x,y)\,\middle|\,0\leqslant x\leqslant\sqrt{4-y^{2}},-2\leqslant y\leqslant 2\right\}$.
于是

$$\iint\limits_{D}xy^{2}\mathrm{d}\sigma=\int_{-2}^{2}\mathrm{d}y\int_{0}^{\sqrt{4-y^{2}}}xy^{2}\mathrm{d}x=\int_{-2}^{2}\left[y^{2}\cdot\frac{x^{2}}{2}\right]_{0}^{\sqrt{4-y^{2}}}\mathrm{d}y$$

$$=\frac{1}{2}\int_{-2}^{2}y^{2}(4-y^{2})\mathrm{d}y=\frac{1}{2}\left[\frac{4y^{3}}{3}-\frac{y^{5}}{5}\right]_{-2}^{2}=\frac{64}{15}.$$

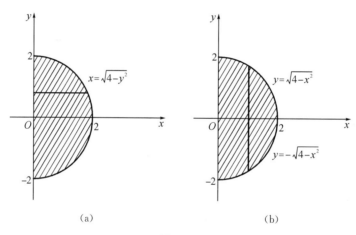

(a)　　　　　　　　　(b)

图 8-12

例 8.2.2 中，区域 D 既是 X 型又是 Y 型的. 若把 D 看成 X 型的[图 8-12(b)]，则 $D=\left\{(x,y)\,\middle|\,-\sqrt{4-x^{2}}\leqslant y\leqslant\sqrt{4-x^{2}},0\leqslant x\leqslant 2\right\}$. 于是

$$\iint\limits_{D}xy^{2}\mathrm{d}\sigma=\int_{0}^{2}\mathrm{d}x\int_{-\sqrt{4-x^{2}}}^{\sqrt{4-x^{2}}}xy^{2}\mathrm{d}y=\int_{0}^{2}x\left[\frac{y^{3}}{3}\right]_{-\sqrt{4-x^{2}}}^{\sqrt{4-x^{2}}}\mathrm{d}x=\frac{64}{15}.$$

显然，将 D 看成 X 型时计算比较麻烦. 对于一些被积函数采用不同的积分次序，会对计算过程带来不同的影响，所以应注意根据被积函数的特点，选择恰当的积分次序.

例 8.2.3 计算二重积分 $I=\iint\limits_{D}e^{-y^{2}}\mathrm{d}\sigma$，其中 D 是直线 $y=x$，$y=1$ 及 y 轴所围成的闭区域.

分析 画出积分区域 D 图形[图 8-13(a)]，既是 X 型又是 Y 型的. 但是若把 D 看成 X 型的，先对 y、后对 x 积分，则得 $\iint\limits_{D}e^{-y^{2}}\mathrm{d}\sigma=\int_{0}^{1}\mathrm{d}x\int_{x}^{1}e^{-y^{2}}\mathrm{d}y$. 由于被积函数 $e^{-y^{2}}$ 的原函数不是

一个初等函数,所以计算不出结果.因此根据本题被积函数的特点,应选择把 D 看成 Y 型的,将二重积分化为先对 x、后对 y 的积分.

解 把 D 看成 Y 型的(图 8-13(b)),则 $D=\{(x,y)\mid 0\leqslant x\leqslant y, 0\leqslant y\leqslant 1\}$.

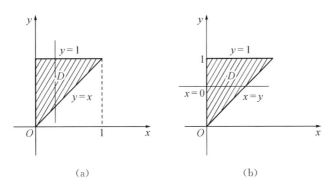

(a)   (b)

图 8-13

于是,有

$$\iint\limits_{D}\mathrm{e}^{-y^2}\mathrm{d}\sigma=\int_0^1\mathrm{d}y\int_0^y\mathrm{e}^{-y^2}\mathrm{d}x=\int_0^1\Big[x\,\mathrm{e}^{-y^2}\Big]_0^y\mathrm{d}y=\int_0^1 y\mathrm{e}^{-y^2}\mathrm{d}y$$

$$=-\frac{1}{2}\int_0^1\mathrm{e}^{-y^2}\mathrm{d}(-y^2)=\Big[-\frac{1}{2}\mathrm{e}^{-y^2}\Big]_0^1=\frac{1}{2}(1-\mathrm{e}^{-1}).$$

例 8.2.4 计算二重积分 $\iint\limits_{D}\dfrac{x^2}{y^2}\mathrm{d}x\mathrm{d}y$,其中 D 是由直线 $y=2$,$y=x$ 和双曲线 $xy=1$ 所围成的区域.

分析 画出积分区域 D 图形[图 8-14(a)],既是 X 型又是 Y 型的.若把 D 看成 X 型的,由于 D 的下侧边界曲线是由 $y=x$ 及 $y=\dfrac{1}{x}$ 这两段曲线组成,所以必须将区域 D 分成两个区域 $D=D_1\bigcup D_2$,二重积分等于在两个区域上分别积分再相加.但是如果把 D 看作 Y 型的,不必分割区域 D.而被积函数 $\dfrac{x^2}{y^2}$ 是 x 与 y 的幂函数,对积分顺序没有什么要求,因此本题宜把 D 看作 Y 型的,将二重积分化为先对 x、后对 y 的积分.

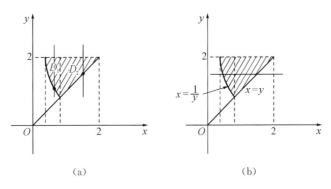

(a)   (b)

图 8-14

解 把 D 看成 Y 型的[图 8-14(b)],则 $D=\left\{(x,y)\left|\dfrac{1}{y}\leqslant x\leqslant y,1\leqslant y\leqslant 2\right.\right\}$. 于是,有

$$\iint\limits_{D}\frac{x^{2}}{y^{2}}\mathrm{d}x\,\mathrm{d}y=\int_{1}^{2}\mathrm{d}y\int_{\frac{1}{y}}^{y}\frac{x^{2}}{y^{2}}\mathrm{d}x=\int_{1}^{2}\left[\frac{x^{3}}{3y^{2}}\right]_{\frac{1}{y}}^{y}\mathrm{d}y$$

$$=\frac{1}{3}\int_{1}^{2}\left(y-\frac{1}{y^{5}}\right)\mathrm{d}y=\frac{27}{64}.$$

例 8.2.5 交换二次积分 $\displaystyle\int_{0}^{1}\mathrm{d}x\int_{x}^{\sqrt{x}}\frac{\sin y}{y}\mathrm{d}y$ 的积分次序并计算该积分的值.

分析 由二次积分 $\displaystyle\int_{0}^{1}\mathrm{d}x\int_{x}^{\sqrt{x}}\frac{\sin y}{y}\mathrm{d}y$ 可知,先对 y、后对 x 积分,但是由于被积函数 $\dfrac{\sin y}{y}$ 的原函数不是一个初等函数,所以计算不出结果. 因此根据本题被积函数的特点,应选择将二重积分化为先对 x、后对 y 的积分.

解 由二次积分可知,与它对应的二重积分 $\displaystyle\iint\limits_{D}\frac{\sin y}{y}\mathrm{d}x\,\mathrm{d}y$

的积分区域为 $D=\{(x,y)\mid x\leqslant y\leqslant\sqrt{x},0\leqslant x\leqslant 1\}$,这是 X 型区域的表示法,积分区域是由直线 $y=x$ 与抛物线 $y^{2}=x$ 所围成的,画出积分区域如图 8-15 所示. 把 D 看成 Y 型的,则

$$D=\{(x,y)\mid y^{2}\leqslant x\leqslant y,0\leqslant y\leqslant 1\}.$$

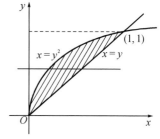

图 8-15

于是,有

$$\int_{0}^{1}\mathrm{d}x\int_{x}^{\sqrt{x}}\frac{\sin y}{y}\mathrm{d}y=\int_{0}^{1}\mathrm{d}y\int_{y^{2}}^{y}\frac{\sin y}{y}\mathrm{d}x=\int_{0}^{1}\frac{\sin y}{y}[x]_{y^{2}}^{y}\mathrm{d}y$$

$$=\int_{0}^{1}(\sin y-y\sin y)\mathrm{d}y=\int_{0}^{1}\sin y\,\mathrm{d}y-\int_{0}^{1}y\sin y\,\mathrm{d}y$$

$$=-\cos y\Big|_{0}^{1}+\int_{0}^{1}y\mathrm{d}(\cos y)$$

$$=(1-\cos 1)+y\cos y\Big|_{0}^{1}-\int_{0}^{1}\cos y\,\mathrm{d}y=1-\sin 1.$$

例 8.2.6 求以 xOy 面上的圆域 $F=\{(x,y)\mid x^{2}+y^{2}\leqslant 1\}$ 为底,圆柱面 $x^{2}+y^{2}=1$ 为侧面,抛物面 $z=2-x^{2}-y^{2}$ 为顶的曲顶柱体的体积.

解 如图 8-16(a)所示,所求曲顶柱体的体积为

$$V=\iint\limits_{D}(2-x^{2}-y^{2})\mathrm{d}\sigma.$$

把 D 看成 X 型的(图 8-16(b)),则 $D=\left\{(x,y)\left|-\sqrt{1-x^{2}}\leqslant y\leqslant\sqrt{1-x^{2}},-1\leqslant x\leqslant 1\right.\right\}$. 由 D 的对称性及被积函数 $f(x,y)=2-x^{2}-y^{2}$ 关于 x,y 均为偶函数可知

$$V=4\iint\limits_{D_{1}}(2-x^{2}-y^{2})\mathrm{d}\sigma.$$

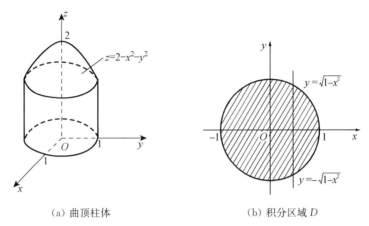

（a）曲顶柱体 （b）积分区域 D

图 8-16

其中 $D_1 = \{(x, y) \mid 0 \leqslant y \leqslant \sqrt{1-x^2}, 0 \leqslant x \leqslant 1\}$，为 D 在第一个象限部分. 于是，有

$$V = \int_{-1}^{1} \mathrm{d}x \int_{-\sqrt{1-x^2}}^{\sqrt{1-x^2}} (2-x^2-y^2)\mathrm{d}y = \int_{-1}^{1} \left[2y - x^2 y - \frac{y^3}{3} \right]_{-\sqrt{1-x^2}}^{\sqrt{1-x^2}} \mathrm{d}x$$

$$= 2\int_{-1}^{1} \left[\sqrt{1-x^2} + \frac{2}{3}(1-x^2)^{\frac{3}{2}} \right] \mathrm{d}x = 4\int_{0}^{1} \left[\sqrt{1-x^2} + \frac{2}{3}(1-x^2)^{\frac{3}{2}} \right] \mathrm{d}x$$

$$= 4\int_{0}^{\frac{\pi}{2}} \left(\cos^2 t + \frac{2}{3}\cos^4 t \right) \mathrm{d}t = 4\left(\frac{1}{2} \times \frac{\pi}{2} + \frac{2}{3} \times \frac{3}{4} \times \frac{1}{2} \times \frac{\pi}{2} \right) = \frac{3}{2}\pi.$$

习 题 8-2

1. 把二重积分 $I = \iint\limits_{D} f(x, y)\mathrm{d}\sigma$ 分别化为不同积分次序的二次积分，其中积分区域 D 是：

(1) 由直线 $y = 1$、$x = 2$ 及 $y = x$ 所围成的闭区域；

(2) 由直线 $x = 0$，$x + y = 1$ 及 $x - y = 1$ 所围成的闭区域；

(3) 由抛物线 $y = x^2$ 和 $x = y^2$ 所围成的闭区域；

(4) 由曲线 $y = \ln x$，直线 $x = 2$ 及 x 轴所围成的闭区域；

(5) 由 x 轴及上半圆周 $x^2 + y^2 = 9(y \geqslant 0)$ 所围成的闭区域.

2. 画出积分区域，并计算下列二重积分.

(1) $\iint\limits_{D} (x+2y)\mathrm{d}\sigma$，其中 $D = \{(x, y) \mid -1 \leqslant x \leqslant 1, 0 \leqslant y \leqslant 2\}$；

(2) $\iint\limits_{D} xy\mathrm{d}\sigma$，其中 D 是由直线 $y = x - 2$ 及抛物线 $y^2 = x$ 所围成的闭区域；

(3) $\iint\limits_{D} x\cos(x+y)\mathrm{d}\sigma$，其中 D 是顶点分别为 $(0,0)$，$(\pi,0)$ 和 (π,π) 的三角形闭区域；

(4) $\iint\limits_{D} \mathrm{e}^{x+y}\mathrm{d}\sigma$，其中 D 是由 $|x|+|y| \leqslant 1$ 所确定的闭区域；

(5) $\iint\limits_{D} \frac{y}{x}\mathrm{d}\sigma$，其中 D 是由 $y = x$，$x = 2$ 及 $x = 1$，$x = 2$ 所围成的闭区域；

(6) $\iint\limits_{D} x^2 y\mathrm{d}\sigma$，其中 D 是由直线 $y = 1$、$x = 2$ 及 $y = x$ 所围成的闭区域；

(7) $\iint\limits_{D} xy\mathrm{e}^{x^2+y^2}\mathrm{d}\sigma$，其中 $D = \{(x,y) \mid a \leqslant x \leqslant b, c \leqslant y \leqslant d\}$；

(8) $\iint\limits_{D}\mathrm{d}x\,\mathrm{d}y$，其中 D 是由直线 $y = 2x$，$x = 2y$ 和 $x + y = 3$ 所围成的三角形区域.

3. 交换下列二次积分的积分次序.

(1) $\int_0^1 \mathrm{d}x \int_{x^2}^1 f(x,y)\mathrm{d}y$；

(2) $\int_0^1 \mathrm{d}y \int_{\mathrm{e}^y}^{\mathrm{e}} f(x,y)\mathrm{d}x$；

(3) $\int_0^1 \mathrm{d}x \int_{\sqrt{2+x^2}}^{\sqrt{4-x^2}} f(x,y)\mathrm{d}y$；

(4) $\int_0^1 \mathrm{d}x \int_0^{x^2} f(x,y)\mathrm{d}y + \int_1^2 \mathrm{d}x \int_0^{2-x} f(x,y)\mathrm{d}y$；

(5) $\int_0^2 \mathrm{d}x \int_x^{2x} f(x,y)\mathrm{d}y$；

(6) $\int_0^{\frac{1}{4}} \mathrm{d}y \int_y^{\sqrt{y}} f(x,y)\mathrm{d}x + \int_{\frac{1}{4}}^{\frac{1}{2}} \mathrm{d}y \int_y^{\frac{1}{2}} f(x,y)\mathrm{d}x$；

(7) $\int_0^1 \mathrm{d}x \int_0^{\sqrt{2x-x^2}} f(x,y)\mathrm{d}y + \int_1^2 \mathrm{d}x \int_0^{2-x} f(x,y)\mathrm{d}y$；

(8) $\int_0^1 \mathrm{d}y \int_{2-y}^{1+\sqrt{1-y^2}} f(x,y)\mathrm{d}x$.

4. 如果二重积分 $\iint\limits_{D} f(x,y)\mathrm{d}x\,\mathrm{d}y$ 的被积函数是两个函数 $f(x)$ 及 $g(y)$ 的乘积，即 $f(x,y) = f(x) \cdot g(y)$，积分区域 $D = \left\{(x,y) \left| a \leqslant x \leqslant b, c \leqslant y \leqslant d \right.\right\}$，证明这个二重积分等于两个定积分的乘积，即

$$\iint\limits_{D} f(x,y)\mathrm{d}x\,\mathrm{d}y = \left[\int_a^b f(x)\mathrm{d}x\right] \cdot \left[\int_c^d g(y)\mathrm{d}y\right].$$

5. 设平面薄板所占的闭区域 D 由直线 $y + x = 2$，$y = x$ 和 x 轴所围成，它的面密度 $\mu(x,y) = x^2 + y^2$，求该薄片的质量.

6. 求由平面 $x = 0$，$y = 0$，$z = 1$，$x + y = 1$ 及 $z = 1 + x + y$ 所围成的立体的体积.

8.3　极坐标系下二重积分的计算

有些二重积分，积分区域是圆域、圆环域或者它们的一部分，其边界曲线用极坐标方程来表示比较方便，且被积函数用极坐标变量 ρ，θ 表示比较简单，往往用直角坐标化为二次积分计算复杂，这时就可以考虑利用极坐标来计算二重积分 $\iint\limits_{D} f(x,y)\mathrm{d}\sigma$.

按二重积分的定义

$$\iint\limits_{D} f(x,y)\mathrm{d}\sigma = \lim_{\lambda \to 0} \sum_{i=1}^n f(\xi_i, \eta_i)\Delta\sigma_i,$$

下面来研究这个和的极限在极坐标系中的形式，并由此得到二重积分在极坐标系下的计算公式.

由于当二重积分存在时，积分和的极限与积分区域 D 的划分无关，对区域 D 的划分可以是任意的，在直角坐标系下，用平行于坐标轴的直线网来划分 D，在极坐标下，不妨用以极点 O 为中心的一组同心圆：$\rho =$ 常数，及从极点 O 出发的一组射线：$\theta =$ 常数，把 D 分为 n 个小闭区域 $\Delta\sigma_1$，$\Delta\sigma_2$，$\cdots$，$\Delta\sigma_n$（图 8-17）. 除了包含边界点的小闭区域外，小闭区域的面积 $\Delta\sigma_i$ 可计算如下：

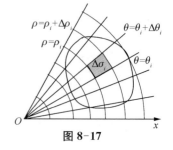

图 8-17

$$\Delta\sigma_i = \frac{1}{2}(\rho_i + \Delta\rho_i)^2 \cdot \Delta\theta_i - \frac{1}{2} \cdot \rho_i^2 \cdot \Delta\theta_i = \frac{1}{2}(2\rho_i + \Delta\rho_i)\Delta\rho_i \cdot \Delta\theta_i$$

$$= \frac{\rho_i + (\rho_i + \Delta\rho_i)}{2} \cdot \Delta\rho_i \cdot \Delta\theta_i = \bar{\rho_i} \cdot \Delta\rho_i \cdot \Delta\theta_i,$$

式中,$\bar{\rho_i} = \rho_i + \frac{1}{2}\Delta\rho_i$ 表示相邻两圆弧半径的平均值. 由于小区域内点的选取是任意的,在 $\Delta\sigma_i$ 内取圆周 $\rho = \bar{\rho_i}$ 上的一点 $(\bar{\rho_i},\ \bar{\theta_i})$,该点的直角坐标设为 $(\xi_i,\ \eta_i)$,则由直角坐标与极坐标之间的关系有 $\xi_i = \bar{\rho_i}\cos\bar{\theta_i}$,$\eta_i = \bar{\rho_i}\sin\bar{\theta_i}$. 于是

$$\lim_{\lambda\to 0}\sum_{i=1}^{n} f(\xi_i,\ \eta_i)\Delta\sigma_i = \lim_{\lambda\to 0}\sum_{i=1}^{n} f(\bar{\rho_i}\cos\bar{\theta_i},\ \bar{\rho_i}\sin\bar{\theta_i})\bar{\rho_i}\Delta\rho_i\Delta\theta_i,$$

即

$$\iint\limits_{D} f(x,\ y)\mathrm{d}\sigma = \iint\limits_{D} f(\rho\cos\theta,\ \rho\sin\theta)\rho\,\mathrm{d}\rho\,\mathrm{d}\theta.$$

由于在直角坐标系中,$\iint\limits_{D} f(x,\ y)\mathrm{d}\sigma$ 也常记作 $\iint\limits_{D} f(x,\ y)\mathrm{d}x\,\mathrm{d}y$,所以上式又可写成

$$\iint\limits_{D} f(x,\ y)\mathrm{d}x\,\mathrm{d}y = \iint\limits_{D} f(\rho\cos\theta,\ \rho\sin\theta)\rho\,\mathrm{d}\rho\,\mathrm{d}\theta. \tag{8.3.1}$$

公式(8.3.1)就是二重积分从直角坐标变换为极坐标的计算公式,其中 $\rho\,\mathrm{d}\rho\,\mathrm{d}\theta$ 是极坐标系中的面积元素.

公式(8.3.1)表明,要把二重积分中的变量从直角坐标变换为极坐标,除了把被积函数中的 x,y 分别转换成 $\rho\cos\theta$,$\rho\sin\theta$ 外,还要把直角坐标系中的面积元素 $\mathrm{d}x\,\mathrm{d}y$ 换成极坐标系中的面积元素 $\rho\,\mathrm{d}\rho\,\mathrm{d}\theta$.

极坐标系中的二重积分,同样可以化为二次积分来计算,一般采用先对 ρ 后对 θ 的积分次序.

设积分区域 D(图 8-18)可表示为

$$D = \{(\rho,\ \theta)\ |\ \varphi_1(\theta) \leqslant \rho \leqslant \varphi_2(\theta),\ \alpha \leqslant \theta \leqslant \beta\},$$

其中函数 $\varphi_1(\theta)$,$\varphi_2(\theta)$ 在区间 $[\alpha,\ \beta]$ 上连续,$0 \leqslant \varphi_1(\theta) \leqslant \varphi_2(\theta)$,且 $0 \leqslant \beta - \alpha \leqslant 2\pi$.

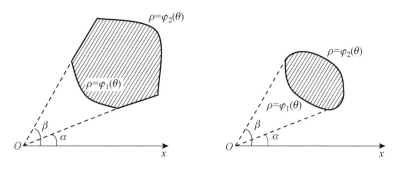

图 8-18

则极坐标系中二重积分化为二次积分的公式为

$$\iint\limits_{D} f(\rho\cos\theta,\,\rho\sin\theta)\rho\,\mathrm{d}\rho\,\mathrm{d}\theta = \int_{\alpha}^{\beta}\mathrm{d}\theta\int_{\varphi_1(\theta)}^{\varphi_2(\theta)} f(\rho\cos\theta,\,\rho\sin\theta)\rho\,\mathrm{d}\rho. \qquad (8.3.2)$$

如果积分区域 D 如图 8-19 所示,极点位于区域 D 的边界上时,可看成图 8-17 的特殊情况,区域 D 可表示为

$$D = \{(\rho,\,\theta)\mid 0\leqslant\rho\leqslant\varphi(\theta),\,\alpha\leqslant\theta\leqslant\beta\},$$

则极坐标系中二重积分化为二次积分的公式为

$$\iint\limits_{D} f(\rho\cos\theta,\,\rho\sin\theta)\rho\,\mathrm{d}\rho\,\mathrm{d}\theta = \int_{\alpha}^{\beta}\mathrm{d}\theta\int_{0}^{\varphi(\theta)} f(\rho\cos\theta,\,\rho\sin\theta)\rho\,\mathrm{d}\rho.$$

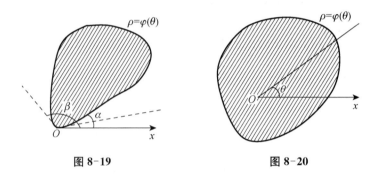

图 8-19　　　　　　　　图 8-20

如果积分区域 D 如图 8-20 所示,极点位于区域 D 的内部时,区域 D 可表示为

$$D = \{(\rho,\,\theta)\mid 0\leqslant\rho\leqslant\varphi(\theta),\,0\leqslant\theta\leqslant 2\pi\},$$

则极坐标系中二重积分化为二次积分的公式为

$$\iint\limits_{D} f(\rho\cos\theta,\,\rho\sin\theta)\rho\,\mathrm{d}\rho\,\mathrm{d}\theta = \int_{0}^{2\pi}\mathrm{d}\theta\int_{0}^{\varphi(\theta)} f(\rho\cos\theta,\,\rho\sin\theta)\rho\,\mathrm{d}\rho.$$

例 8.3.1　用极坐标求解例 8.2.6.

解　在极坐标系中,闭区域 D 可表示为 $D = \{(\rho,\,\theta)\mid 0\leqslant\rho\leqslant 1,\,0\leqslant\theta\leqslant 2\pi\}$,于是所求曲顶柱体的体积

$$\begin{aligned}
V &= \int_{0}^{2\pi}\mathrm{d}\theta\int_{0}^{1}(2-\rho^2)\rho\,\mathrm{d}\rho \\
&= \int_{0}^{2\pi}\left[\rho^2 - \frac{\rho^4}{4}\right]_{0}^{1}\mathrm{d}\theta \\
&= \frac{3}{4}\int_{0}^{2\pi}\mathrm{d}\theta = \frac{3}{2}\pi.
\end{aligned}$$

很显然,此例选择极坐标求解会简单得多.

例 8.3.2　计算 $\iint\limits_{D}(x^2+y^2)\mathrm{d}x\,\mathrm{d}y$,其中 D 是圆环域 $1\leqslant x^2+y^2\leqslant 4$ 在第一象限内的部分.

解　画出积分区域 D 的图形(图 8-21),在极坐标系下,积分区域 D 可表示为

$$D = \left\{ (\rho, \theta) \mid 0 \leqslant \rho \leqslant 2\sin\theta, \ 0 \leqslant \theta \leqslant \frac{\pi}{2} \right\},$$

于是,有

$$\iint\limits_D (x^2 + y^2)\,\mathrm{d}x\,\mathrm{d}y = \int_0^{\frac{\pi}{2}} \mathrm{d}\theta \int_1^2 \rho^2 \cdot \rho\,\mathrm{d}\rho$$

$$= \int_0^{\frac{\pi}{2}} \left[\frac{1}{4}\rho^4 \right]_1^2 \mathrm{d}\theta$$

$$= \frac{1}{4}(2^4 - 1) \times \frac{\pi}{2} = \frac{15\pi}{8}.$$

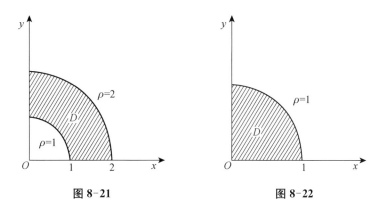

图 8-21　　　　　　　　　　图 8-22

例 8.3.3　计算 $\displaystyle\iint\limits_D \frac{1}{1 + x^2 + y^2}\mathrm{d}x\,\mathrm{d}y$,其中 $D = \{(x, y) \mid x^2 + y^2 = 1, \ x \geqslant 0, \ y \geqslant 0\}$.

解　画出积分区域 D 的图形(图 8-22),在极坐标系下,积分区域 D 可表示为

$$D = \left\{ (\rho, \theta) \mid 0 \leqslant \rho \leqslant 1, \ 0 \leqslant \theta \leqslant \frac{\pi}{2} \right\}.$$

于是,有

$$\iint\limits_D \frac{1}{1 + x^2 + y^2}\mathrm{d}x\,\mathrm{d}y = \int_0^{\frac{\pi}{2}} \mathrm{d}\theta \int_0^1 \frac{1}{1 + \rho^2}\rho\,\mathrm{d}\rho$$

$$= \int_0^{\frac{\pi}{2}} \mathrm{d}\theta \cdot \int_0^1 \frac{1}{1 + \rho^2}\rho\,\mathrm{d}\rho$$

$$= \frac{\pi}{2} \cdot \left[\frac{1}{2}\ln(1 + \rho^2) \right]_0^1 = \frac{\pi}{4}\ln 2.$$

例 8.3.4　计算 $\displaystyle\iint\limits_D \frac{x}{y}\mathrm{d}x\,\mathrm{d}y$,其中 D 是 $x^2 + y^2 = 2y$ 及 y 轴所围成的在第一象限内的区域.

解　画出积分区域 D 的图形(图 8-23),在极坐标系下,积分区域 D 可表示为

$$D = \left\{ (\rho, \theta) \mid 0 \leqslant \rho \leqslant 2\sin\theta, \, 0 \leqslant \theta \leqslant \frac{\pi}{2} \right\},$$

于是，有

$$\iint\limits_{D} \frac{x}{y} \mathrm{d}x\mathrm{d}y = \int_0^{\frac{\pi}{2}} \mathrm{d}\theta \int_0^{2\sin\theta} \frac{\cos\theta}{\sin\theta} \rho \mathrm{d}\rho = \int_0^{\frac{\pi}{2}} \left[\frac{\cos\theta}{\sin\theta} \cdot \frac{1}{2}\rho^2 \right]_0^{2\sin\theta} \mathrm{d}\theta$$

$$= 2\int_0^{\frac{\pi}{2}} \sin\theta\cos\theta \mathrm{d}\theta = 2\int_0^{\frac{\pi}{2}} \sin\theta \mathrm{d}(\sin\theta) = \left[\sin^2\theta \right]_0^{\frac{\pi}{2}} = 1.$$

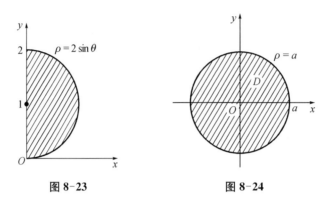

图 8-23　　　　　　　　　　图 8-24

从上述的几个例子可以看出，当被积函数含有 $f(x^2 + y^2)$，$f\left(\dfrac{x}{y}\right)$，$f\left(\dfrac{y}{x}\right)$ 时，同时积分区域是圆域或者它们的一部分时，使用极坐标计算较为简便.

例 8.3.5　计算 $\iint\limits_{D} \mathrm{e}^{-x^2-y^2}\mathrm{d}x\mathrm{d}y$，其中 D 是由圆心在坐标原点、半径为 a 的圆周所围成的闭区域.

解　画出积分区域 D 的图形（图 8-24），在极坐标系中，闭区域 D 可表示为

$$D = \{ (\rho, \theta) \mid 0 \leqslant \rho \leqslant a, \, 0 \leqslant \theta \leqslant 2\pi \},$$

于是，有

$$\iint\limits_{D} \mathrm{e}^{-x^2-y^2}\mathrm{d}x\mathrm{d}y = \iint\limits_{D} \mathrm{e}^{-\rho^2} \rho \mathrm{d}\rho\mathrm{d}\theta = \int_0^{2\pi} \left[\int_0^a \mathrm{e}^{-\rho^2} \rho \mathrm{d}\rho \right] \mathrm{d}\theta$$

$$= \int_0^{2\pi} \left[-\frac{1}{2}\mathrm{e}^{-\rho^2} \right]_0^a \mathrm{d}\theta = \frac{1}{2}(1 - \mathrm{e}^{-a^2}) \int_0^{2\pi} \mathrm{d}\theta = \pi(1 - \mathrm{e}^{-a^2}).$$

由于积分 $\int \mathrm{e}^{-x^2}\mathrm{d}x$ 不能用初等函数表示，所以例 8.3.5 如果用直角坐标计算，是无法得出结果的. 现在利用上面的结果来计算概率统计中常用的广义积分 $\int_0^{+\infty} \mathrm{e}^{-x^2}\mathrm{d}x$.

设　$D_1 = \{ (x, y) \mid x^2 + y^2 \leqslant R^2, \, x \geqslant 0, \, y \geqslant 0 \}$，

　　$D_2 = \{ (x, y) \mid x^2 + y^2 \leqslant 2R^2, \, x \geqslant 0, \, y \geqslant 0 \}$，

　　$S = \{ (x, y) \mid 0 \leqslant x \leqslant R, \, 0 \leqslant y \leqslant R \}$，

显然 $D_1 \subset S \subset D_2$（图 8-25）. 由于 $\mathrm{e}^{-x^2-y^2} > 0$，则在这些闭区域上的二重积分之间有不等式

$$\iint\limits_{D_1} \mathrm{e}^{-x^2-y^2}\,\mathrm{d}x\,\mathrm{d}y < \iint\limits_{S} \mathrm{e}^{-x^2-y^2}\,\mathrm{d}x\,\mathrm{d}y < \iint\limits_{D_2} \mathrm{e}^{-x^2-y^2}\,\mathrm{d}x\,\mathrm{d}y.$$

因为 $\displaystyle\iint\limits_{S} \mathrm{e}^{-x^2-y^2}\,\mathrm{d}x\,\mathrm{d}y = \int_0^R \mathrm{e}^{-x^2}\,\mathrm{d}x \cdot \int_0^R \mathrm{e}^{-y^2}\,\mathrm{d}y = \left(\int_0^R \mathrm{e}^{-x^2}\,\mathrm{d}x\right)^2$,

又应用上面已得的结果有

$$\iint\limits_{D_1} \mathrm{e}^{-x^2-y^2}\,\mathrm{d}x\,\mathrm{d}y = \frac{\pi}{4}(1-\mathrm{e}^{-R^2}), \quad \iint\limits_{D_2} \mathrm{e}^{-x^2-y^2}\,\mathrm{d}x\,\mathrm{d}y = \frac{\pi}{4}(1-\mathrm{e}^{-2R^2}),$$

于是上面的不等式可写成

$$\frac{\pi}{4}(1-\mathrm{e}^{-R^2}) < \left(\int_0^R \mathrm{e}^{-x^2}\,\mathrm{d}x\right)^2 < \frac{\pi}{4}(1-\mathrm{e}^{-2R^2}).$$

令 $R \to +\infty$，上式两端趋于同一极限 $\dfrac{\pi}{4}$，从而 $\displaystyle\int_0^{+\infty} \mathrm{e}^{-x^2}\,\mathrm{d}x = \frac{\sqrt{\pi}}{2}$.

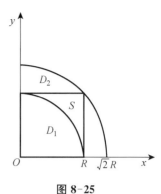

图 8-25

习 题 8-3

1. 画出积分区域，把积分 $\displaystyle\iint\limits_{D} f(x, y)\,\mathrm{d}x\,\mathrm{d}y$ 表示为极坐标形式的二次积分，其中积分区域是：

(1) $D = \{(x, y) \mid 1 \leqslant x^2 + y^2 \leqslant 9\}$;

(2) $D = \{(x, y) \mid x^2 + y^2 \leqslant 2y\}$;

(3) $D = \{(x, y) \mid -R \leqslant x \leqslant R, R \leqslant y \leqslant R + \sqrt{R^2 - x^2}\}$;

(4) $D = \{(x, y) \mid 1 - x \leqslant y \leqslant \sqrt{1 - x^2}, 0 \leqslant x \leqslant 1\}$.

2. 化下列二次积分为极坐标形式的二次积分.

(1) $\displaystyle\int_0^1 \mathrm{d}x \int_0^x f(x, y)\,\mathrm{d}y$;　　　　(2) $\displaystyle\int_0^R \mathrm{d}x \int_0^{\sqrt{R^2-x^2}} f(x, y)\,\mathrm{d}y$;

(3) $\displaystyle\int_0^1 \mathrm{d}y \int_0^{\sqrt{y-y^2}} f(x, y)\,\mathrm{d}x$;　　(4) $\displaystyle\int_1^2 \mathrm{d}x \int_x^{\sqrt{3}x} f(\sqrt{x^2+y^2})\,\mathrm{d}y$.

3. 把下列积分化为极坐标形式，并计算积分值.

(1) $\displaystyle\int_0^1 \mathrm{d}x \int_{-\sqrt{x-x^2}}^{\sqrt{x-x^2}} \sqrt{x}\,\mathrm{d}y$;　　　　(2) $\displaystyle\int_0^{\frac{\sqrt{3}}{2}} \mathrm{d}x \int_{\frac{\sqrt{3}}{3}x}^{\sqrt{3}x} \sqrt{x^2+y^2}\,\mathrm{d}y + \int_{\frac{\sqrt{3}}{2}}^1 \mathrm{d}x \int_0^{\sqrt{1-x^2}} \sqrt{x^2+y^2}\,\mathrm{d}y$;

(3) $\displaystyle\int_0^1 \mathrm{d}x \int_{x^2}^x (x^2+y^2)^{-\frac{1}{2}}\,\mathrm{d}y$;　　(4) $\displaystyle\int_0^2 \mathrm{d}x \int_0^{\sqrt{2x-x^2}} \sqrt{4-x^2-y^2}\,\mathrm{d}y$.

4. 利用极坐标计算下列二重积分.

(1) $\displaystyle\iint\limits_{D} \ln(1+x^2+y^2)\,\mathrm{d}\sigma$，其中 D 是由圆周 $x^2+y^2=1$ 及坐标轴所围成的位于第一象限的闭区域.

(2) $\displaystyle\iint\limits_{D} \arctan\frac{y}{x}\,\mathrm{d}\sigma$，其中 D 是由直线 $y=0$，$y=x$ 和 $x=2$ 所围成的三角形闭区域.

(3) $\displaystyle\iint\limits_{D} \sin\sqrt{x^2+y^2}\,\mathrm{d}\sigma$，其中 D 是圆环域 $\pi^2 \leqslant x^2+y^2 \leqslant 4\pi^2$.

(4) $\displaystyle\iint\limits_{D} (x^2+y^2)\,\mathrm{d}\sigma$，其中 D 是由直线 $y=x$，$y=x+a$，$y=a$，$y=3a(a>0)$ 所围成的闭区域.

5. 选用适当的坐标计算下列各题.

(1) $\iint\limits_{D} xy\mathrm{d}\sigma$，其中 D 是由直线 $y = x + 2$ 及抛物线 $y = x^2$ 所围成的闭区域.

(2) $\iint\limits_{D} \dfrac{xy}{\sqrt{1+y^3}}\mathrm{d}\sigma$，其中 D 是由直线 $y = 1$，$x = \sqrt{y}$ 和 $x = 0$ 所围成的闭区域.

(3) $\iint\limits_{D} \dfrac{1-x^2-y^2}{1+x^2+y^2}\mathrm{d}\sigma$，其中 D 是圆 $x^2 + y^2 = 1$ 及坐标轴所围成的在第一象限内的闭区域.

(4) $\iint\limits_{D} (x^2+y^2)\mathrm{d}\sigma$，其中 D 是圆 $x^2 + y^2 = a^2 (a > 0)$ 及坐标轴所围成的在第一象限内的闭区域.

综合练习 8

一、选择题

1. 二重积分 $\iint\limits_{D} f(x, y)\mathrm{d}x\mathrm{d}y$ 的值与（ ）.

A. 函数 f 及变量 x，y 有关 B. 区域 D 及变量 x，y 无关
C. 函数 f 及区域 D 有关 D. 函数 f 无关，区域 D 有关

2. 设 $I_1 = \iint\limits_{D}(x+y)^3\mathrm{d}\sigma$，$I_2 = \iint\limits_{D}(x+y)^2\mathrm{d}\sigma$，其中积分区域 D 是由 x 轴、y 轴与直线 $x + y = 1$ 围成，则 I_1，I_2 的大小关系为（ ）.

A. $I_1 = I_2$ B. $I_1 > I_2$ C. $I_1 < I_2$ D. 无法判定

3. 设 D 是由直线 $y = x$，$y = 2x$，$y = 1$ 围成的闭区域，则 $\iint\limits_{D}\mathrm{d}x\mathrm{d}y = $（ ）.

A. $\dfrac{1}{2}$ B. $\dfrac{1}{4}$ C. 1 D. $\dfrac{3}{2}$

4. 设 $f(x, y)$ 连续且 $f(x, y) = x + y\iint\limits_{D} f(x, y)\mathrm{d}\sigma$，其中 D 是由 $y = \dfrac{1}{x}$，$y = x$，$x = 2$ 围成的区域，则 $f(x, y) = $（ ）.

A. $x + \dfrac{1}{8}y$ B. $x + \dfrac{1}{4}y$ C. $x + y$ D. $x + 16y$

5. 设 $I_1 = \iint\limits_{D}\dfrac{x+y}{8}\mathrm{d}\sigma$，$I_2 = \iint\limits_{D}\sqrt{\dfrac{x+y}{8}}\mathrm{d}\sigma$，$I_3 = \iint\limits_{D}\sqrt[3]{\dfrac{x+y}{8}}\mathrm{d}\sigma$，其中 D：$(x-2)^2 + (y-2)^2 \leqslant 4$，则有（ ）.

A. $I_1 < I_2 < I_3$ B. $I_2 < I_3 < I_1$ C. $I_3 < I_1 < I_2$ D. $I_3 < I_2 < I_1$

6. 二次积分 $\int_0^{\frac{\pi}{2}}\mathrm{d}\theta\int_0^{2\sin\theta} f(\rho\cos\theta, \rho\sin\theta)\rho\mathrm{d}\rho$ 可以写成（ ）.

A. $\int_0^1\mathrm{d}y\int_0^{\sqrt{y-y^2}} f(x, y)\mathrm{d}x$ B. $\int_0^2\mathrm{d}y\int_0^{\sqrt{2y-y^2}} f(x, y)\mathrm{d}x$

C. $\int_0^2\mathrm{d}x\int_0^{\sqrt{x-x^2}} f(x, y)\mathrm{d}y$ D. $\int_0^2\mathrm{d}x\int_0^{\sqrt{2x-x^2}} f(x, y)\mathrm{d}y$

7. 设积分区域 D 是由 x 轴，$y = \ln x$，$x = \mathrm{e}$ 围成，则 $\iint\limits_{D} f(x, y)\mathrm{d}x\mathrm{d}y = $（ ）.

A. $\int_0^{\mathrm{e}}\mathrm{d}x\int_0^{\ln x} f(x, y)\mathrm{d}y$ B. $\int_1^{\mathrm{e}}\mathrm{d}x\int_0^{\ln x} f(x, y)\mathrm{d}y$

C. $\int_0^1\mathrm{d}y\int_0^{\mathrm{e}^y} f(x, y)\mathrm{d}x$ D. $\int_0^1\mathrm{d}y\int_{\mathrm{e}}^{\mathrm{e}^y} f(x, y)\mathrm{d}x$

8. 设 $f(u)$ 在 D：$1 \leqslant x^2 + y^2 \leqslant 9$，$y \geqslant 0$ 上连续，则 $\iint\limits_{D} f(\sqrt{x^2 + y^2}) \mathrm{d}x\,\mathrm{d}y = ($　$)$.

A. $\pi \int_1^3 f(r) \mathrm{d}r$

B. $2\pi \int_1^3 f(r) r \mathrm{d}r$

C. $2\pi \int_1^3 f(r) \mathrm{d}r$

D. $\pi \int_1^3 f(r) r \mathrm{d}r$

9. 设 D 为区域 $\{(x, y) \mid x^2 + y^2 \leqslant c^2, c > 0\}$，且有 $\iint\limits_{D} (x^2 + y^2) \mathrm{d}x\,\mathrm{d}y = 8\pi$，则 $c = ($　$)$.

A. 1　　　　　　B. 2　　　　　　C. 4　　　　　　D. 8

10. 设 D 是由曲线 $x^2 + y^2 = 4x$ 围成的闭区域，则 $\iint\limits_{D} f(x^2 + y^2) \mathrm{d}\sigma = ($　$)$.

A. $\int_0^{\pi} \mathrm{d}\theta \int_0^1 f(r^2) \mathrm{d}r$

B. $\int_{-\frac{\pi}{2}}^{\frac{\pi}{2}} \mathrm{d}\theta \int_0^{4\sin\theta} f(r^2) r \mathrm{d}r$

C. $\int_{-\frac{\pi}{2}}^{\frac{\pi}{2}} \mathrm{d}\theta \int_0^{4\cos\theta} f(r^2) r \mathrm{d}r$

D. $\int_{-\frac{\pi}{2}}^{\frac{\pi}{2}} \mathrm{d}\theta \int_0^{4\cos\theta} f(r^2) \mathrm{d}r$

二、填空题

1. 若 D 是由直线 $y = 2x$，$x = 2y$ 和 $x + y = 3$ 所围成的三角形区域，则 $\iint\limits_{D} \mathrm{d}x\,\mathrm{d}y = $ _____.

2. 若 D 为平面区域 $\{(x, y) \mid 1 \leqslant x^2 + y^2 \leqslant 4\}$，则 $\iint\limits_{D} \mathrm{d}x\,\mathrm{d}y = $ _____.

3. 若 D 是曲线 $y^2 = x$，$x^2 = y$ 围成的第一象限的区域，则 $\iint\limits_{D} \mathrm{d}x\,\mathrm{d}y = $ _____.

4. 若 $D = \{(x, y) \mid -1 \leqslant x \leqslant 1, 0 \leqslant y \leqslant 2\}$，则 $\iint\limits_{D} (x + 2y) \mathrm{d}\sigma = $ _____.

5. 设 $D = \{(x, y) \mid 0 \leqslant x \leqslant 1, -1 \leqslant y \leqslant 0\}$，则 $\iint\limits_{D} x \mathrm{e}^{xy} \mathrm{d}x\,\mathrm{d}y = $ _____.

6. 设 $D = \{(x, y) \mid x^2 + y^2 \leqslant R^2\}$，且 $\iint\limits_{D} \sqrt{x^2 + y^2} \mathrm{d}x\,\mathrm{d}y = 18\pi$，则 $R = $ _____.

7. 交换二次积分 $I = \int_0^1 \mathrm{d}y \int_0^y f(x, y) \mathrm{d}x + \int_1^2 \mathrm{d}y \int_0^{2-y} f(x, y) \mathrm{d}x$ 的积分次序，则 $I = $ _____.

8. 设 $f(x, y)$ 为连续函数，更换积分次序：

$\int_0^1 \mathrm{d}x \int_0^{x^2} f(x, y) \mathrm{d}y + \int_1^2 \mathrm{d}x \int_0^{4-x^2} f(x, y) \mathrm{d}y = $ _____.

9. 设 $f(x, y)$ 在 D 上连续，将 $I = \iint\limits_{D} f(x, y) \mathrm{d}x\,\mathrm{d}y$ 化为极坐标下的二次积分：

若 $D = \left\{(x, y) \mid a^2 \leqslant x^2 + y^2 \leqslant b^2\right\}$，其中 $0 < a < b$，则 $I = $ _____.

10. 若 $D = \left\{(x, y) \mid 2x \leqslant x^2 + y^2 \leqslant 4\right\}$，则 $\iint\limits_{D} 5 \mathrm{d}x\,\mathrm{d}y = $ _____.

三、计算题

1. 计算 $\iint\limits_{D} \dfrac{x^2}{y^2} \mathrm{d}x\,\mathrm{d}y$，其中 D 是由直线 $x = 2$，$y = x$ 及 $xy = 1$ 所围成的闭区域.

2. 设 $D = \{(x, y) \mid x^2 + y^2 \leqslant 1, x \geqslant 0, y \geqslant 0\}$，计算 $\iint\limits_{D} \dfrac{1 - x^2 - y^2}{1 + x^2 + y^2} \mathrm{d}\sigma$.

3. 计算积分 $\iint\limits_{D} \mathrm{e}^{x^2} \mathrm{d}\sigma$，$D$ 由 $x = 2$、$y = x$ 及 x 轴围成.

4. 交换二次积分 $I = \int_0^1 \mathrm{d}x \int_{x^2}^1 \dfrac{xy}{\sqrt{1+y^3}}\mathrm{d}y$ 的积分顺序，并求其值.

5. 交换二重积分 $\int_0^{\frac{\pi}{6}} \mathrm{d}y \int_y^{\frac{\pi}{6}} \dfrac{\cos x}{x}\mathrm{d}x$ 的积分次序并计算该积分的值.

6. 计算二重积分 $\iint\limits_D \mathrm{d}x\mathrm{d}y$，其中 D 是由直线 $y = 2x$，$x = 2y$ 和 $x+y = 3$ 所围成的三角形区域.

7. 计算 $\iint\limits_D \sqrt{4-x^2-y^2}\,\mathrm{d}x\mathrm{d}y$，其中 D 为半圆周 $y = \sqrt{2x-x^2}$ 及 x 轴围成的区域.

8. 计算 $\iint\limits_D \ln(1+x^2+y^2)\mathrm{d}\sigma$，其中 D 是由圆周 $x^2+y^2 = 1$ 及坐标轴围成的在第一象限内的区域.

四、证明题

证明 $\displaystyle\int_a^b \mathrm{d}x \int_a^x (x-y)^{n-2}f(y)\mathrm{d}y = \dfrac{1}{n-1}\int_a^b (b-y)^{n-1}f(y)\mathrm{d}y$.

第9章 无穷级数

无穷级数是微积分学的重要组成部分.本章将先介绍常数项级数的概念、性质和收敛性判别法,然后介绍函数项级数,并在此基础上,研究泰勒级数,并简单介绍初等函数的幂级数展开.最后我们将介绍一下无穷级数的应用.

9.1 常数项级数的概念与基本性质

9.1.1 常数项级数的概念

如果给定一数列

$$u_1,\ u_2,\ u_3,\ \cdots,\ u_n,\ \cdots$$

将它的项依次用加号连接起来,得和式

$$u_1+u_2+u_3+\cdots+u_n+\cdots \tag{9.1.1}$$

称和式(9.1.1)为**(常数项)无穷级数**,简称**(常数项)级数**,记作 $\sum\limits_{n=1}^{\infty}u_n$,即

$$\sum_{n=1}^{\infty}u_n=u_1+u_2+u_3+\cdots+u_n+\cdots,$$

其中 $u_1,\ u_2,\ \cdots,\ u_n,\ \cdots$ 称为级数的项,第 n 项 u_n 称为级数的一般项.

定义 9.1.1 设有级数 $\sum\limits_{n=1}^{\infty}u_n$,则前 n 项的和

$$s_n=u_1+u_2+\cdots+u_n=\sum_{k=1}^{n}u_k,$$

称为级数 $\sum\limits_{n=1}^{\infty}u_n$ 的前 n 项部分和,简称**部分和**.

当 n 依次取 $1,2,3,\cdots$ 时,可得到一个数列 $\{s_n\}$,称数列 $\{s_n\}$ 为级数的部分和数列.给定一个级数 $\sum\limits_{n=1}^{\infty}u_n$,就确定唯一一个部分和数列 $\{s_n\}$,其中 $s_n=\sum\limits_{k=1}^{n}u_k$.根据级数部分和数列的收敛性,下面给出级数收敛和发散的概念.

定义 9.1.2 设级数 $\sum\limits_{n=1}^{\infty}u_n$ 的部分和数列为 $\{s_n\}$,

如果 $\lim\limits_{n\to\infty}s_n=s$,则称级数 $\sum\limits_{n=1}^{\infty}u_n$ **收敛**,极限 s 称为级数 $\sum\limits_{n=1}^{\infty}u_n$ 的和,并记为

$$\sum_{n=1}^{\infty}u_n=s.$$

如果 $\lim\limits_{n\to\infty} s_n$ 不存在，则称级数 $\sum\limits_{n=1}^{\infty} u_n$ **发散**.

显然，级数 $\sum\limits_{n=1}^{\infty} u_n$ 与数列 $\{s_n\}$ 同时收敛或同时发散，且在收敛时，有

$$\sum_{n=1}^{\infty} u_n = \lim_{n\to\infty} s_n,$$

即

$$\sum_{n=1}^{\infty} u_n = \sum_{k=1}^{n} u_k.$$

定义 9.1.3 设级数 $\sum\limits_{n=1}^{\infty} u_n = s$，其前 n 项部分和是 s_n，则

$$r_n = s - s_n = u_{n+1} + u_{n+2} + \cdots = \sum_{k=n+1}^{\infty} u_k$$

称为级数 $\sum\limits_{n=1}^{\infty} u_n$ 的**余项级数**，简称**余项**. 数列 $\{r_n\}$ 称为该级数的**余和数列**.

显然，有

$$\lim_{n\to\infty} r_n = \lim_{n\to\infty}(s - s_n) = 0.$$

例 9.1.1 证明级数

$$\sum_{n=1}^{\infty} \frac{1}{(2n-1)(2n+1)} = \frac{1}{1\times 3} + \frac{1}{3\times 5} + \cdots + \frac{1}{(2n-1)(2n+1)} + \cdots$$

是收敛的，并求其和.

证明 因为

$$u_n = \frac{1}{(2n-1)(2n+1)} = \frac{1}{2}\left(\frac{1}{2n-1} - \frac{1}{2n+1}\right),$$

所以

$$\begin{aligned}
s_n &= \frac{1}{1\times 3} + \frac{1}{3\times 5} + \cdots + \frac{1}{(2n-1)(2n+1)} \\
&= \frac{1}{2}\left[\left(1 - \frac{1}{3}\right) + \left(\frac{1}{3} - \frac{1}{5}\right) + \cdots + \left(\frac{1}{2n-1} - \frac{1}{2n+1}\right)\right] \\
&= \frac{1}{2}\left(1 - \frac{1}{2n+1}\right),
\end{aligned}$$

从而

$$\lim_{n\to\infty} s_n = \lim_{n\to\infty} \frac{1}{2}\left(1 - \frac{1}{2n+1}\right) = \frac{1}{2}.$$

所以这级数收敛,且其和为 $\dfrac{1}{2}$.

例 9.1.2　讨论几何级数(等比级数)

$$\sum_{n=1}^{\infty} aq^{n-1} = a + aq + aq^2 + \cdots + aq^{n-1} + \cdots$$

的收敛性,其中 $a \neq 0$.

解　(1) 当 $|q| < 1$ 时,

$$s_n = a + aq + aq^2 + \cdots + aq^{n-1} = \frac{a(1-q^n)}{1-q}.$$

由于

$$\lim_{n \to \infty} s_n = \lim_{n \to \infty} \frac{a(1-q^n)}{1-q} = \frac{a}{1-q},$$

所以,此时级数收敛,其和为 $\dfrac{a}{1-q}$.

(2) 当 $|q| > 1$ 时, $s_n = \dfrac{a(1-q^n)}{1-q}$. 而

$$\lim_{n \to \infty} s_n = \lim_{n \to \infty} \frac{a(1-q^n)}{1-q} = \infty,$$

所以,此时级数发散.

(3) 当 $|q| = 1$ 时,如果 $q = 1$,则 $s_n = na$,

$$\lim_{n \to \infty} s_n = \lim_{n \to \infty} na = \begin{cases} +\infty, & a > 0, \\ -\infty, & a < 0. \end{cases}$$

如果 $q = -1$,则级数的部分和数列为 $a, 0, a, 0, \cdots$, $\lim\limits_{n \to \infty} s_n$ 不存在. 所以,当 $|q| = 1$ 时级数发散.

综上所述,当 $|q| < 1$ 时,级数 $\sum\limits_{n=1}^{\infty} aq^{n-1}$ 收敛,其和为 $\dfrac{a}{1-q}$;当 $|q| \geqslant 1$ 时,级数 $\sum\limits_{n=1}^{\infty} aq^{n-1}$ 发散.

例 9.1.3　证明调和级数

$$\sum_{n=1}^{\infty} \frac{1}{n} = 1 + \frac{1}{2} + \frac{1}{3} + \cdots + \frac{1}{n} + \cdots$$

是发散的.

证明　由于当 $x > 0$ 时,有 $x > \ln(1+x)$. 于是有

$$\frac{1}{n} > \ln\left(1 + \frac{1}{n}\right),$$

因此

$$s_n = 1 + \frac{1}{2} + \frac{1}{3} + \cdots + \frac{1}{n}$$

$$> \ln(1+1) + \ln\left(1+\frac{1}{2}\right) + \ln\left(1+\frac{1}{3}\right) + \cdots + \ln\left(1+\frac{1}{n}\right)$$

$$= \ln\left(2 \cdot \frac{3}{2} \cdot \frac{4}{3} \cdot \cdots \cdot \frac{n+1}{n}\right) = \ln(n+1).$$

从而 $\lim\limits_{n\to\infty} s_n = +\infty$，故调和级数发散.

例 9.1.4 证明**算术级数**

$$a + (a+d) + (a+2d) + \cdots + [a + (n-1)d] + \cdots$$

是发散的.

证明 级数的部分和

$$s_n = a + (a+d) + (a+2d) + \cdots + [a + (n-1)d]$$

$$= na + \frac{n(n-1)}{2}d.$$

显然 $\lim\limits_{n\to\infty} s_n = \infty$，故算术级数发散.

9.1.2 无穷级数的基本性质

性质 1(级数收敛的必要条件) 如果级数 $\sum\limits_{n=1}^{\infty} u_n$ 收敛，则 $\lim\limits_{n\to\infty} u_n = 0$.

证明 设 $\sum\limits_{n=1}^{\infty} u_n = s$，其部分和数列为 $\{s_n\}$，则

$$\lim_{n\to\infty} s_n = s, \quad \lim_{n\to\infty} s_{n-1} = s.$$

于是

$$\lim_{n\to\infty} u_n = \lim_{n\to\infty}(s_n - s_{n-1}) = \lim_{n\to\infty} s_n - \lim_{n\to\infty} s_{n-1} = s - s = 0.$$

注意 $\lim\limits_{n\to\infty} u_n = 0$ 仅是级数 $\sum\limits_{n=1}^{\infty} u_n$ 收敛的必要条件，而不是充分条件，即 $\lim\limits_{n\to\infty} u_n = 0$ 不能保证级数 $\sum\limits_{n=1}^{\infty} u_n$ 收敛. 例如：调和级数 $\sum\limits_{n=1}^{\infty} \frac{1}{n}$，显然，$\lim\limits_{n\to\infty} u_n = \lim\limits_{n\to\infty} \frac{1}{n} = 0$，但由例 9.1.3 知调和级数发散.

性质 1 的一个直接推论：如果 $\lim\limits_{n\to\infty} u_n \neq 0$，则级数 $\sum\limits_{n=1}^{\infty} u_n$ 发散.

例如级数 $\sum\limits_{n=1}^{\infty}(-1)^{n-1}\frac{n}{n+1}$，由于

$$|u_n| = \left|(-1)^{n-1}\frac{n}{n+1}\right| = \frac{n}{n+1} \to 1 \quad (n\to\infty),$$

即 $\lim\limits_{n\to\infty} u_n \neq 0$，因此该级数是发散的.

判断一个级数的收敛性时,应该首先考察当 $n \to \infty$ 时,这个级数的一般项 u_n 是否趋于零,如果 u_n 不趋于零,那么立即可以判定该级数是发散的.

性质 2 如果级数 $\sum\limits_{n=1}^{\infty} u_n = s$, c 为任一常数,则级数 $\sum\limits_{n=1}^{\infty} c u_n$ 也收敛,且其和为 cs .

证明 设级数 $\sum\limits_{n=1}^{\infty} u_n$ 与 $\sum\limits_{n=1}^{\infty} c u_n$ 的部分和分别为 s_n 与 σ_n ,则

$$\sigma_n = \sum_{k=1}^{n} c u_k = k \sum_{k=1}^{n} u_k = c s_n.$$

而

$$\lim_{n \to \infty} s_n = s,$$

从而有

$$\lim_{n \to \infty} \sigma_n = \lim_{n \to \infty} c s_n = cs.$$

故级数 $\sum\limits_{n=1}^{\infty} c u_n$ 收敛,且其和为 cs .

由性质 2 中的关系式 $\sigma_n = c s_n$ 可知,如果 $\{s_n\}$ 发散且 $c \neq 0$,那么 $\{\sigma_n\}$ 也不可能收敛. 因此,我们有如下推论:

若 $c \neq 0$,则级数 $\sum\limits_{n=1}^{\infty} u_n$ 与 $\sum\limits_{n=1}^{\infty} c u_n$ 同时收敛、同时发散.

性质 3 如果级数 $\sum\limits_{n=1}^{\infty} u_n = s$, $\sum\limits_{n=1}^{\infty} v_n = \sigma$,则级数 $\sum\limits_{n=1}^{\infty} (u_n \pm v_n)$ 也收敛,且其和为 $s \pm \sigma$.

证明 设级数 $\sum\limits_{n=1}^{\infty} u_n$ 、 $\sum\limits_{n=1}^{\infty} v_n$ 与 $\sum\limits_{n=1}^{\infty} (u_n \pm v_n)$ 的部分和分别是 a_n 、 b_n 与 c_n ,则

$$c_n = \sum_{k=1}^{n} (u_k \pm v_k) = \sum_{k=1}^{n} u_k \pm \sum_{k=1}^{n} v_k = a_n \pm b_n.$$

又

$$\lim_{n \to \infty} a_n = s, \quad \lim_{n \to \infty} b_n = \sigma,$$

从而

$$\lim_{n \to \infty} c_n = \lim_{n \to \infty} (a_n \pm b_n) = s \pm \sigma.$$

故级数 $\sum\limits_{n=1}^{\infty} (u_n \pm v_n)$ 收敛,其和为 $s \pm \sigma$.

结合性质 2 和性质 3 可得:

设级数 $\sum\limits_{n=1}^{\infty} u_n = s$, $\sum\limits_{n=1}^{\infty} v_n = \sigma$,又 α 、 β 是两个常数,则

$$\sum_{n=1}^{\infty} (\alpha u_n + \beta v_n) = \alpha s + \beta \sigma.$$

这称为收敛级数的线性性质.

性质 4 在级数中去掉、增添或改变有限项,级数的收敛性不变.

证明 因为改变一个级数的有限项,可以归结为在级数的前面部分先去掉有限项,然后再增添有限项.所以仅需证明在级数的前面部分去掉或增添有限项,不会改变级数的收敛性.

设在级数

$$u_1 + u_2 + \cdots + u_n + \cdots \tag{9.1.2}$$

的前面增添 l 项,得级数

$$v_1 + v_2 + \cdots + v_l + u_1 + u_2 + \cdots + u_n + \cdots \tag{9.1.3}$$

记

$$a = v_1 + v_2 + \cdots + v_l.$$

设级数(9.1.2)与(9.1.3)的部分和分别为 s_n 和 σ_n,则

$$\sigma_{l+n} = v_1 + v_2 + \cdots + v_l + u_1 + u_2 + \cdots + u_n = a + s_n.$$

由此可知,数列 $\{s_n\}$ 与 $\{\sigma_{l+n}\}$ 有相同的收敛性.因此,级数(9.1.2)与级数(9.1.3)同时收敛或发散.

类似地,可以证明将级数的前面去掉有限项,不会改变级数的收敛性.

性质 5 如果级数 $\sum\limits_{n=1}^{\infty} u_n$ 收敛,其和是 s,则不改变级数各项的位置,对其项任意加括号后所成新级数

$$(u_1 + \cdots + u_{n_1}) + (u_{n_1+1} + \cdots + u_{n_2}) + \cdots + (u_{n_{k-1}+1} + \cdots + u_{n_k}) + \cdots \tag{9.1.4}$$

也收敛,其和也是 s.

证明 设级数 $\sum\limits_{n=1}^{\infty} u_n$ 的 n 项部分和为 s_n,级数(9.1.4)的 k 项部分和为 p_k,则

$$\begin{aligned}
p_k &= (u_1 + \cdots + u_{n_1}) + (u_{n_1+1} + \cdots + u_{n_2}) + \cdots + (u_{n_{k-1}+1} + \cdots + u_{n_k}) \\
&= u_1 + \cdots + u_{n_1} + u_{n_1+1} + \cdots + u_{n_2} + \cdots + u_{n_{k-1}+1} + \cdots + u_{n_k} = s_{n_k}.
\end{aligned}$$

显然,$\{p_k\}$ 是 $\{s_n\}$ 的子数列 $\{s_{n_k}\}$.

因为

$$\lim_{n \to \infty} s_n = s,$$

所以

$$\lim_{k \to \infty} p_k = \lim_{k \to \infty} s_{n_k} = s.$$

故新级数(9.1.4)收敛,其和为 s.

性质 5 表明,收敛级数任意加括号后所得的级数仍然收敛.

注意 我们知道,当数列的某一子数列收敛时,不能保证原数列收敛.这就是说,性质 5

的逆命题是不成立的. 即如果对某级数的项加括号后所成的级数是收敛的,原级数未必收敛. 例如,级数

$$(1-1)+(1-1)+\cdots+(1-1)+\cdots=0,$$

但去括号后得发散级数

$$1-1+1-1+\cdots.$$

由性质 5 可得一推论:任给一级数,如果加括号后所得级数发散,则原级数发散.

例 9.1.5 讨论级数 $\sum\limits_{n=1}^{\infty}\left(\dfrac{1}{2^{n-1}}+\dfrac{2^n}{5^{n-1}}\right)$ 的收敛性. 若收敛求其和.

解 由于

$$\sum_{n=1}^{\infty}\frac{1}{2^{n-1}} \text{ 和 } \sum_{n=1}^{\infty}\left(\frac{2}{5}\right)^{n-1}$$

均是收敛的等比级数,且

$$\sum_{n=1}^{\infty}\frac{1}{2^{n-1}}=\frac{1}{1-\dfrac{1}{2}}=2,$$

$$\sum_{n=1}^{\infty}\left(\frac{2}{5}\right)^{n-1}=\frac{1}{1-\dfrac{2}{5}}=\frac{5}{3}.$$

由性质 2 可知

$$\sum_{n=1}^{\infty}\frac{2^n}{5^{n-1}}=2\sum_{n=1}^{\infty}\left(\frac{2}{5}\right)^{n-1}$$

收敛,且其和为

$$2\sum_{n=1}^{\infty}\left(\frac{2}{5}\right)^{n-1}=\frac{10}{3}.$$

由性质 3 可知

$$\sum_{n=1}^{\infty}\left(\frac{1}{2^{n-1}}+\frac{2^n}{5^{n-1}}\right)$$

收敛,且

$$\sum_{n=1}^{\infty}\left(\frac{1}{2^{n-1}}+\frac{2^n}{5^{n-1}}\right)=\sum_{n=1}^{\infty}\frac{1}{2^{n-1}}+2\sum_{n=1}^{\infty}\left(\frac{2}{5}\right)^{n-1}=2+\frac{10}{3}=\frac{16}{3}.$$

例 9.1.6 证明级数

$$\frac{1}{\sqrt{2}-1}-\frac{1}{\sqrt{2}+1}+\cdots+\frac{1}{\sqrt{n}-1}-\frac{1}{\sqrt{n}+1}+\cdots$$

发散.

证明　加括号得级数

$$\left(\frac{1}{\sqrt{2}-1}-\frac{1}{\sqrt{2}+1}\right)+\cdots+\left(\frac{1}{\sqrt{n}-1}-\frac{1}{\sqrt{n}+1}\right)+\cdots$$

$$=\frac{2}{1}+\frac{2}{2}+\cdots+\frac{2}{n-1}+\frac{2}{n}+\cdots$$

$$=\sum_{n=1}^{\infty}\frac{2}{n}.$$

而级数 $\sum\limits_{n=1}^{\infty}\dfrac{2}{n}$ 发散,所以原级数发散.

习　题　9-1

1. 根据级数收敛与发散的定义判别下列级数的收敛性. 如果收敛,求出级数的和.

(1) $\sum\limits_{n=1}^{\infty}\dfrac{1}{n(n+1)}$;

(2) $\sum\limits_{n=1}^{\infty}\ln\dfrac{n}{n+1}$;

(3) $\sum\limits_{n=1}^{\infty}\dfrac{n}{2^{n}}$;

(4) $\sum\limits_{n=1}^{\infty}(\sqrt{n+1}-\sqrt{n})$.

2. 根据级数的性质判别下列级数的收敛性,并求出其中收敛级数的和.

(1) $\sum\limits_{n=1}^{\infty}\dfrac{n}{2n+1}$;

(2) $\sum\limits_{n=1}^{\infty}\dfrac{1}{n+2}$;

(3) $\sum\limits_{n=1}^{\infty}\left(\dfrac{1}{2^{n}}-\dfrac{1}{3^{n}}\right)$;

(4) $\sum\limits_{n=1}^{\infty}\dfrac{3+(-1)^{n}}{2^{n}}$;

(5) $\sum\limits_{n=1}^{\infty}\left(\dfrac{1}{2n}+\dfrac{1}{2^{n}}\right)$.

3. 证明:如果级数 $\sum\limits_{n=1}^{\infty}u_n$ 收敛,级数 $\sum\limits_{n=1}^{\infty}v_n$ 发散,则级数 $\sum\limits_{n=1}^{\infty}(u_n+v_n)$ 发散.

4. 证明:如果级数 $\sum\limits_{n=1}^{\infty}u_n$ 收敛,则级数 $\sum\limits_{n=1}^{\infty}(u_n+u_{n+1})$ 也收敛.

5. (2011 年数学三第 3 题)设 $\{u_n\}$ 是数列,则下列命题正确的是(　　).

A. 若 $\sum\limits_{n=1}^{\infty}u_n$ 收敛,则 $\sum\limits_{n=1}^{\infty}(u_{2n-1}+u_{2n})$ 收敛

B. 若 $\sum\limits_{n=1}^{\infty}(u_{2n-1}+u_{2n})$ 收敛,则 $\sum\limits_{n=1}^{\infty}u_n$ 收敛

C. 若 $\sum\limits_{n=1}^{\infty}u_n$ 收敛,则 $\sum\limits_{n=1}^{\infty}(u_{2n-1}-u_{2n})$ 收敛

D. 若 $\sum\limits_{n=1}^{\infty}(u_{2n-1}-u_{2n})$ 收敛,则 $\sum\limits_{n=1}^{\infty}u_n$ 收敛

9.2　常数项级数的审敛法

　　研究级数时的一个重要问题是讨论其收敛性. 按照定义,级数的收敛性归结为它的部分和数列的收敛性. 但是利用定义直接讨论级数的收敛性一般是比较困难的. 此时,我们需要

借助一些间接的判别方法来判断所给级数的收敛性.

9.2.1　正项级数及其审敛法

定义 9.2.1　设有级数 $\sum\limits_{n=1}^{\infty} u_n$, 如果级数的每一项都是非负实数, 即

$$u_n \geqslant 0 \ (n=1, \ 2, \ \cdots),$$

则称此级数是**正项级数**.

正项级数是常数项级数中比较重要的一类级数. 很多级数的收敛性问题可归结为正项级数的收敛性问题.

设级数 $\sum\limits_{n=1}^{\infty} u_n$ 是正项级数, 它的部分和数列为 $\{s_n\}$. 因为 $u_n \geqslant 0$, $n=1, 2, 3, \cdots$, 所以

$$s_n = u_1 + u_2 + \cdots + u_n \leqslant u_1 + u_2 + \cdots + u_n + u_{n+1} = s_{n+1} \quad (n=1, \ 2, \ \cdots).$$

即数列 $\{s_n\}$ 单调增加: $s_1 \leqslant s_2 \leqslant \cdots \leqslant s_n \leqslant \cdots$.

如果数列 $\{s_n\}$ 有上界 M, 则根据单调有界数列收敛准则, 数列 $\{s_n\}$ 必收敛. 设极限为 s, 则有 $s_n \leqslant s \leqslant M$; 反之, 如果正项级数 $\sum\limits_{n=1}^{\infty} u_n$ 收敛于和 s, 即 $\lim\limits_{n \to \infty} s_n = s$, 由收敛数列必有界的性质, 可知数列 $\{s_n\}$ 为有界数列. 因此, 我们得到如下基本定理.

定理 9.2.1(基本原理)　正项级数 $\sum\limits_{n=1}^{\infty} u_n$ 收敛的充分必要条件是它的部分和数列 $\{s_n\}$ 有界.

根据定理 9.2.1, 在判定正项级数的收敛性时, 可以取一个收敛性已知的正项级数与它比较, 判定它的部分和数列是否有界, 从而可确定要判定的正项级数是否收敛. 在定理 9.2.1 的基础上, 可得到判别正项级数收敛性的一个基本的审敛法.

定理 9.2.2(比较审敛法)　设 $\sum\limits_{n=1}^{\infty} u_n$ 与 $\sum\limits_{n=1}^{\infty} v_n$ 是两个正项级数, 且

$$u_n \leqslant v_n (n=1, \ 2, \ \cdots),$$

(1) 如果级数 $\sum\limits_{n=1}^{\infty} v_n$ 收敛, 则级数 $\sum\limits_{n=1}^{\infty} u_n$ 也收敛;

(2) 如果级数 $\sum\limits_{n=1}^{\infty} u_n$ 发散, 则级数 $\sum\limits_{n=1}^{\infty} v_n$ 也发散.

证明　设级数 $\sum\limits_{n=1}^{\infty} u_n$ 与 $\sum\limits_{n=1}^{\infty} v_n$ 的部分和数列分别是 $\{s_n\}$ 和 $\{\sigma_n\}$, 则

$$s_n \leqslant \sigma_n (n=1, \ 2, \ \cdots).$$

根据定理 9.2.1, 可知

(1) 如果级数 $\sum\limits_{n=1}^{\infty} v_n$ 收敛, 则 $\{\sigma_n\}$ 有上界, 所以 $\{s_n\}$ 有上界, 故级数 $\sum\limits_{n=1}^{\infty} u_n$ 收敛;

(2) 如果级数 $\sum\limits_{n=1}^{\infty} u_n$ 发散, 则 $\{s_n\}$ 无上界, 从而 $\{\sigma_n\}$ 也无上界, 故级数 $\sum\limits_{n=1}^{\infty} v_n$ 发散.

由于去掉、增添或改变一个级数的有限项，以及级数的每一项同乘一个不为零的常数 c，都不会影响级数的收敛性. 我们可得如下推论：

推论 设 $\sum_{n=1}^{\infty} u_n$ 与 $\sum_{n=1}^{\infty} v_n$ 是两个正项级数，且存在正整数 N，使当 $n \geqslant N$ 时，有 $u_n \leqslant cv_n (c > 0)$ 成立，则

(1) 如果级数 $\sum_{n=1}^{\infty} v_n$ 收敛，有成立则级数 $\sum_{n=1}^{\infty} u_n$ 也收敛；

(2) 如果级数 $\sum_{n=1}^{\infty} u_n$ 发散，则级数 $\sum_{n=1}^{\infty} v_n$ 也发散.

定理 9.2.1 表明，可以利用已知级数的收敛性来判别所要考虑级数的收敛性. 于是，要想利用比较审敛法，就必须知道一些级数的收敛性作为基础.

例 9.2.1 讨论 p 级数

$$\sum_{n=1}^{\infty} \frac{1}{n^p} = 1 + \frac{1}{2^p} + \frac{1}{3^p} + \cdots + \frac{1}{n^p} + \cdots \tag{9.2.1}$$

的收敛性，其中常数 $p > 0$.

证明 p 级数的收敛性与数 p 有关. 当 $p \leqslant 1$ 时，

$$\frac{1}{n^p} \geqslant \frac{1}{n}, \quad n = 1, 2, \cdots.$$

而调和级数 $\sum_{n=1}^{\infty} \frac{1}{n}$ 发散，由比较审敛法得级数 (9.2.1) 发散.

当 $p > 1$ 时，由 $n - 1 \leqslant x \leqslant n$ 有 $\frac{1}{n^p} \leqslant \frac{1}{x^p}$，可得

$$\frac{1}{n^p} = \int_{n-1}^{n} \frac{1}{n^p} \mathrm{d}x \leqslant \int_{n-1}^{n} \frac{1}{x^p} \mathrm{d}x = \frac{1}{p-1}\left[\frac{1}{(n-1)^{p-1}} - \frac{1}{n^{p-1}}\right] \quad (n = 2, 3, \cdots).$$

从而级数 (9.2.1) 的部分和

$$s_n = 1 + \frac{1}{2^p} + \frac{1}{3^p} + \cdots + \frac{1}{n^p} \leqslant 1 + \frac{1}{p-1}\left(1 - \frac{1}{n^{p-1}}\right) < 1 + \frac{1}{p-1} \quad (n = 2, 3, \cdots).$$

上式表明部分和数列 $\{s_n\}$ 有上界，根据正项级数的收敛原理，级数 (9.2.1) 收敛.

综上所述，p 级数 $\sum_{n=1}^{\infty} \frac{1}{n^p}$，当 $p \leqslant 1$ 时发散；当 $p > 1$ 时收敛.

例 9.2.2 判断下列正项级数的收敛性.

(1) $\sum_{n=1}^{\infty} \frac{1}{1 + 2^n}$;   (2) $\sum_{n=1}^{\infty} \frac{1}{\sqrt{n^3 + n}}$.

解 (1) 因为

$$\frac{1}{1 + 2^n} < \frac{1}{2^n} = \left(\frac{1}{2}\right)^n,$$

已知几何级数 $\sum\limits_{n=1}^{\infty}\left(\dfrac{1}{2}\right)^{n}$ 收敛,所以由比较审敛法知,级数 $\sum\limits_{n=1}^{\infty}\dfrac{1}{1+2^{n}}$ 收敛.

(2) 因为

$$\frac{1}{\sqrt{n^{3}+n}}<\frac{1}{\sqrt{n^{3}}}=\frac{1}{n^{\frac{3}{2}}},$$

而 p 级数 $\sum\limits_{n=1}^{\infty}\dfrac{1}{n^{\frac{3}{2}}}$ 收敛的,根据比较审敛法,所以级数 $\sum\limits_{n=1}^{\infty}\dfrac{1}{\sqrt{n^{3}+n}}$ 收敛.

定理 9.2.2 给出的是比较审敛法的不等式形式. 比较审敛法还有极限形式,在很多情况下它使用起来更为方便.

定理 9.2.3(比较审敛法的极限形式) 设 $\sum\limits_{n=1}^{\infty}u_{n}$ 与 $\sum\limits_{n=1}^{\infty}v_{n}$ 是两个正项级数,且

$$\lim_{n\to\infty}\frac{u_{n}}{v_{n}}=l \quad (0\leqslant l\leqslant+\infty).$$

(1) 如果 $0<l<+\infty$,则级数 $\sum\limits_{n=1}^{\infty}u_{n}$ 与 $\sum\limits_{n=1}^{\infty}v_{n}$ 同时收敛或同时发散;

(2) 如果 $l=0$,且级数 $\sum\limits_{n=1}^{\infty}v_{n}$ 收敛,则级数 $\sum\limits_{n=1}^{\infty}u_{n}$ 也收敛;

(3) 如果 $l=+\infty$,且级数 $\sum\limits_{n=1}^{\infty}v_{n}$ 发散,则级数 $\sum\limits_{n=1}^{\infty}u_{n}$ 也发散.

证明 由于

$$\lim_{n\to\infty}\frac{u_{n}}{v_{n}}=l.$$

(1) 如果 $0<l<+\infty$,对 $\varepsilon=\dfrac{l}{2}>0$,$\exists N\in\mathbf{N}^{+}$,$\forall n>N$,有

$$\left|\frac{u_{n}}{v_{n}}-l\right|<\frac{l}{2}\Rightarrow\frac{l}{2}<\frac{u_{n}}{v_{n}}<\frac{3l}{2}\Rightarrow\frac{l}{2}v_{n}<u_{n}<\frac{3l}{2}v_{n}.$$

根据定理 9.2.2,如果级数 $\sum\limits_{n=1}^{\infty}v_{n}$ 收敛,由 $u_{n}<\dfrac{3l}{2}v_{n}(n>N)$ 知级数 $\sum\limits_{n=1}^{\infty}u_{n}$ 收敛;如果级数 $\sum\limits_{n=1}^{\infty}u_{n}$ 收敛,由 $\dfrac{l}{2}v_{n}<u_{n}(n>N)$ 知级数 $\sum\limits_{n=1}^{\infty}v_{n}$ 收敛. 故级数 $\sum\limits_{n=1}^{\infty}u_{n}$ 与 $\sum\limits_{n=1}^{\infty}v_{n}$ 同时收敛或同时发散.

(2) 如果 $l=0$,对 $\varepsilon=1>0$,$\exists N\in\mathbf{N}^{+}$,$\forall n>N$,有

$$\frac{u_{n}}{v_{n}}<1\Rightarrow u_{n}<v_{n}.$$

根据定理 9.2.2,由级数 $\sum\limits_{n=1}^{\infty}v_{n}$ 收敛可得级数 $\sum\limits_{n=1}^{\infty}u_{n}$ 也收敛.

(3) 如果 $l=+\infty$,对 $c>0$,$\exists N\in\mathbf{N}^{+}$,$\forall n>N$,有

$$\frac{u_n}{v_n} > c \Rightarrow u_n > cv_n.$$

于是，由级数 $\sum\limits_{n=1}^{\infty} v_n$ 发散可知级数 $\sum\limits_{n=1}^{\infty} u_n$ 发散.

由该定理 9.2.3 可知，要判断一个正项级数的收敛性，只要找到另一个合适的已知收敛或发散的正项级数，研究它们一般项之比的极限即可. 如何选取一个合适的已知收敛或发散的正项级数，是运用该定理来解决问题的关键. 在实际应用中，往往会考虑几何级数、调和级数以及 p 级数.

例 9.2.3 判断下列正项级数的收敛性.

(1) $\sum\limits_{n=1}^{\infty} 2^n \sin \dfrac{\pi}{3^n}$； (2) $\sum\limits_{n=1}^{\infty} \ln\left(1 + \dfrac{1}{n}\right)$.

解 (1) 因为当 $n \to \infty$ 时，$\sin \dfrac{\pi}{3^n} \sim \dfrac{\pi}{3^n}$，令 $v_n = \left(\dfrac{2}{3}\right)^n$，则

$$\lim_{n\to\infty} \frac{2^n \sin \dfrac{\pi}{3^n}}{\left(\dfrac{2}{3}\right)^n} = \lim_{n\to\infty} \frac{2^n \sin \dfrac{\pi}{3^n}}{\left(\dfrac{\pi}{3^n}\right)} \cdot \pi = \pi,$$

已知级数 $\sum\limits_{n=1}^{\infty} \left(\dfrac{2}{3}\right)^n$ 收敛，所以由定理 9.2.3 知此级数收敛.

(2) 因为当 $n \to \infty$ 时，$\ln\left(1 + \dfrac{1}{n}\right) \sim \dfrac{1}{n}$，即

$$\lim_{n\to\infty} \frac{\ln\left(1 + \dfrac{1}{n}\right)}{\dfrac{1}{n}} = 1,$$

已知级数 $\sum\limits_{n=1}^{\infty} \dfrac{1}{n}$ 发散，所以由定理 9.2.3 知此级数发散.

从上面的各例可以看到，用比较审敛法时，依赖于已知收敛性的正项级数. 由于已知收敛性的正项级数很有限，所以在实际过程中，比较审敛法使用起来难度还是比较大. 为此我们再介绍两个实用上更方便的审敛法——比值审敛法与根值审敛法.

定理 9.2.4(比值审敛法，达朗贝尔判别法) 设 $\sum\limits_{n=1}^{\infty} u_n$ 是正项级数，且

$$\lim_{n\to\infty} \frac{u_{n+1}}{u_n} = l,$$

则

(1) 当 $l < 1$ 时，级数 $\sum\limits_{n=1}^{\infty} u_n$ 收敛；

(2) 当 $l > 1$ 或 $\lim\limits_{n\to\infty} \dfrac{u_{n+1}}{u_n} = +\infty$ 时，级数 $\sum\limits_{n=1}^{\infty} u_n$ 发散.

证明 由于

$$\lim_{n \to \infty} \frac{u_{n+1}}{u_n} = l,$$

(1) 如果 $l < 1$，取 $q : l < q < 1$，则对 $\varepsilon = q - l > 0$，$\exists N \in \mathbf{N}^+$，$\forall n \geqslant N$，有

$$\left| \frac{u_{n+1}}{u_n} - l \right| < q - l \Rightarrow u_{n+1} < u_n q.$$

于是

$$u_n < u_N q^{n-N} = \frac{u_N}{q^N} q^n \quad (n > N).$$

而几何级数 $\sum_{n=1}^{\infty} q^n (0 < q < 1)$ 收敛，由比较审敛法知，级数 $\sum_{n=1}^{\infty} u_n$ 收敛.

(2) 如果 $l > 1$，对 $\varepsilon = l - 1 > 0$，$\exists N \in \mathbf{N}^+$，$\forall n \geqslant N$，有

$$\left| \frac{u_{n+1}}{u_n} - l \right| < l - 1 \Rightarrow \frac{u_{n+1}}{u_n} > 1 \Rightarrow u_{n+1} > u_n.$$

于是

$$u_n > u_N > 0 \quad (n > N),$$

所以 $\lim_{n \to \infty} u_n \neq 0$，由级数收敛的必要条件知，级数 $\sum_{n=1}^{\infty} u_n$ 发散.

类似地，可以证明当 $\lim_{n \to \infty} \frac{u_{n+1}}{u_n} = +\infty$ 时，级数 $\sum_{n=1}^{\infty} u_n$ 发散.

注意 当 $l = 1$ 时，级数 $\sum_{n=1}^{\infty} u_n$ 可能收敛也可能发散，即此时比值审敛法失效. 例如，级数 $\sum_{n=1}^{\infty} \frac{1}{n}$ 与 $\sum_{n=1}^{\infty} \frac{1}{n^2}$，显然

$$\lim_{n \to \infty} \frac{\dfrac{1}{n+1}}{\dfrac{1}{n}} = 1, \quad \lim_{n \to \infty} \frac{\dfrac{1}{(n+1)^2}}{\dfrac{1}{n^2}} = 1.$$

但级数 $\sum_{n=1}^{\infty} \frac{1}{n}$ 发散，而级数 $\sum_{n=1}^{\infty} \frac{1}{n^2}$ 收敛.

例 9.2.4 判别下列正项级数的收敛性.

(1) $\sum_{n=1}^{\infty} \frac{1}{n!}$；　　　　　　　　　(2) $\sum_{n=1}^{\infty} \frac{10^n}{n^2}$.

解 （1）由于

$$\lim_{n \to \infty} \frac{u_{n+1}}{u_n} = \lim_{n \to \infty} \frac{n!}{(n+1)!} = \lim_{n \to \infty} \frac{1}{n+1} = 0 (< 1),$$

所以,根据比值审敛法可知,所给级数收敛.

（2）由于

$$\lim_{n \to \infty} \frac{u_{n+1}}{u_n} = \lim_{n \to \infty} \frac{10^{n+1} \cdot n^2}{(n+1)^2 \cdot 10^n} = 10 \lim_{n \to \infty} \left(\frac{n}{n+1} \right)^2 = 10 (>1),$$

所以,根据比值审敛法可知,所给级数发散.

定理 9.2.5(根值审敛法,柯西判别法) 设 $\sum\limits_{n=1}^{\infty} u_n$ 是正项级数,且

$$\lim_{n \to \infty} \sqrt[n]{u_n} = l,$$

则

（1）当 $l < 1$ 时,级数 $\sum\limits_{n=1}^{\infty} u_n$ 收敛；

（2）当 $l > 1$ 或 $\lim\limits_{n \to \infty} \sqrt[n]{u_n} = +\infty$ 时,级数 $\sum\limits_{n=1}^{\infty} u_n$ 发散.

根值审敛法的证明思路与比值审敛法的证明思路一致. 请读者自己完成这个证明.

类似于比值审敛法,当 $l = 1$ 时,级数 $\sum\limits_{n=1}^{\infty} u_n$ 可能收敛也可能发散,即此时比值审敛法失效. 其收敛性需另行判别.

例 9.2.5 判别正项级数 $\sum\limits_{n=1}^{\infty} \frac{1}{n^n}$ 的收敛性.

解 由于

$$\lim_{n \to \infty} \sqrt[n]{u_n} = \lim_{n \to \infty} \sqrt[n]{\frac{1}{n^n}} = \lim_{n \to \infty} \frac{1}{n} = 0 \quad (<1),$$

所以,根据根值审敛法知所给级数是收敛的.

9.2.2 交错级数及莱布尼茨定理

定义 9.2.2 各项正负交错的常数项级数称为交错级数. 它的一般形式为

$$\sum_{n=1}^{\infty} (-1)^{n-1} u_n \quad (u_n > 0) \quad \text{或} \quad \sum_{n=1}^{\infty} (-1)^n u_n \quad (u_n > 0).$$

由于

$$\sum_{n=1}^{\infty} (-1)^n u_n = -\sum_{n=1}^{\infty} (-1)^{n-1} u_n,$$

可知级数 $\sum\limits_{n=1}^{\infty} (-1)^n u_n$ 与 $\sum\limits_{n=1}^{\infty} (-1)^{n-1} u_n$ 具有相同的收敛性. 因此,只需讨论形如 $\sum\limits_{n=1}^{\infty} (-1)^{n-1} u_n$ $(u_n > 0)$ 的交错级数的收敛性.

定理 9.2.6(莱布尼茨定理) 如果交错级数 $\sum\limits_{n=1}^{\infty} (-1)^{n-1} u_n (u_n > 0)$ 满足条件：

(1) $u_n \geqslant u_{n+1} (n=1, 2, 3, \cdots)$；

(2) $\lim\limits_{n\to\infty} u_n = 0$，

则交错级数 $\sum\limits_{n=1}^{\infty} (-1)^{n-1} u_n$ 收敛，且其和 $s \leqslant u_1$，其余项 r_n 的绝对值

$$|r_n| = \Big| \sum_{k=n+1}^{\infty} (-1)^{k-1} u_k \Big| \leqslant u_{n+1}.$$

分析 设 $\sum\limits_{n=1}^{\infty} (-1)^{n-1} u_n$ 的部分和数列为 $\{s_n\}$. 由级数收敛的定义，就是要证明 $\{s_n\}$ 收敛. 如果能够证明它的偶子列 $\{s_{2n}\}$ 与奇子列 $\{s_{2n+1}\}$ 都收敛，且极限相等，则数列 $\{s_n\}$ 收敛.

证明 设 $\sum\limits_{n=1}^{\infty} (-1)^{n-1} u_n$ 的部分和数列为 $\{s_n\}$. 对于 $\{s_n\}$ 的偶子列 $\{s_{2n}\}$，有

$$s_{2(n+1)} - s_{2n} = s_{2n+2} - s_{2n} = u_{2n+1} - u_{2n+2} \geqslant 0,$$

即 $\{s_{2n}\}$ 单调增加.

又

$$
\begin{aligned}
s_{2n} &= u_1 - u_2 + u_3 - u_4 + \cdots + u_{2n-1} - u_{2n} \\
&= u_1 - (u_2 - u_3) - (u_4 - u_5) - \cdots - (u_{2n-2} - u_{2n-1}) - u_{2n} \leqslant u_1,
\end{aligned}
$$

即 $\{s_{2n}\}$ 有上界. 故偶子列 $\{s_{2n}\}$ 收敛，设 $\lim\limits_{n\to\infty} s_{2n} = s$.

对于 $\{s_n\}$ 的奇子列 $\{s_{2n+1}\}$，因为

$$s_{2n+1} = s_{2n} + u_{2n+1},$$

由条件 (2) 知 $\lim\limits_{n\to\infty} u_{2n+1} = 0$，所以

$$\lim_{n\to\infty} s_{2n+1} = \lim_{n\to\infty} s_{2n} + \lim_{n\to\infty} u_{2n+1} = s,$$

即奇子列 $\{s_{2n+1}\}$ 也收敛于 s.

于是，部分和数列 $\{s_n\}$ 收敛，由定义知 $\sum\limits_{n=1}^{\infty} (-1)^{n-1} u_n$ 收敛.

其次，显然

$$
\begin{aligned}
|r_n| = \Big| \sum_{k=n+1}^{\infty} (-1)^{k-1} u_k \Big| &= | u_{n+1} - u_{n+2} + u_{n+3} - u_{n+4} + \cdots | \\
&= u_{n+1} - u_{n+2} + u_{n+3} - u_{n+4} + \cdots \\
&= u_{n+1} - (u_{n+2} - u_{n+3}) - (u_{n+4} - u_{n+5}) - \cdots \leqslant u_{n+1}.
\end{aligned}
$$

定理 9.2.6 不仅指出交错级数 $\sum\limits_{n=1}^{\infty} (-1)^{n-1} u_n$ 的收敛性，而且还给出余项的估计式，这一点在用级数作近似计算时往往是很有用的.

例 9.2.6 判别下列交错级数的收敛性.

(1) $\sum\limits_{n=1}^{\infty} (-1)^{n-1} \dfrac{1}{n^2}$；

(2) $\sum\limits_{n=2}^{\infty} \dfrac{(-1)^n}{\ln n}$.

解 （1）所给级数是交错级数.

由于

$$\frac{1}{n^2} > \frac{1}{(n+1)^2} \quad (n=1,2,\cdots)$$

$$\lim_{n\to\infty}\frac{1}{n^2}=0.$$

因此根据莱布尼茨定理可知，级数 $\sum\limits_{n=1}^{\infty}(-1)^{n-1}\dfrac{1}{n^2}$ 收敛. 且其和 $s\leqslant 1$，如果取前 n 项的和

$$s_n \leqslant 1-\frac{1}{2^2}+\frac{1}{3^2}-\cdots+(-1)^{n-1}\frac{1}{n^2}$$

作为 s 的近似值，则所产生的误差 $|r_n|\leqslant\dfrac{1}{(n+1)^2}=u_{n+1}$.

（2）所给级数是交错级数.

由于 $\ln x$ 为单调递增函数，所以 $\dfrac{1}{\ln x}$ 为单调递减函数，于是有

$$\frac{1}{\ln n} > \frac{1}{\ln(n+1)} \quad (n=2,3,\cdots)$$

$$\lim_{n\to\infty}\frac{1}{\ln n}=0.$$

因此根据莱布尼茨定理可知，级数 $\sum\limits_{n=2}^{\infty}\dfrac{(-1)^n}{\ln n}$ 收敛，且其和 $s\leqslant\dfrac{1}{\ln 2}$.

9.2.3　级数的绝对收敛与条件收敛

讨论一般的级数 $\sum\limits_{n=1}^{\infty}u_n$，它的各项为任意实数，我们称之为**任意项级数**. 它的每一项取绝对值后所构成的级数 $\sum\limits_{n=1}^{\infty}|u_n|$ 是一个正项级数.

定义 9.2.3　设有级数 $\sum\limits_{n=1}^{\infty}u_n$，如果级数 $\sum\limits_{n=1}^{\infty}|u_n|$ 收敛，则称级数 $\sum\limits_{n=1}^{\infty}u_n$ **绝对收敛**；如果级数 $\sum\limits_{n=1}^{\infty}|u_n|$ 发散，但级数 $\sum\limits_{n=1}^{\infty}u_n$ 收敛，则称级数 $\sum\limits_{n=1}^{\infty}u_n$ **条件收敛**.

例如，$\sum\limits_{n=1}^{\infty}(-1)^{n-1}\dfrac{1}{n^2}$ 是绝对收敛级数，而 $\sum\limits_{n=1}^{\infty}(-1)^{n-1}\dfrac{1}{n}$ 是条件收敛级数.

级数绝对收敛与级数收敛有以下重要的关系：

定理 9.2.7（绝对收敛定理）　如果级数 $\sum\limits_{n=1}^{\infty}u_n$ 的每一项取绝对值后所构成的正项级数

$\sum\limits_{n=1}^{\infty}|u_n|$ 收敛,则原级数 $\sum\limits_{n=1}^{\infty}u_n$ 也收敛. 即**绝对收敛的级数必然收敛**.

证明　令

$$v_n=\frac{1}{2}(u_n+|u_n|),\quad n=1,2,\cdots.$$

显然

$$0\leqslant v_n\leqslant|u_n|,\quad n=1,2,\cdots,$$

因为级数 $\sum\limits_{n=1}^{\infty}|u_n|$ 收敛,根据比较审敛法知级数 $\sum\limits_{n=1}^{\infty}v_n$ 收敛,从而级数 $\sum\limits_{n=1}^{\infty}2v_n$ 也收敛. 根据级数的基本性质,由 $u_n=2v_n-|u_n|$ 可知,级数 $\sum\limits_{n=1}^{\infty}u_n$ 收敛.

注意　该定理的逆命题不成立,即当级数 $\sum\limits_{n=1}^{\infty}u_n$ 收敛时,级数 $\sum\limits_{n=1}^{\infty}|u_n|$ 可能发散.

例如：交错级数 $\sum\limits_{n=1}^{\infty}(-1)^{n-1}\dfrac{1}{n}$ 收敛,而级数 $\sum\limits_{n=1}^{\infty}\left|(-1)^{n-1}\dfrac{1}{n}\right|=\sum\limits_{n=1}^{\infty}\dfrac{1}{n}$ 发散.

当级数 $\sum\limits_{n=1}^{\infty}|u_n|$ 发散时,一般不能推出原级数 $\sum\limits_{n=1}^{\infty}u_n$ 的收敛性. 但是,当运用比值审敛法或者根值审敛法来判别正项级数 $\sum\limits_{n=1}^{\infty}|u_n|$,而知其为发散时,就可以断言级数 $\sum\limits_{n=1}^{\infty}u_n$ 亦发散. 这是因为利用比值审敛法或者根值审敛法来判定一个正项级数 $\sum\limits_{n=1}^{\infty}|u_n|$ 为发散时,是根据 $\lim\limits_{n\to\infty}|u_n|\neq0$ 而得到,从而 $\lim\limits_{n\to\infty}u_n\neq0$,由收敛级数的必要条件知级数 $\sum\limits_{n=1}^{\infty}u_n$ 发散.

定理 9.2.8　设 $\sum\limits_{n=1}^{\infty}u_n$ 为任意的常数项级数. 如果极限

$$\lim_{n\to\infty}\left|\frac{u_{n+1}}{u_n}\right|\quad(\text{或}\ \lim_{n\to\infty}\sqrt[n]{|u_n|})=l,$$

则当 $l<1$ 时,级数 $\sum\limits_{n=1}^{\infty}u_n$ 绝对收敛;当 $l>1$ 或 $\lim\limits_{n\to\infty}\left|\dfrac{u_{n+1}}{u_n}\right|$ (或 $\lim\limits_{n\to\infty}\sqrt[n]{|u_n|}$)$=+\infty$ 时,级数 $\sum\limits_{n=1}^{\infty}u_n$ 发散.

例 9.2.7　判定下列级数的收敛性,若收敛,指出其是绝对收敛还是条件收敛的.

(1) $\sum\limits_{n=1}^{\infty}(-1)^{n-1}\dfrac{n}{5^{n-1}}$；　　　　　　　　(2) $\sum\limits_{n=1}^{\infty}(-1)^n\sin\dfrac{1}{n}$.

解　(1) 由于

$$\lim_{n\to\infty}\left|\frac{u_{n+1}}{u_n}\right|=\frac{1}{5}\lim_{n\to\infty}\frac{n+1}{n}=\frac{1}{5}<1,$$

所以,由推论知级数 $\sum\limits_{n=1}^{\infty}(-1)^{n-1}\dfrac{n}{3^{n-1}}$ 绝对收敛.

（2）由

$$\sum_{n=1}^{\infty} \left| (-1)^n \sin \frac{1}{n} \right| = \sum_{n=1}^{\infty} \sin \frac{1}{n},$$

因为

$$\lim_{n \to \infty} \frac{\sin \frac{1}{n}}{\frac{1}{n}} = 1,$$

而级数 $\sum\limits_{n=1}^{\infty} \dfrac{1}{n}$ 发散，根据比较审敛法，级数 $\sum\limits_{n=1}^{\infty} \sin \dfrac{1}{n} = \sum\limits_{n=1}^{\infty} \left| (-1)^n \sin \dfrac{1}{n} \right|$ 发散.

又因为

$$\sin \frac{1}{n} > \sin \frac{1}{n+1} \quad (n \geqslant 1)$$

及

$$\lim_{n \to \infty} \sin \frac{1}{n} = 0,$$

由莱布尼茨定理知，级数 $\sum\limits_{n=1}^{\infty} (-1)^n \sin \dfrac{1}{n}$ 收敛.

故级数 $\sum\limits_{n=1}^{\infty} (-1)^n \sin \dfrac{1}{n}$ 条件收敛.

习 题 9-2

1. 用比较审敛法或其极限形式判别下列级数的收敛性.

(1) $\sum\limits_{n=1}^{\infty} \dfrac{1}{2n-1}$;

(2) $\sum\limits_{n=1}^{\infty} \dfrac{1}{1+a^n} \quad (a > 1)$;

(3) $\sum\limits_{n=1}^{\infty} (\sqrt{n^2+1} - \sqrt{n^2-1})$;

(4) $\sum\limits_{n=2}^{\infty} \dfrac{1}{\sqrt[3]{n^2-1}}$;

(5) $\sum\limits_{n=2}^{\infty} \dfrac{1}{n^2 \ln n}$;

(6) $\sum\limits_{n=1}^{\infty} (\sqrt[n]{n} - 1)$;

(7) $\sum\limits_{n=1}^{\infty} \left(\dfrac{1}{n} - \ln \dfrac{n+1}{n} \right)$;

(8) $\sum\limits_{n=1}^{\infty} \left(1 - \cos \dfrac{1}{n} \right)$;

(9) $\sum\limits_{n=1}^{\infty} \dfrac{\ln n}{n^2}$;

(10) $\sum\limits_{n=2}^{\infty} \dfrac{1}{\ln n}$.

2. 用比值审敛法和根值审敛法判别下列级数的收敛性.

(1) $\sum\limits_{n=1}^{\infty} \dfrac{n^n}{(n!)^2}$;

(2) $\sum\limits_{n=1}^{\infty} \dfrac{2^n}{n^2}$;

(3) $\sum\limits_{n=1}^{\infty} \dfrac{(n+1)!}{10^n}$;

(4) $\sum\limits_{n=1}^{\infty} n^2 \sin \dfrac{\pi}{2^n}$;

(5) $\sum\limits_{n=1}^{\infty} \dfrac{(2n)!}{(n!)^2}$;　　　　　　　　　　(6) $\sum\limits_{n=1}^{\infty} \dfrac{2^n n!}{n^n}$;

(7) $\sum\limits_{n=1}^{\infty} \left(\dfrac{2n}{n+1}\right)^n$;　　　　　　　　　(8) $\sum\limits_{n=1}^{\infty} \dfrac{1}{[\ln(n+1)]^n}$.

3. 判别下列级数的收敛性,并指出是绝对收敛还是条件收敛.

(1) $\sum\limits_{n=1}^{\infty} (-1)^{n-1} \dfrac{\ln n}{\sqrt{n}}$;　　　　　　　(2) $\sum\limits_{n=1}^{\infty} (-1)^{n-1} \dfrac{1}{n^{p+\frac{1}{n}}}$ $(p>1)$;

(3) $\sum\limits_{n=2}^{\infty} (-1)^n \dfrac{1}{\ln n}$;　　　　　　　(4) $\sum\limits_{n=1}^{\infty} \dfrac{(-1)^n}{\sqrt{n}} \ln\left(1+\dfrac{1}{n}\right)$;

(5) $\sum\limits_{n=1}^{\infty} \dfrac{\cos n\alpha}{n(n+1)}$;　　　　　　　(6) $\sum\limits_{n=1}^{\infty} \dfrac{(-1)^{n-1}}{\sqrt{n}}$;

(7) $\sum\limits_{n=0}^{\infty} \dfrac{x^n}{n!}$.

4. (2012 年数学三第 4 题)已知级数 $\sum\limits_{n=1}^{\infty} (-1)^n \sqrt{n} \sin \dfrac{1}{n^\alpha}$ 绝对收敛,级数 $\sum\limits_{n=1}^{\infty} \dfrac{(-1)^n}{n^{2-\alpha}}$ 条件收敛,则 α 的范围为(　　).

A. $0 < \alpha \leqslant \dfrac{1}{2}$;　　　　　　　　　B. $\dfrac{1}{2} < \alpha \leqslant 1$;

C. $1 < \alpha \leqslant \dfrac{3}{2}$;　　　　　　　　　D. $\dfrac{3}{2} < \alpha < 2$.

9.3　幂　级　数

在前面的内容中,我们讨论了常数项级数. 这一节,我们将介绍函数项级数以及一种特殊的函数项级数——幂级数及其性质.

9.3.1　函数项级数的概念

定义 9.3.1　设 $u_n(x)$ $(n=1,2,3,\cdots)$ 是定义在区间 I 上的函数列,称由这函数列构成的表达式

$$u_1(x) + u_2(x) + \cdots + u_n(x) + \cdots \tag{9.3.1}$$

为定义在区间 I 上的**函数项无穷级数**,简称为**函数项级数**. 记为 $\sum\limits_{n=1}^{\infty} u_n(x)$,$x \in I$.

例如

$$\sum_{n=1}^{\infty} x^{n-1} = 1 + x + x^2 + \cdots + x^n + \cdots$$

对于每一个确定的值 $x_0 \in I$,级数 $\sum\limits_{n=1}^{\infty} u_n(x_0)$ 就是一个常数项级数. 由此可见,函数项级数(9.3.1)在点 x_0 处的收敛性由常数项级数 $\sum\limits_{n=1}^{\infty} u_n(x_0)$ 完全确定.

定义 9.3.2　如果常数项级数 $\sum\limits_{n=1}^{\infty} u_n(x_0)$ 收敛(发散),则称函数项级数(9.3.1)在点 x_0

处收敛(发散),或称点 x_0 是函数项级数(9.3.1)的收敛点(发散点). 函数项级数(9.3.1)所有收敛点的集合称为它的**收敛域**;函数项级数(9.3.1)所有发散点的集合称为它的**发散域**.

设函数项级数(9.3.1)的收敛域为 $D \subset I$,则对任意 $x \in D$,常数项级数 $\sum\limits_{n=1}^{\infty} u_n(x)$ 收敛,设其和为 $s(x)$,即 $\sum\limits_{n=1}^{\infty} u_n(x) = s(x)$. 可见 $s(x)$ 是 D 上的一个函数,称 $s(x)$ 是函数项级数(9.3.1)的**和函数**,记为

$$\sum_{n=1}^{\infty} u_n(x) = s(x), \quad x \in D.$$

有限和

$$s_n(x) = u_1(x) + u_2(x) + \cdots + u_n(x) = \sum_{k=1}^{n} u_k(x)$$

称为函数项级数(9.3.1)的前 n 项部分和,简称部分和. 则在收敛域 D 上有

$$\lim_{n \to \infty} s_n(x) = s(x).$$

例如

$$\sum_{n=1}^{\infty} x^{n-1} = 1 + x + x^2 + \cdots + x^n + \cdots$$

的和函数为

$$s(x) = \frac{1}{1-x}, \quad x \in (-1, 1),$$

即有

$$\frac{1}{1-x} = 1 + x + x^2 + \cdots + x^n + \cdots, \quad x \in (-1, 1).$$

9.3.2 幂级数及其收敛区间

定义 9.3.3 形如

$$\sum_{n=0}^{\infty} a_n(x - x_0)^n = a_0 + a_1(x - x_0) + a_2(x - x_0)^2 + \cdots + a_n(x - x_0)^n + \cdots$$

$$(9.3.2)$$

的函数项级数称为**幂级数**,其中 x_0 是任意给定实数,$a_n(n = 0, 1, 2, \cdots)$ 都是常数,称为**幂级数的系数**.

幂级数是函数项级数中简单而常用的一类. 由于幂级数结构比较简单,它在很多理论及实际问题上有重要的应用.

当 $x_0 = 0$ 时,幂级数化为形式

$$\sum_{n=0}^{\infty} a_n x^n = a_0 + a_1 x + a_2 x^2 + \cdots + a_n x^n + \cdots. \tag{9.3.3}$$

在式(9.3.2)中,如果作变量代换 $t = x - x_0$,则式(9.3.2)化为形式

$$\sum_{n=0}^{\infty} a_n t^n = a_0 + a_1 t + a_2 t^2 + \cdots + a_n t^n + \cdots,$$

所以不失一般性,我们着重讨论幂级数(9.3.3)的收敛性问题.

对于幂级数(9.3.3),设

$$\lim_{n \to \infty} \left| \frac{a_{n+1}}{a_n} \right| = l,$$

则

$$\lim_{n \to \infty} \left| \frac{u_{n+1}}{u_n} \right| = \lim_{n \to \infty} \left| \frac{a_{n+1} x^{n+1}}{a_n x^n} \right| = l \mid x \mid.$$

于是,由 9.2 节的定理可得:

(1) 如果 $0 < l < +\infty$,则当 $l \mid x \mid < 1$,即 $\mid x \mid < \dfrac{1}{l}$ 时,幂级数(9.3.3)绝对收敛;当 $l \mid x \mid > 1$,即 $\mid x \mid > \dfrac{1}{l}$ 时,幂级数(9.3.3)发散;当 $l \mid x \mid = 1$,即 $x = \pm \dfrac{1}{l}$ 时,幂级数(9.3.3)可能收敛也可能发散. 称此数 $\dfrac{1}{l} = R$ 为幂级数的**收敛半径**,$(-R, R)$ 称为幂级数(9.3.3)的**收敛区间**,幂级数的收敛区间再加上它的收敛端点,就是它的**收敛域**;

(2) 如果 $l = 0$,则对任意 $x \in (-\infty, +\infty)$,有 $l \mid x \mid = 0 < 1$,这时幂级数(9.3.3)处处收敛,即收敛域为 $(-\infty, +\infty)$. 此时,约定收敛半径 $R = +\infty$;

(3) 如果 $l = +\infty$,则对任意 $x \neq 0$,$l \mid x \mid = +\infty$,这时幂级数(9.3.3)仅在点 $x = 0$ 处收敛,即收敛域为单点集 $\{0\}$. 此时,约定收敛半径 $R = 0$.

由以上讨论过程可以看出,幂级数(9.3.3)的收敛域总是一个包含原点在内的区间(特殊情况缩为一点).

下面的定理给出了一种求幂级数的收敛半径的方法.

定理 9.3.1 设有幂级数 $\displaystyle\sum_{n=0}^{\infty} a_n x^n$,如果

$$\lim_{n \to \infty} \left| \frac{a_{n+1}}{a_n} \right| = l,$$

则幂级数的收敛半径

$$R = \begin{cases} \dfrac{1}{l}, & 0 < l < +\infty, \\ +\infty, & l = 0, \\ 0, & l = +\infty. \end{cases}$$

例 9.3.1 求幂级数 $\displaystyle\sum_{n=1}^{\infty}\frac{x^n}{n\cdot 5^n}$ 的收敛半径、收敛区间和收敛域.

解 因为

$$l=\lim_{n\to\infty}\left|\frac{a_{n+1}}{a_n}\right|=\lim_{n\to\infty}\frac{\dfrac{1}{(n+1)\cdot 5^{n+1}}}{\dfrac{1}{n\cdot 5^n}}=\frac{1}{5},$$

所以收敛半径 $R=\dfrac{1}{l}=5$，收敛区间是 $(-5,5)$.

当 $x=5$ 时，级数 $\displaystyle\sum_{n=1}^{\infty}\frac{x^n}{n\cdot 5^n}=\sum_{n=1}^{\infty}\frac{1}{n}$ 为调和级数，发散；当 $x=-5$ 时，$\displaystyle\sum_{n=1}^{\infty}\frac{x^n}{n\cdot 5^n}=$

$\displaystyle\sum_{n=1}^{\infty}\frac{(-1)^n}{n}$ 为莱布尼茨级数，收敛.

所以，收敛域为 $[-5,5)$.

例 9.3.2 求幂级数 $\displaystyle\sum_{n=1}^{\infty}\frac{1}{n!}x^n$ 的收敛半径和收敛域.

解 因为

$$l=\lim_{n\to\infty}\left|\frac{a_{n+1}}{a_n}\right|=\lim_{n\to\infty}\frac{\dfrac{1}{(n+1)!}}{\dfrac{1}{n!}}=\lim_{n\to\infty}\frac{1}{n+1}=0,$$

所以收敛半径 $R=+\infty$，收敛域为 $(-\infty,+\infty)$.

例 9.3.3 求幂级数 $\displaystyle\sum_{n=0}^{\infty}n!x^n$ 的收敛半径和收敛域.

解 因为

$$l=\lim_{n\to\infty}\left|\frac{a_{n+1}}{a_n}\right|=\lim_{n\to\infty}\frac{(n+1)!}{n!}=\lim_{n\to\infty}(n+1)=+\infty,$$

所以收敛半径 $R=0$，收敛域为 $\{0\}$.

注意 定理 9.3.1 的公式仅能应用于给出的标准形式：a_n 为 x^n 的系数，a_{n+1} 为 x^{n+1} 的系数. 对于非标准形式可直接应用比值审敛法.

例 9.3.4 求幂级数 $\displaystyle\sum_{n=1}^{\infty}\frac{2n-1}{2^n}x^{2n-1}$ 的收敛半径和收敛区间.

解 因为这个幂级数缺偶次幂项，不能直接利用定理 9.3.1 求收敛半径. 下面用正项级数的比值审敛法直接求收敛半径.

考虑级数 $\displaystyle\sum_{n=1}^{\infty}\left|\frac{2n-1}{2^n}x^{2n-1}\right|$，因为

$$\lim_{n\to\infty}\left|\frac{\dfrac{2(n+1)-1}{2^{n+1}}x^{2(n+1)-1}}{\dfrac{2n-1}{2^n}x^{2n-1}}\right|=\frac{1}{2}\lim_{n\to\infty}\frac{2n+1}{2n-1}\mid x\mid^2=\frac{1}{2}\mid x\mid^2,$$

当 $\frac{1}{2}\mid x\mid^2 < 1$，即 $\mid x\mid < \sqrt{2}$ 时，级数收敛；当 $\frac{1}{2}\mid x\mid^2 > 1$，即 $\mid x\mid > \sqrt{2}$ 时，级数发散.

因此，收敛半径 $R = \sqrt{2}$，收敛区间是 $(-\sqrt{2}, \sqrt{2})$.

例 9.3.5 求幂级数 $\sum\limits_{n=1}^{\infty} \frac{(x-1)^n}{3^n \cdot n}$ 的收敛半径和收敛域.

解 令 $t = x - 1$，则上述级数化为

$$\sum_{n=1}^{\infty} \frac{t^n}{3^n \cdot n}.$$

因为

$$l = \lim_{n \to \infty} \left| \frac{a_{n+1}}{a_n} \right| = \lim_{n \to \infty} \left| \frac{\frac{1}{3^{n+1} \cdot (n+1)}}{\frac{1}{3^n \cdot n}} \right| = \lim_{n \to \infty} \frac{3^n \cdot n}{3^{n+1} \cdot (n+1)} = \frac{1}{3},$$

所以收敛半径 $R = \frac{1}{l} = 3$，收敛区间 $\mid x - 1 \mid < 3$，即 $(-2, 4)$.

当 $x = 4$ 时，级数成为 $\sum\limits_{n=1}^{\infty} \frac{1}{n}$，它是调和级数，这级数发散；当 $x = -2$ 时，级数成为 $\sum\limits_{n=1}^{\infty} \frac{(-1)^n}{n}$，它是莱布尼茨级数，这级数收敛.

所以，收敛域为 $[-2, 4)$.

9.3.3 幂级数的运算及性质

1. 幂级数的运算

设幂级数 $\sum\limits_{n=0}^{\infty} a_n x^n$ 与 $\sum\limits_{n=0}^{\infty} b_n x^n$ 分别在区间 $(-R_1, R_1)$ 与 $(-R_2, R_2)$ 内收敛，那么对它们可以定义下列运算.

加减法

$$\sum_{n=0}^{\infty} a_n x^n \pm \sum_{n=0}^{\infty} b_n x^n = \sum_{n=0}^{\infty} (a_n \pm b_n) x^n,$$

等式在区间 $(-R_1, R_1) \bigcap (-R_2, R_2)$ 内成立.

乘法

$$\left(\sum_{n=0}^{\infty} a_n x^n \right) \left(\sum_{n=0}^{\infty} b_n x^n \right) = \sum_{n=0}^{\infty} c_n x^n, \quad \left(c_n = \sum_{k=0}^{n} a_k b_{n-k} \right),$$

等式在区间 $(-R_1, R_1) \bigcap (-R_2, R_2)$ 内成立.

2. 幂级数和函数的性质

幂级数的和函数有下列重要性质（证明从略）

性质 1 幂级数 $\sum\limits_{n=0}^{\infty} a_n x^n$ 的和函数 $s(x)$ 在其收敛域 I 上连续.

性质 2 幂级数 $\sum\limits_{n=0}^{\infty} a_n x^n$ 的和函数 $s(x)$ 在其收敛域 I 上可积,且有逐项积分公式

$$\int_0^x s(t)\mathrm{d}t = \int_0^x \left(\sum_{n=0}^{\infty} a_n t^n\right)\mathrm{d}t = \sum_{n=0}^{\infty} \int_0^x a_n t^n \mathrm{d}t = \sum_{n=0}^{\infty} \frac{a_n}{n+1} x^{n+1} \quad (x \in I).$$

逐项积分所得幂级数与原幂级数有相同的收敛半径.

性质 3 幂级数 $\sum\limits_{n=0}^{\infty} a_n x^n$ 的和函数 $s(x)$ 在其收敛区间 $(-R, R)$ 内可导,且有逐项求导公式

$$s'(x) = \left(\sum_{n=0}^{\infty} a_n x^n\right)' = \sum_{n=0}^{\infty} (a_n x^n)' = \sum_{n=1}^{\infty} n a_n x^{n-1}, \quad x \in (-R, R),$$

逐项求导后所得幂级数与原幂级数有相同的收敛半径.

推论 幂级数 $\sum\limits_{n=0}^{\infty} a_n x^n$ 的和函数 $s(x)$ 在其收敛区间 $(-R, R)$ 内有任意阶导数,且可逐项求导任意次,即

$$s^{(k)}(x) = \sum_{n=k}^{\infty} n(n-1)\cdots(n-k+1)a_n x^{n-k}, \quad k = 0, 1, 2, \cdots, \quad x \in (-R, R),$$

所得幂级数收敛半径也是 R.

例 9.3.6 求幂级数 $\sum\limits_{n=1}^{\infty} n x^n$ 的和函数.

解 因为

$$\lim_{n\to\infty}\left|\frac{a_{n+1}}{a_n}\right| = \lim_{n\to\infty} \frac{n+1}{n} = 1,$$

所以收敛半径 $R = 1$,收敛区间为 $(-1, 1)$.

设

$$\sum_{n=1}^{\infty} n x^n = f(x), \quad x \in (-1, 1),$$

由

$$f(x) = \sum_{n=1}^{\infty} n x^n = x \sum_{n=1}^{\infty} n x^{n-1},$$

令

$$g(x) = \sum_{n=1}^{\infty} n x^{n-1}, \quad x \in (-1, 1).$$

利用性质 2,得

$$\int_0^x g(t)\,\mathrm{d}t = \sum_{n=1}^{\infty}\int_0^x nt^{n-1}\,\mathrm{d}t = \sum_{n=1}^{\infty} x^n = \frac{x}{1-x},$$

两端对 x 求导数,得

$$g(x) = \frac{1}{(1-x)^2}.$$

所以

$$f(x) = \sum_{n=1}^{\infty} nx^n = xg(x) = \frac{x}{(1-x)^2}, \quad x \in (-1,\,1).$$

习 题 9-3

1. 求下列幂级数的收敛半径和收敛区间.

(1) $\displaystyle\sum_{n=1}^{\infty} \frac{(-1)^{n-1}}{n} x^n$;

(2) $\displaystyle\sum_{n=1}^{\infty} \frac{3^n}{2^n n!} x^n$;

(3) $\displaystyle\sum_{n=1}^{\infty} n^n (x-1)^n$;

(4) $\displaystyle\sum_{n=1}^{\infty} \frac{(-1)^{n-1}}{2n-1} x^{2n-1}$;

(5) $\displaystyle\sum_{n=1}^{\infty} \frac{(x-2)^n}{(2n-1)\cdot 2^n}$;

(6) $\displaystyle\sum_{n=1}^{\infty} \frac{(x-3)^n}{\sqrt{n}}$.

2. 求下列级数的和函数.

(1) $\displaystyle\sum_{n=0}^{\infty} (n+1)x^n$;

(2) $\displaystyle\sum_{n=1}^{\infty} \frac{x^n}{n}$;

(3) $\displaystyle\sum_{n=0}^{\infty} \frac{1}{n+1} x^n$.

3. 求函数 $f(x) = \displaystyle\sum_{n=1}^{\infty} \frac{n+1}{3^n} x^{2n}$ 的导数 $f'(x)$ 与定积分 $\displaystyle\int_0^x f(t)\,\mathrm{d}t$.

4. 求幂级数 $\displaystyle\sum_{n=1}^{\infty} \frac{x^{2n-1}}{2n-1}$ 的和函数,并求级数 $\displaystyle\sum_{n=1}^{\infty} \frac{1}{(2n-1)\cdot 2^n}$ 的和.

5. (2022 年数学三第 20 题)求幂级数 $\displaystyle\sum_{n=0}^{\infty} \frac{(-4)^n+1}{4^n(2n+1)} x^{2n}$ 的收敛域及和函数 $S(x)$.

9.4 函数的幂级数展开

在 9.3 节我们讨论了给定一个幂函数,如何求出它的和函数的表达式.本节我们讨论给定函数 $f(x)$,找出一个幂级数,它在某个区间内收敛,且其和恰为给定的函数 $f(x)$,如果这样的幂级数能够找到,就说 $f(x)$ 在该区间内可展开成幂级数.这就为研究函数性质提供了一种有效的方法.

9.4.1 泰勒级数

首先,是否任意一个在数集 I 上有定义的函数 $f(x)$ 一定可以写成形如

$$\sum_{n=0}^{\infty} a_n (x - x_0)^n \quad (x_0 \in I)$$

的幂级数呢? 显然,如果函数 $f(x)$ 能表示成幂级数 $\sum_{n=0}^{\infty} a_n (x - x_0)^n$,且其收敛半径为 $R > 0$,即

$$f(x) = \sum_{n=0}^{\infty} a_n (x - x_0)^n, \quad x \in (x_0 - R, x_0 + R),$$

根据 9.3.3 节中的推论,则函数 $f(x)$ 在区间 $(x_0 - R, x_0 + R)$ 内存在任意阶导数,且

$$f^{(k)}(x) = \sum_{n=k}^{\infty} n(n-1)\cdots(n-k+1) a_n (x - x_0)^{n-k}$$
$$= k! a_k + (k+1)k \cdots 2 a_{k+1} (x - x_0) + \cdots, \quad k = 0, 1, 2, \cdots.$$

令 $x = x_0$,得

$$f^{(k)}(x_0) = k! a_k \Rightarrow a_k = \frac{f^{(k)}(x_0)}{k!}, \quad k = 0, 1, 2, \cdots.$$

由此可见,幂级数的系数 a_k 由函数 $f(x)$ 的 k 阶导数在点 x_0 处的值唯一确定,称它们为函数 $f(x)$ 在点 x_0 处的**泰勒系数**. 因此,函数 $f(x)$ 在点 x_0 处的邻域 $(x_0 - R, x_0 + R)$ 内幂级数展开式是唯一的,即

$$f(x) = \sum_{n=0}^{\infty} \frac{f^{(n)}(x_0)}{n!} (x - x_0)^n, \quad x \in (x_0 - R, x_0 + R).$$

反过来,如果函数 $f(x)$ 在点 x_0 处的某个邻域 $(x_0 - R, x_0 + R)$ 内存在任意阶导数,则总能形式地得到幂级数

$$\sum_{n=0}^{\infty} \frac{f^{(n)}(x_0)}{n!} (x - x_0)^n, \tag{9.4.1}$$

那么

$$\sum_{n=0}^{\infty} \frac{f^{(n)}(x_0)}{n!} (x - x_0)^n = f(x), \quad x \in (x_0 - R, x_0 + R)$$

是否总成立呢? 答案是否定的.

例如,设函数

$$f(x) = \begin{cases} e^{-\frac{1}{x^2}}, & x \neq 0, \\ 0, & x = 0, \end{cases}$$

可以证明它在原点的任何一个邻域内都存在任意阶导数,且

$$f^{(n)}(0) = 0, \quad n = 0, 1, 2, \cdots,$$

将它们代入幂级数(9.4.1),得

$$\sum_{n=0}^{\infty} \frac{f^{(n)}(0)}{n!} x^n = f(0) + \frac{f'(0)}{1!}x + \cdots + \frac{f^{(n)}(0)}{n!}x^n + \cdots$$
$$= 0 \neq f(x), \quad x \in (-\infty, +\infty).$$

此例说明函数 $f(x)$ 在某点的某个邻域内存在任意阶导数这一条件并不能保证函数 $f(x)$ 一定可以表示为幂级数,也就是说条件是不充分的,那么再附加上什么条件之后,形如式(9.4.1)的幂级数一定收敛于函数 $f(x)$ 呢?

根据泰勒中值定理,如果函数 $f(x)$ 在点 x_0 处的某个邻域 $(x_0 - R, x_0 + R)$ 内存在 $n+1$ 阶导数,则

$$f(x) = \sum_{k=0}^{n} \frac{f^{(k)}(x_0)}{k!}(x - x_0)^k + R_n(x), \quad x \in (x_0 - R, x_0 + R), \quad (9.4.2)$$

其中,$R_n(x)$ 为函数 $f(x)$ 在 x_0 的 n 次泰勒余项.

因为函数 $f(x)$ 在 $(x_0 - R, x_0 + R)$ 内存在任意阶导数,所以对任意正整数 n 有式(9.4.2)成立,从而

$$\sum_{k=0}^{n} \frac{f^{(k)}(x_0)}{k!}(x - x_0)^k = f(x) - R_n(x), \quad x \in (x_0 - R, x_0 + R).$$

根据级数收敛的定义,如果

$$\lim_{n \to \infty} R_n(x) = 0, \quad x \in (x_0 - R, x_0 + R),$$

则

$$\lim_{n \to \infty}\left[\sum_{k=0}^{n} \frac{f^{(k)}(x_0)}{k!}(x - x_0)^k\right] = \lim_{n \to \infty}\left[f(x) - R_n(x)\right]$$
$$= f(x) - \lim_{n \to \infty} R_n(x) = f(x), \quad x \in (x_0 - R, x_0 + R),$$

即

$$\sum_{n=0}^{\infty} \frac{f^{(n)}(x_0)}{n!}(x - x_0)^n = f(x), \quad x \in (x_0 - R, x_0 + R).$$

另一方面,如果

$$\sum_{n=0}^{\infty} \frac{f^{(n)}(x_0)}{n!}(x - x_0)^n = f(x), \quad x \in (x_0 - R, x_0 + R),$$

则

$$\lim_{n \to \infty} R_n(x) = \lim_{n \to \infty}\left[f(x) - \sum_{k=0}^{n} \frac{f^{(k)}(x_0)}{k!}(x - x_0)^k\right] = 0, \quad x \in (x_0 - R, x_0 + R).$$

于是,可得

定理 9.4.1 设函数 $f(x)$ 在点 x_0 处的某一邻域 $U(x_0)$ 内存在任意阶导数,则函数 $f(x)$ 在该邻域内可以展开成幂级数,即

$$f(x) = \sum_{n=0}^{\infty} \frac{f^{(n)}(x_0)}{n!}(x - x_0)^n, \quad x \in U(x_0)$$

的充分必要条件是

$$\lim_{n \to \infty} R_n(x) = 0, \quad x \in U(x_0).$$

幂级数 $\sum_{n=0}^{\infty} \frac{f^{(n)}(x_0)}{n!}(x-x_0)^n$ 称为函数 $f(x)$ 在点 x_0 处的**泰勒级数**. 特别地, 当 $x_0 = 0$ 时, 幂级数 $\sum_{n=0}^{\infty} \frac{f^{(n)}(0)}{n!}x^n$ 称为函数 $f(x)$ 的**麦克劳林级数**.

定理 9.4.2 设函数 $f(x)$ 在点 x_0 处的某一邻域 $(x_0 - R, x_0 + R)$ 内存在任意阶导数, 且存在 $M > 0$, 对任意 $x \in (x_0 - R, x_0 + R)$, 有

$$|f^{(n)}(x)| \leqslant M, \quad n = 0, 1, 2, \cdots,$$

则

$$f(x) = \sum_{n=0}^{\infty} \frac{f^{(n)}(x_0)}{n!}(x-x_0)^n, \quad x \in (x_0 - R, x_0 + R).$$

证明 因为泰勒公式的拉格朗日型余项

$$R_n(x) = \frac{f^{(n+1)}(\xi)}{(n+1)!}(x-x_0)^{n+1}, \xi \text{ 介于 } x_0 \text{ 与 } x \text{ 之间},$$

根据定理条件可知 $|f^{(n+1)}(\xi)| \leqslant M$, 又 $|x-x_0| < R$, 所以

$$|R_n(x)| = \left| \frac{f^{(n+1)}(\xi)}{(n+1)!}(x-x_0)^{n+1} \right| < M \frac{R^{n+1}}{(n+1)!}.$$

而级数 $\sum_{n=0}^{\infty} \frac{R^{n+1}}{(n+1)!}$ 收敛, 由级数收敛的必要条件知 $\lim_{n \to \infty} \frac{R^{n+1}}{(n+1)!} = 0$. 于是

$$\lim_{n \to \infty} R_n(x) = 0, x \in (x_0 - R, x_0 + R),$$

根据定理 9.4.1, 定理得证.

9.4.2 初等函数的幂级数展开

根据前面的定理, 我们可以按如下步骤将函数展开成幂级数:

第一步 求出 $f(x)$ 的各阶导数: $f'(x), f''(x), \cdots, f^{(n)}(x), \cdots$;

第二步 求函数及其各阶导数在 $x = 0$ 处的值: $f(0), f'(0), f''(0), \cdots, f^{(n)}(0), \cdots$;

第三步 写出幂级数

$$f(0) + \frac{f'(0)}{1!}x + \cdots + \frac{f^{(n)}(0)}{n!}x^n + \cdots,$$

并求出收敛半径 R;

第四步 考察在区间 $(-R, R)$ 内是否 $\lim_{n \to \infty} R_n(x) = 0$. 如果 $\lim_{n \to \infty} R_n(x) = 0$, 则在 $(-R, R)$ 内有展开式

$$f(x) = f(0) + \frac{f'(0)}{1!}x + \cdots + \frac{f^{(n)}(0)}{n!}x^n + \cdots.$$

以上方法称为直接展开法,即直接求出各阶导数值,而后代入公式将函数展开为幂级数.

例 9.4.1　将函数 $f(x) = e^x$ 展开成麦克劳林级数.

解　由于 $f^{(n)}(x) = e^x$,故 $f^{(n)}(0) = 1$ $(n = 0, 1, 2, \cdots)$. 于是

对任意 $R > 0$,对任意 $x \in (-R, R)$,有

$$| f^{(n)}(x) | = | e^x | \leqslant e^R, \quad n = 0, 1, 2, \cdots,$$

根据定理 9.4.2,得

$$f(x) = e^x = 1 + x + \frac{x^2}{2!} + \cdots + \frac{x^n}{n!} + \cdots = \sum_{n=0}^{\infty} \frac{x^n}{n!}, \quad x \in (-R, R).$$

由 R 的任意性知,

$$e^x = 1 + x + \frac{x^2}{2!} + \cdots + \frac{x^n}{n!} + \cdots = \sum_{n=0}^{\infty} \frac{x^n}{n!}, \quad x \in (-\infty, +\infty). \quad (9.4.3)$$

例 9.4.2　将函数 $f(x) = \sin x$ 展开成麦克劳林级数.

解　因为

$$f^{(n)}(x) = \sin\left(x + n \cdot \frac{\pi}{2}\right), \ n = 0, 1, 2, \cdots,$$

当 $x = 0$ 时,

$$f(0) = 0, \ f'(0) = 1, \ f''(0) = 0, \ f^{(3)}(0) = -1, \cdots.$$

对任意 $x \in (-\infty, +\infty)$,有

$$| f^{(n)}(x) | = \left| \sin\left(x + n \cdot \frac{\pi}{2}\right) \right| \leqslant 1, \ n = 0, 1, 2, \cdots,$$

根据定理 9.4.2,得

$$\sin x = x - \frac{x^3}{3!} + \frac{x^5}{5!} - \cdots + (-1)^n \frac{x^{2n+1}}{(2n+1)!} + \cdots$$

$$= \sum_{n=0}^{\infty} (-1)^n \frac{x^{2n+1}}{(2n+1)!}, \quad x \in (-\infty, +\infty). \quad (9.4.4)$$

例 9.4.3　将函数 $f(x) = (1+x)^a$ ($a \neq 0$ 是任意实数)展开成麦克劳林级数.

解　因为

$$f'(x) = a(1+x)^{a-1}, \ f''(x) = a(a-1)(1+x)^{a-2}, \cdots,$$

$$f^{(n)}(x) = a(a-1)\cdots(a-n+1)(1+x)^{a-n}, \cdots,$$

当 $x = 0$ 时,

$$f(0) = 1, \ f'(0) = a, \ f''(0) = a(a-1), \cdots, \ f^{(n)}(0) = a(a-1)\cdots(a-n+1), \cdots.$$

从而,可形式地得到幂级数

$$\sum_{n=0}^{\infty} \frac{f^{(n)}(0)}{n!} x^n = 1 + \frac{a}{1!} x + \frac{a(a-1)}{2!} x^2 + \cdots + \frac{a(a-1)\cdots(a-n+1)}{n!} x^n + \cdots.$$

由于

$$\lim_{n \to \infty} \left| \frac{a_{n+1}}{a_n} \right| = \lim_{n \to \infty} \left| \frac{a-n}{n+1} \right| = 1,$$

所以,上述级数的收敛区间为 $(-1, 1)$.

能够证明

$$\lim_{n \to \infty} R_n(x) = 0, \quad x \in (-1, 1),$$

根据定理 9.4.1,有

$$(1+x)^a = 1 + \frac{a}{1!} x + \frac{a(a-1)}{2!} x^2 + \cdots + \frac{a(a-1)\cdots(a-n+1)}{n!} x^n + \cdots, \ x \in (-1, 1).$$

特别地,

$$\frac{1}{1+x} = 1 - x + x^2 - x^3 + \cdots + (-1)^n x^n + \cdots = \sum_{n=0}^{\infty} (-1)^n x^n, \quad x \in (-1, 1). \tag{9.4.5}$$

$$\frac{1}{1-x} = 1 + x + x^2 + x^3 + \cdots + x^n + \cdots = \sum_{n=0}^{\infty} x^n, \ x \in (-1, 1). \tag{9.4.6}$$

上面的例题是用直接法将函数展开成幂级数. 直接展开法的过程中计算 $f^{(n)}(0)$ 的工作量可能较大,况且分析余项 $R_n(x)$ 是否趋于零也不是很容易的. 因此实际过程中常采用间接展开法. 这种方法是利用变量代换、四则运算或逐项求导、逐项求积等方法,间接地求得函数的幂级数展开式. 所以,记住某些函数的幂级数展开式是用间接展开法求函数的幂级数展开式的基础.

例 9.4.4 将函数 $f(x) = \cos x$ 展开成麦克劳林级数.

解 由式(9.4.4)及 $(\sin x)' = \cos x$,根据 9.3.3 节中的性质,逐项求导得

$$\cos x = 1 - \frac{x^2}{2!} + \frac{x^4}{4!} - \cdots + (-1)^n \frac{x^{2n}}{(2n)!} + \cdots$$
$$= \sum_{n=0}^{\infty} (-1)^n \frac{x^{2n}}{(2n)!}, \quad x \in (-\infty, +\infty). \tag{9.4.7}$$

例 9.4.5 将函数 $f(x) = \ln(1+x)$ 展开成麦克劳林级数.

解 由 $f'(x) = \frac{1}{1+x}$ 及式(9.4.5),根据 9.3.3 节中的性质,逐项积分得

$$f(x) = \int_0^x \frac{\mathrm{d}t}{1+t} = \sum_{n=0}^{\infty} \int_0^x (-1)^n t^n \mathrm{d}t = \sum_{n=0}^{\infty} (-1)^n \frac{x^{n+1}}{n+1} = \sum_{n=1}^{\infty} \frac{(-1)^{n-1}}{n} x^n,$$
$$x \in (-1, 1).$$

当 $x = -1$ 时,级数 $\sum_{n=1}^{\infty} \frac{(-1)^{n-1}}{n} x^n = -\sum_{n=1}^{\infty} \frac{1}{n}$ 发散;

当 $x=1$ 时, 级数 $\displaystyle\sum_{n=1}^{\infty}\frac{(-1)^{n-1}}{n}x^n=\sum_{n=1}^{\infty}\frac{(-1)^{n-1}}{n}$ 收敛.

于是, 有

$$\ln(1+x)=x-\frac{x^2}{2}+\frac{x^3}{3}-\frac{x^4}{4}+\cdots+(-1)^{n-1}\frac{x^n}{n}+\cdots$$

$$=\sum_{n=1}^{\infty}(-1)^{n-1}\frac{x^n}{n},\quad x\in(-1,1]. \tag{9.4.8}$$

例 9.4.6　求函数 $f(x)=a^x$ 的麦克劳林级数.

解　利用式(9.4.3), 得

$$f(x)=a^x=e^{x\ln a}=\sum_{n=0}^{\infty}\frac{(x\ln a)^n}{n!}=\sum_{n=0}^{\infty}\frac{(\ln a)^n}{n!}x^n,\quad x\in(-\infty,+\infty).$$

例 9.4.7　将函数 $f(x)=\dfrac{x}{x^2-x-2}$ 展开成 x 的幂级数.

解　由于

$$f(x)=\frac{x}{x^2-x-2}=\frac{x}{(x-2)(x+1)}$$

$$=\frac{1}{3}\left(\frac{1}{x+1}+\frac{2}{x-2}\right)=\frac{1}{3}\left(\frac{1}{1+x}+\frac{2}{1-\frac{x}{2}}\right),$$

根据式(9.4.5)和式(9.4.6), 即

$$\frac{1}{1+x}=\sum_{n=0}^{\infty}(-1)^n x^n,\quad x\in(-1,1),$$

$$\frac{1}{1-\frac{x}{2}}=\sum_{n=0}^{\infty}\left(\frac{x}{2}\right)^n=\sum_{n=0}^{\infty}\frac{x^n}{2^n},\quad x\in(-2,2).$$

于是可得

$$f(x)=\frac{x}{x^2-x-2}=\frac{1}{3}\left[\sum_{n=0}^{\infty}(-1)^n x^n-\sum_{n=0}^{\infty}\frac{x^n}{2^n}\right]=\frac{1}{3}\sum_{n=0}^{\infty}\left[(-1)^n-\frac{1}{2^n}\right],$$

收敛域为 $(-1,1)\bigcap(-2,2)=(-1,1)$.

例 9.4.8　求函数 $f(x)=\dfrac{1}{5-x}$ 在点 $x=2$ 处的泰勒级数.

解　令 $x-2=t$, 则 $x=2+t$. 于是

$$\frac{1}{5-x}=\frac{1}{5-t-2}=\frac{1}{3-t}=\frac{1}{3}\cdot\frac{1}{1-\frac{t}{3}}$$

$$=\frac{1}{3}\left[1+\frac{t}{3}+\left(\frac{t}{3}\right)^2+\cdots+\left(\frac{t}{3}\right)^n+\cdots\right]$$

$$=\frac{1}{3}+\frac{1}{3^{2}}(x-2)+\frac{1}{3^{3}}(x-2)^{2}+\cdots+\frac{1}{3^{n+1}}(x-2)^{n}+\cdots.$$

由 $\left|\dfrac{t}{3}\right|<1$，得 $|x-2|<3$，即 $-1<x<5$，故收敛域为 $(-1,5)$.

习 题 9-4

1. 求下列函数的麦克劳林级数，并指出收敛区间.

(1) $f(x)=\mathrm{e}^{-x^{2}}$；   (2) $f(x)=\ln(1-x-x^{2}+x^{3})$；

(3) $f(x)=\sin^{2}x$；   (4) $f(x)=\dfrac{x}{2-x-x^{2}}$；

(5) $f(x)=\arctan x$.

2. 求函数 $f(x)=\ln x$ 在点 $x=2$ 处的泰勒级数.

3. 将函数 $f(x)=\cos x$ 展开成 $\left(x+\dfrac{\pi}{3}\right)$ 的幂级数.

4. （2007 年数学三第 14 题）将函数 $f(x)=\dfrac{1}{x^{2}-3x-4}$ 展开成 $x-1$ 的幂级数，并指出其收敛区间.

9.5 无穷级数的应用

9.5.1 近似计算

用函数的幂级数展开式，我们可以来进行近似计算，即在展开式成立的区间内计算函数的近似值，而且可以按照要求的精确度算出来.

例 9.5.1 计算 $\sqrt{\mathrm{e}}$ 的近似值.

解 在 e^{x} 的麦克劳林展开式中，令 $x=\dfrac{1}{2}$，得

$$\sqrt{\mathrm{e}}=\mathrm{e}^{\frac{1}{2}}=1+\frac{1}{2}+\frac{1}{2!}\left(\frac{1}{2}\right)^{2}+\frac{1}{3!}\left(\frac{1}{2}\right)^{3}+\frac{1}{4!}\left(\frac{1}{2}\right)^{4}+\cdots+\frac{1}{n!}\left(\frac{1}{2}\right)^{n}+\cdots.$$

取前 5 项作为 $\sqrt{\mathrm{e}}$ 的近似值，

$$\sqrt{\mathrm{e}}=\mathrm{e}^{\frac{1}{2}}\approx1+\frac{1}{2}+\frac{1}{8}+\frac{1}{48}+\frac{1}{384}\approx1.648,$$

其误差

$$\begin{aligned}
|r|&=\frac{1}{5!}\left(\frac{1}{2}\right)^{5}+\frac{1}{6!}\left(\frac{1}{2}\right)^{6}+\frac{1}{7!}\left(\frac{1}{2}\right)^{7}+\cdots\\
&<\frac{1}{5!}\left(\frac{1}{2}\right)^{5}\left[1+\frac{1}{6}\left(\frac{1}{2}\right)+\frac{1}{6\cdot6}\left(\frac{1}{2}\right)^{2}+\cdots\right]\\
&=\frac{1}{5!}\left(\frac{1}{2}\right)^{5}\frac{1}{1-\frac{1}{12}}<\frac{1}{1\,000}.
\end{aligned}$$

例 9.5.2　计算积分 $\int_0^1 \dfrac{\sin x}{x} \mathrm{d}x$ 的近似值,要求误差不超过 10^{-4}.

解　被积函数 $\dfrac{\sin x}{x}$ 的原函数不能用初等函数表示. 由于 $x=0$ 是 $\dfrac{\sin x}{x}$ 的可去间断点,

故定义 $\dfrac{\sin x}{x}\Big|_{x=0}=\lim\limits_{x\to 0}\dfrac{\sin x}{x}=1$,这样被积函数在区间 $[0,1]$ 上连续. 展开 $\dfrac{\sin x}{x}$,得

$$\frac{\sin x}{x}=1-\frac{x^2}{3!}+\frac{x^4}{5!}-\frac{x^6}{7!}+\cdots,\quad x\in(-\infty,+\infty).$$

在区间 $[0,1]$ 上逐项积分,得

$$\int_0^1 \frac{\sin x}{x}\mathrm{d}x=1-\frac{1}{3\times 3!}+\frac{1}{5\times 5!}-\frac{1}{7\times 7!}+\cdots.$$

上式右端是收敛的交错级数,其第四项的绝对值

$$\frac{1}{7\times 7!}<\frac{1}{30\,000},$$

故由交错级数的性质可知,只需取前三项之和作为积分的近似值就能满足要求,即

$$\int_0^1 \frac{\sin x}{x}\mathrm{d}x=1-\frac{1}{3\times 3!}+\frac{1}{5\times 5!}\approx 0.946\,1.$$

9.5.2　无穷级数的应用实例

例 9.5.3　银行存款问题　银行计划实行一种新的存款与付款方式,即某人在银行存入一笔钱,希望在第 n 年末取出 n^2 元($n=1,2,\cdots$),并且永远按此规律提取,问预先需要存入多少本金?

解　此种存款与付款方式,属于财务管理中不等额现金流量现值的计算问题.

设本金为 u 元,年利率为 $r>0$. 按复利的计算方法,第 1 年末的本利和(即本金与利息之和)为 $u(1+r)$,第 n 年末的本利和为 $u(1+r)^n$($n=1,2,\cdots$). 假定存 n 年的本金为 u_n,则第 n 年末的本利和为 $u_n(1+r)^n$($n=1,2,\cdots$).

为保证存款人的要求得以实现,即第 n 年末提取 n^2 元,那么,必须要求第 n 年末的本利和最少应等于 n^2 元,即 $u_n(1+r)^n=n^2$($n=1,2,\cdots$). 也就是说,应当满足如下条件:

$$u_1(1+r)=1,\ u_2(1+r)^2=2^2,\ u_3(1+r)^3=3^2,\ \cdots,\ u_n(1+r)^n=n^2,\ \cdots.$$

因此,第 n 年末要提取 n^2 元时,预先应存入的本金 $u_n=\dfrac{n^2}{(1+r)^n}$($n=1,2,\cdots$). 如果要求此种提款方式能永远继续下去,则预先需要存入的本金总数应等于

$$\sum_{n=1}^{\infty}u_n=\sum_{n=1}^{\infty}\frac{n^2}{(1+r)^n}=\frac{1}{1+r}+\frac{2^2}{(1+r)^2}+\frac{3^2}{(1+r)^3}+\cdots+\frac{n^2}{(1+r)^n}+\cdots.$$

$$(9.5.1)$$

级数($9.5.1$)是一个正项级数. 由于

$$\lim_{n\to\infty}\frac{u_{n+1}}{u_n}=\lim_{n\to\infty}\frac{(n+1)^2}{(1+r)^{n+1}}\cdot\frac{(1+r)^n}{n^2}=\frac{1}{1+r}<1,$$

根据比值审敛法，此级数收敛，其和就是本金总数.

显然，数项级数(9.5.1)的和是幂级数 $\displaystyle\sum_{n=1}^{\infty}n^2x^n$ 的和函数在 $x=\dfrac{1}{1+r}$ 处的值，为此，先

求出幂级数 $\displaystyle\sum_{n=1}^{\infty}n^2x^n$ 的和函数.

因为

$$\lim_{n\to\infty}\left|\frac{a_{n+1}}{a_n}\right|=\lim_{n\to\infty}\frac{(n+1)^2}{n^2}=1,$$

所以该级数的收敛区间为 $(-1,1)$.

设

$$\sum_{n=1}^{\infty}n^2x^n=f(x),\quad x\in(-1,1),$$

由

$$f(x)=\sum_{n=1}^{\infty}n^2x^n=x\sum_{n=1}^{\infty}n^2x^{n-1}=xg(x),$$

可得

$$\int_0^x g(t)\mathrm{d}t=\sum_{n=1}^{\infty}\int_0^x n^2t^{n-1}\mathrm{d}t=\sum_{n=1}^{\infty}nx^n=\frac{x}{(1-x)^2},\quad x\in(-1,1),$$

两端对 x 求导数，得

$$g(x)=\frac{1+x}{(1-x)^3}.$$

所以

$$f(x)=\sum_{n=1}^{\infty}n^2x^n=xg(x)=\frac{x(1+x)}{(1-x)^3},\quad x\in(-1,1).$$

在上式中取 $x=\dfrac{1}{1+r}\in(-1,1)$，便得所求的本金总数，即

$$\sum_{n=1}^{\infty}\frac{n^2}{(1+r)^n}=f\left(\frac{1}{1+r}\right)=\frac{(1+r)(2+r)}{r^3}.$$

如果年利率为 10%，则预先需要存入本金 2 310 元；如果年利率为 5%，则预先需要存入本金 17 220 元；如果年利率为 2%，则预先需要存入本金 257 550 元.

讨论 如果换一种提款方式，例如，第 n 年末提取 n 元或 n^3 元等等，也可求得预先应存入的本金数. 但是，并非按任何提款方式都是可以实现的，例如，第 n 年末提取 $\dfrac{(1+r)^n}{n}$ 元，

永远按此规律提取是不能实现的. 因为,这时需要存入的本金数为

$$\sum_{n=1}^{\infty} u_n = \sum_{n=1}^{\infty} \frac{1}{n} = 1 + \frac{1}{2} + \frac{1}{3} + \cdots + \frac{1}{n} + \cdots,$$

此为调和级数是发散的,本金数为无穷大.

习 题 9-5

1. 利用函数的幂级数展开式求下列各数的近似值.

(1) $\sqrt[5]{245}$(误差不超过 10^{-4});   (2) $\ln 2$(误差不超过 10^{-4});

2. 利用函数的幂级数展开式求下列积分的近似值.

(1) $\int_0^{\frac{1}{2}} \frac{1}{x^4 + 1} \mathrm{d}x$ (误差不超过 10^{-4});

(2) $\frac{2}{\sqrt{\pi}} \int_0^{\frac{1}{2}} \mathrm{e}^{-x^2} \mathrm{d}x$ (误差不超过 $0.000\,1$,取 $\frac{1}{\sqrt{\pi}} \approx 0.564\,19$).

3. (2008 年数学三第 19 题)设银行存款的年利率为 $r = 0.05$,并依年复利计算,某基金会希望通过存款 A 万元实现第一年提取 19 万元,第二年提取 28 万元,$\cdots$,第 n 年提取 $(10 + 9n)$ 万元,并能按此规律一直提取下去,问 A 至少应为多少万元?

综合练习 9

一、选择题

1. 若级数 $\sum\limits_{n=1}^{\infty}(u_n + 2)$ 收敛,则 $\lim\limits_{n \to \infty} u_n = ($ $)$.

A. 0   B. 2   C. -2 D. 1

2. 设 $\sum\limits_{n=1}^{\infty} a_n$ 为正项级数,则(   ).

A. 若 $\lim\limits_{n \to \infty} a_n = 0$,则 $\sum\limits_{n=1}^{\infty} a_n$ 收敛   B. 若 $\sum\limits_{n=1}^{\infty} a_n$ 收敛,则 $\sum\limits_{n=1}^{\infty} a_n^2$ 收敛

C. 若 $\sum\limits_{n=1}^{\infty} a_n^2$ 收敛,则 $\sum\limits_{n=1}^{\infty} a_n$ 也收敛   D. 若 $\sum\limits_{n=1}^{\infty} a_n$ 发散,则 $\lim\limits_{n \to \infty} a_n \neq 0$

3. 设常数 $\lambda > 0$,则级数 $\sum\limits_{n=1}^{\infty}(-1)^n \frac{n + \lambda}{n^2}$ (   ).

A. 发散   B. 条件收敛   C. 绝对收敛   D. 收敛性与 λ 有关

4. 判断级数 $\frac{1}{\sqrt{2} - 1} - \frac{1}{\sqrt{2} + 1} + \frac{1}{\sqrt{3} - 1} - \frac{1}{\sqrt{3} + 1} + \cdots + \frac{1}{\sqrt{n} - 1} - \frac{1}{\sqrt{n} + 1} + \cdots$ 的收敛性,正确的方法是

(   ).

A. 由莱布尼茨判别法得此级数收敛

B. 因为 $\lim\limits_{n \to \infty} \frac{1}{\sqrt{n} - 1} = 0$,所以级数收敛

C. 添括号后得级数发散,所以原级数发散

D. 各项取绝对值,判别得级数绝对收敛

5. 下列级数中为条件收敛的级数是(　　).

A. $\sum_{n=1}^{\infty}(-1)^n\dfrac{n}{n+1}$　　B. $\sum_{n=1}^{\infty}(-1)^n\sqrt{n}$　　C. $\sum_{n=1}^{\infty}(-1)^n\dfrac{1}{n^2}$　　D. $\sum_{n=1}^{\infty}(-1)^n\dfrac{1}{\sqrt{n}}$

6. 下列级数中为发散的级数是(　　).

A. $\sum_{n=1}^{\infty}\dfrac{n}{3n^3+1}$　　B. $\sum_{n=1}^{\infty}(-1)^{n-1}\dfrac{1}{\sqrt{n}}$　　C. $\sum_{n=1}^{\infty}\dfrac{1}{\sqrt{n(n+1)}}$　　D. $\sum_{n=1}^{\infty}\dfrac{3}{2^n}$

7. 设 a 为非零常数,则当(　　)时,级数 $\sum_{n=1}^{\infty}\dfrac{a}{r^n}$ 收敛.

A. $|r|>1$　　B. $|r|\leqslant 1$　　C. $|r|<|a|$　　D. $r<1$

8. 函数项级数 $\sum_{n=1}^{\infty}ne^{-nx}$ 的收敛域是(　　).

A. $x<-1$　　B. $x>0$　　C. $0<x<1$　　D. $-1<x<0$

9. 已知幂级数 $\sum_{n=1}^{\infty}C_n x^n$ 在点 $x=x_0$ 处收敛,又 $\lim\limits_{n\to\infty}\left|\dfrac{C_n}{C_{n+1}}\right|=R(R>0)$,则(　　).

A. $0\leqslant x_0\leqslant R$　　B. $x_0>R$　　C. $|x_0|>R$　　D. $|x_0|\leqslant R$

10. 幂级数 $\sum_{n=1}^{\infty}(-1)^{n+1}x^n$ 的和函数为(　　).

A. $\dfrac{1}{1-x}$　　B. $\dfrac{1}{1+x}$　　C. $\dfrac{x}{1-x}$　　D. $\dfrac{x}{1+x}$

二、填空题

1. $\sum_{n=1}^{\infty}\dfrac{1}{4n^2-1}=$ _____.

2. $\sum_{n=1}^{\infty}\left(\dfrac{1}{2^n}+\dfrac{1}{3^n}\right)=$ _____.

3. 设级数 $\sum_{n=1}^{\infty}u_n$ 收敛,则 $\lim\limits_{n\to\infty}(2-3u_n)=$ _____.

4. 级数 $\sum_{n=0}^{\infty}\dfrac{n+1}{n!}$ 的和 $S=$ _____.

5. 如果级数 $\sum_{n=1}^{\infty}n^{p-2}$ 收敛,则 p 的取值范围是_____.

6. 若正项级数 $\sum_{n=1}^{\infty}u_n$ 收敛,则级数 $\sum_{n=1}^{\infty}\dfrac{\sqrt{u_n}}{n}$ 一定_____.

7. 设 $\sum_{n=1}^{\infty}n(u_n-u_{n-1})=S$,并且 $\lim\limits_{n\to\infty}nu_n=A$,则 $\sum_{n=0}^{\infty}u_n=$ _____.

8. 设幂级数 $\sum_{n=1}^{\infty}a_n(x+1)^n$ 在 $x=3$ 处条件收敛,则该幂级数的收敛半径 $R=$ _____.

9. 幂级数 $\sum_{n=1}^{\infty}\dfrac{x^n}{2^n\cdot n}$ 的收敛区间为_____.

10. 幂级数 $\sum_{n=1}^{\infty}\dfrac{3^n}{2^n n!}x^n$ 的收敛域为_____.

三、计算题

1. 判定下列级数的收敛性.

(1) $\sum_{n=1}^{\infty}\dfrac{1}{(2n-1)2n}$;　　　　　　(2) $\sum_{n=1}^{\infty}\left(1-\cos\dfrac{\pi}{n}\right)$;

(3) $\sum_{n=2}^{\infty}\dfrac{1}{\ln n}$;　　　　　　　　　(4) $\sum_{n=1}^{\infty}\dfrac{n^2}{3^n}$;

(5) $\displaystyle\sum_{n=1}^{\infty} \frac{n!}{10^n}$；　　　　　　　　(6) $\displaystyle\sum_{n=1}^{\infty} \left(\frac{2n}{n+1}\right)^n$；

(7) $\displaystyle\sum_{n=1}^{\infty} \left(\frac{n}{3n-1}\right)^n$.

2. 判断级数 $\displaystyle\sum_{n=1}^{\infty} \frac{(-1)^n}{n+1}$ 是否收敛？如果收敛，是条件收敛还是绝对收敛？

3. 判别级数 $\displaystyle\sum_{n=1}^{\infty} \frac{\cos n\pi}{n+1}$ 的收敛性，若收敛，说明其是绝对收敛还是条件收敛.

4. 讨论级数 $\displaystyle\sum_{n=1}^{\infty} (-1)^{n-1} \frac{\ln n}{\sqrt{n}}$ 的收敛性（包括条件收敛和绝对收敛）.

5. 讨论级数 $\displaystyle\sum_{n=1}^{\infty} \frac{\sin nx}{n^2}$ $(0 < x < \pi)$ 的收敛性.

6. 求幂级数 $\displaystyle\sum_{n=1}^{\infty} (-1)^n \frac{x^n}{n}$ 的收敛域.

7. 求幂级数 $\displaystyle\sum_{n=1}^{\infty} \frac{x^n}{3^n n}$ 的收敛域.

8. 求级数 $\displaystyle\sum_{n=0}^{\infty} (n+1)x^n$ 的和.

第10章 微分方程和差分方程

函数是微积分的主要研究对象.在实际问题中,常常需要确定所研究的变量之间的函数关系.然而许多经济管理、几何、物理和其他领域所涉及的实际问题,往往不能直接给出所需的函数关系,但我们能够比较容易给出含有所求函数及其导数(或微分)的关系式,这种关系式就是所谓的微分方程.我们可以通过求解这些方程,得到所求的函数.本章主要介绍微分方程和差分方程的基本概念及几种常见的微分方程和差分方程的求解方法.

10.1 微分方程的基本概念

10.1.1 引例

例 10.1.1 一曲线通过点 $(3,6)$,且在该曲线上任一点处的切线的斜率等于该点横坐标的平方,求该曲线方程.

解 设所求曲线的方程为 $y=y(x)$,则根据题意应满足

$$\frac{\mathrm{d}y}{\mathrm{d}x}=x^2, \tag{10.1.1}$$

且满足条件 $y(3)=6$,

对式(10.1.1)两端积分,得

$$y=\int x^2\mathrm{d}x=\frac{1}{3}x^3+C, \tag{10.1.2}$$

其中,C 是任意常数.

把条件 $y(3)=6$ 代入式(10.1.2),得 $C=-3$.于是得到所求曲线方程为 $y=\frac{1}{3}x^3-3$.

例 10.1.2 某种商品的需求量 Q 对价格 P 的弹性为 $-\frac{2P}{Q}$.已知该商品的最大需求量为 500(即价格 $P=0$ 时,需求量 $Q=500$),求需求量 Q 与价格 P 的函数关系.

解 设需求量 Q 与价格 P 的函数关系为 $Q=Q(P)$,则

$$\frac{P}{Q}\cdot\frac{\mathrm{d}Q}{\mathrm{d}P}=-\frac{2P}{Q},$$

即

$$\frac{\mathrm{d}Q}{\mathrm{d}P}=-2 \tag{10.1.3}$$

且满足条件 $Q(0)=500$.

对式(10.1.3)两端积分,得

$$Q = \int (-2) \mathrm{d}P = -2P + C, \tag{10.1.4}$$

其中, C 是任意常数.

把条件 $Q(0)=500$ 代入式(10.1.4), 得 $C=500$. 于是需求量 Q 与价格 P 的函数关系为 $Q=-2P+500$.

10.1.2 基本概念

上述两个例子中的关系式(10.1.1)和(10.1.3)都含有未知函数的导数, 它们都是微分方程. 一般地, 含有未知函数、未知函数的导数(或微分)与自变量之间关系的方程称为**微分方程**. 未知函数是一元函数的微分方程称为**常微分方程**. 未知函数是多元函数的微分方程称为**偏微分方程**. 本章只讨论常微分方程, 并将其简称为微分方程.

微分方程中出现的未知函数的最高阶导数的阶数, 叫做微分方程的**阶**. 例如, 以上两例中的式(10.1.1)和(10.1.3)都是一阶微分方程; 又如方程

$$(y'')^3 + 5(y')^4 - y^5 + x^6 = 0, \quad \frac{\mathrm{d}^2 y}{\mathrm{d}x^2} = -3y^2$$

都是二阶微分方程; 方程

$$x y''' + 2y'' + x^2 y^5 = 0$$

是三阶微分方程.

n 阶微分方程的一般形式为

$$F(x, y, y', \cdots, y^{(n)}) = 0, \tag{10.1.5}$$

其中 F 是 $x, y, y', \cdots, y^{(n)}$ 的已知函数, x 为自变量, $y=y(x)$ 是未知函数. 在方程(10.1.5)中, $y^{(n)}$ 必须出现, 而其余变量可以出现, 也可以不出现.

如果能从方程 $F(x, y, y', \cdots, y^{(n)})=0$ 解出最高阶导数, 则此 n 阶微分方程还可以写为

$$y^{(n)} = f(x, y, y', \cdots, y^{(n-1)}).$$

从例 10.1.1 和例 10.1.2 可知, 求解实际问题时, 首先要建立微分方程, 然后找到满足此微分方程的函数(解微分方程). 也就是说, 如果将某个函数代入微分方程后能使该方程成为恒等式, 这个函数就称为该微分方程的**解**.

例如, 函数 $y=\frac{1}{3}x^3 + C$ 是微分方程(10.1.1)的解; 函数 $Q=-2P+C$ 是微分方程(10.1.3)的解.

又如, 函数 $y=\sin x$ 和 $y=\cos x$ 都是微分方程 $y''+y=0$ 的解.

如果微分方程的解中含有相互独立的任意常数, 且任意常数的个数与微分方程的阶数相同(这里任意常数相互独立, 是指它们不能合并而使得任意常数的个数减少), 这样的解称为微分方程的**通解**.

例如, 函数 $y=\frac{1}{3}x^3 + C$ 是微分方程(10.1.1)的通解; 函数 $Q=-2P+C$ 是微分方程

(10.1.3)的通解. 又如, 函数 $y = C_1 \sin x + C_2 \cos x$（其中 C_1, C_2 是任意常数）是微分方程 $y'' + y = 0$ 的通解.

许多实际问题, 在给出微分方程的同时, 还有方程中所含的未知函数必须满足的一些条件. 通过这些条件, 可以确定通解中任意常数的值, 把这些条件叫做**初始条件**. 比如例 10.1.1 中的条件 $y(3) = 6$ 和例 10.1.2 中的条件 $Q(0) = 500$. 确定了通解中任意常数的值以后的解, 称为微分方程的**特解**. 例如, 函数 $y = \dfrac{1}{3} x^3 - 3$ 是微分方程(10.1.1)的特解; 函数 $Q = -2P + 500$ 是微分方程(10.1.3)的特解.

为了确定微分方程的一个特解, 即确定通解中的任意常数, 需要根据问题的实际情况给出微分方程所满足的初始条件. 设微分方程中的未知函数为 $y = y(x)$, 如果微分方程是一阶的, 常用的条件是

$$y(x_0) = y_0, \text{或写成 } y\Big|_{x=x_0} = y_0,$$

其中 x_0, y_0 是给定的数值; 如果微分方程是二阶的, 常用的条件是

$$y(x_0) = y_0, \quad y'(x_0) = y_1,$$

或写成

$$y\Big|_{x=x_0} = y_0, \quad y'\Big|_{x=x_0} = y_1,$$

其中 x_0, y_0 和 y_1 是给定的数值. 这样求微分方程满足初始条件的特解的问题称为微分方程的**初值问题**.

一般地, n 阶微分方程(10.1.5)的初始条件为

$$y\Big|_{x=x_0} = y_0, \ y'\Big|_{x=x_0} = y_1, \ y''\Big|_{x=x_0} = y_2, \cdots, \ y^{(n-1)}\Big|_{x=x_0} = y_{n-1},$$

其中 x_0, y_0, y_1, y_2, $\cdots$, y_{n-1} 都是已知常数.

微分方程的解的图形是一条曲线, 称为微分方程的**积分曲线**. 通解的图形是一组积分曲线, 特解的图形则是积分曲线族中满足初始条件的那条积分曲线.

例 10.1.3 验证: 函数 $y = C_1 \mathrm{e}^x + C_2 \mathrm{e}^{2x}$（$C_1$, C_2 为任意常数）是微分方程

$$y'' - 3y' + 2y = 0$$

的通解, 并求满足初始条件 $y\Big|_{x=0} = 0$, $y'\Big|_{x=0} = 1$ 的特解.

解 求出所给函数的一阶和二阶导数:

$$y' = C_1 \mathrm{e}^x + 2C_2 \mathrm{e}^{2x},$$
$$y'' = C_1 \mathrm{e}^x + 4C_2 \mathrm{e}^{2x},$$

代入微分方程, 得

$$y'' - 3y' + 2y = C_1 \mathrm{e}^x + 4C_2 \mathrm{e}^{2x} - 3(C_1 \mathrm{e}^x + 2C_2 \mathrm{e}^{2x}) + 2(C_1 \mathrm{e}^x + C_2 \mathrm{e}^{2x}) \equiv 0.$$

因此, 函数 $y = C_1 \mathrm{e}^x + C_2 \mathrm{e}^{2x}$ 是此微分方程的解. 又因为解中含有两个相互独立的任意常数

C_1，C_2，而所给微分方程是二阶的，故函数 $y=C_1 e^x + C_2 e^{2x}$ 是此微分方程的通解.

将条件 $y\big|_{x=0}=0$，$y'\big|_{x=0}=1$ 代入 y，y'，得

$$\begin{cases} C_1 e^0 + C_2 e^0 = 0, \\ C_1 e^0 + 2C_2 e^0 = 1, \end{cases}$$

解得 $C_1=-1$，$C_2=1$，故所求特解为

$$y=-e^x + e^{2x}.$$

习 题 10-1

1. 指出下列微分方程的阶数.

(1) $x(y')^2 - 2yy' + x = 0$；

(2) $x^2 y'' - 2xy = 4x^4$；

(3) $\dfrac{dy}{dx} + \sin y + x^2 = 0$；

(4) $y''' - \sin 2x - 1 = 0$.

2. 验证下列各题所列的函数是否为所给微分方程的解. 若是解，是通解还是特解？

(1) $y' = y^2 - (x^2+1)y + 2x$，$y = x^2 + 1$；

(2) $xy'\ln x + y = 0$，$y = \dfrac{C}{\ln x}$（C 为任意常数）；

(3) $y'' + y = x$，$y = 2\sin x + \cos x + x$；

(4) $y'' - \dfrac{2}{x}y' + \dfrac{2}{x^2}y = 0$，$y = C_1 x + C_2 x^2$（$C_1$，$C_2$ 为任意常数）.

3. 验证：函数 $y = (C+x)e^{-2x}$ 为微分方程 $y' + 2y = e^{-2x}$ 的通解，并求满足初始条件 $y\big|_{x=0}=1$ 的特解.

4. 验证：函数 $y = C_1\sin(\omega x + C_2)$（$C_1$，$C_2$ 为任意常数）是微分方程 $y'' + \omega^2 y = 0$ 的通解，并求满足初始条件 $y\big|_{x=0}=2$，$y'\big|_{x=0}=0$ 的特解.

5. 已知曲线通过点 $(1,0)$ 且在该曲线上任意一点 $M(x,y)$ 处的切线的斜率为 $2x$，求此曲线的方程.

6. 某种商品的需求量 Q 对价格 P 的弹性为 $-2P$. 已知该商品的最大需求量为 300（即价格 $P=0$ 时，需求量 $Q=300$），求需求量 Q 与价格 P 的函数关系.

7. 已知社会对某商品的需求量和供给量分别是其价格 P 的函数 $Q(P)$，$S(P)$，该商品的价格 P 是时间 t 的函数，在时刻 t 的价格 $P(t)$ 对于时间 t 的变化率可认为与该商品在同一时刻的超额需求量 $Q(P) - S(P)$ 成正比（比例系数为 k）. 试用微分方程描述上述经济现象.

10.2 一阶微分方程

本节主要介绍几种特殊类型的一阶微分方程：可分离变量的微分方程，齐次方程和一阶线性微分方程及其解法.

一阶微分方程的一般形式为

$$F(x,y,y')=0, \tag{10.2.1}$$

如果上式中 y' 可解出，则方程可写成

$$\frac{\mathrm{d}y}{\mathrm{d}x} = f(x, y) \quad 或者 \quad y' = f(x, y). \tag{10.2.2}$$

有时也写成微分的形式

$$P(x, y)\mathrm{d}x + Q(x, y)\mathrm{d}y = 0. \tag{10.2.3}$$

10.2.1 可分离变量的微分方程

设一阶微分方程为

$$\frac{\mathrm{d}y}{\mathrm{d}x} = U(x, y),$$

如果上式能够化为

$$g(y)\mathrm{d}y = f(x)\mathrm{d}x \tag{10.2.4}$$

的形式，则称方程(10.2.4)为**可分离变量的微分方程**. 其中，$f(x)$ 和 $g(y)$ 都是连续函数. 式(10.2.4)的特点是一端只含 y 的函数和 $\mathrm{d}y$，另一端只含 x 的函数和 $\mathrm{d}x$. 可以通过两端积分来求解可分离变量的微分方程.

对方程(10.2.4)两端同时积分，得

$$\int g(y)\mathrm{d}y = \int f(x)\mathrm{d}x,$$

设 $G(y)$ 和 $F(x)$ 是 $g(y)$ 和 $f(x)$ 的某一个原函数，则有

$$G(y) = F(x) + C, \tag{10.2.5}$$

其中 C 是任意常数.

利用隐函数求导法则不难验证，由式(10.2.5)所确定的隐函数 $y = \varphi(x)$ 满足微分方程 (10.2.4)，是其通解. 这种通解称为方程(10.2.4)的**隐式通解**，这种求解微分方程的方法称为**分离变量法**.

例 10.2.1 求微分方程 $\dfrac{\mathrm{d}y}{\mathrm{d}x} = x^2 y$ 的通解.

解 所给方程是可分离变量的.

分离变量，得

$$\frac{1}{y}\mathrm{d}y = x^2 \mathrm{d}x \quad (y \neq 0),$$

两端积分，得

$$\int \frac{1}{y}\mathrm{d}y = \int x^2 \mathrm{d}x,$$

即

$$\ln|y| = \frac{1}{3}x^3 + C_1,$$

从而
$$y = \pm e^{\frac{1}{3}x^3 + C_1} = \pm e^{C_1} \cdot e^{\frac{1}{3}x^3}.$$

这里 $\pm e^{C_1}$ 是任意非零常数. 注意到 $y = 0$ 也是所给方程的解, 令 C 为任意常数, 则所给方程的通解为 $y = C e^{\frac{1}{3}x^3}$.

例 10.2.2　求微分方程 $\mathrm{d}x + xy\mathrm{d}y = y^2\mathrm{d}x + y\mathrm{d}y$ 满足初始条件 $y\,|_{x=0} = 0$ 的特解.

解　方程可变形为 $\dfrac{y}{1-y^2}\mathrm{d}y = \dfrac{1}{1-x}\mathrm{d}x.$

即
$$\frac{1}{1-y^2}\mathrm{d}(1-y^2) = \frac{2}{1-x}\mathrm{d}(1-x)$$

两端积分, 得
$$\ln|1-y^2| = 2\ln|1-x| + C_1,$$

则所给方程的通解为
$$1 - y^2 = C(1-x)^2.$$

将初始条件 $y\Big|_{x=0} = 0$ 代入上式, 得 $C = 1$.

故所求的特解为
$$1 - y^2 = (1-x)^2.$$

例 10.2.3　某商品的需求量 Q 对价格 P 的弹性为 $-P\ln 3$, 如果该商品的最大需求量为 1 800(即当 $P = 0$ 时, $Q = 1\,800$), 试求需求量 Q 与价格 P 的函数关系.

解　设需求量 Q 与价格 P 的函数关系为 $Q = Q(P)$, 则
$$\frac{P}{Q} \cdot \frac{\mathrm{d}Q}{\mathrm{d}P} = -P\ln 3,$$

即
$$\frac{\mathrm{d}Q}{\mathrm{d}P} = -Q\ln 3$$

且满足条件 $Q(0) = 1\,800$.

分离变量, 得
$$\frac{\mathrm{d}Q}{Q} = -\ln 3\mathrm{d}P.$$

两端积分, 得
$$\ln|Q| = -P\ln 3 + C_1,$$

即 $Q = C e^{-P\ln 3} = C \cdot 3^{-P}$, 其中 C 是任意常数.

把条件 $Q(0) = 1\,800$ 代入上式, 得 $C = 1\,800$.

于是需求量 Q 与价格 P 的函数关系为 $Q = 1\,800 \times 3^{-P}$.

10.2.2 齐次方程

如果一阶微分方程 $\dfrac{\mathrm{d}y}{\mathrm{d}x}=U(x，y)$ 中的函数 $U(x，y)$ 可以写成关于 $\dfrac{y}{x}$ 的函数，即 $U(x，y)=f\left(\dfrac{y}{x}\right)$，则称一阶微分方程

$$\frac{\mathrm{d}y}{\mathrm{d}x}=f\left(\frac{y}{x}\right) \tag{10.2.6}$$

为**齐次方程**.

在齐次方程(10.2.6)中，通过变量代换

$$u=\frac{y}{x} \tag{10.2.7}$$

可以把齐次方程化为可分离变量的微分方程.

由方程(10.2.7)得，$y=ux$，则有

$$\frac{\mathrm{d}y}{\mathrm{d}x}=u+x\,\frac{\mathrm{d}u}{\mathrm{d}x},$$

将其代入方程(10.2.6)，得

$$u+x\,\frac{\mathrm{d}u}{\mathrm{d}x}=f(u).$$

分离变量，得

$$\frac{\mathrm{d}u}{f(u)-u}=\frac{\mathrm{d}x}{x}.$$

两端积分，得

$$\int\frac{\mathrm{d}u}{f(u)-u}=\int\frac{\mathrm{d}x}{x}.$$

求出积分后，再将 $u=\dfrac{y}{x}$ 回代，便可得到齐次方程(10.2.6)的通解.

例 10.2.4 求微分方程 $\dfrac{\mathrm{d}y}{\mathrm{d}x}=\dfrac{y}{x}+\dfrac{x}{y}$ 的通解.

解 所给方程是齐次方程.令 $u=\dfrac{y}{x}$，则 $y=ux$，$\dfrac{\mathrm{d}y}{\mathrm{d}x}=u+x\,\dfrac{\mathrm{d}u}{\mathrm{d}x}$，代入原方程，得

$$u+x\,\frac{\mathrm{d}u}{\mathrm{d}x}=u+\frac{1}{u},$$

分离变量，得

$$u\,\mathrm{d}u = \frac{\mathrm{d}x}{x},$$

两端积分,得

$$\frac{1}{2}u^2 = \ln|x| + C,$$

将 $u = \dfrac{y}{x}$ 回代,得原方程的通解为

$$y^2 = 2x^2(\ln|x| + C).$$

例 10.2.5　求微分方程 $\dfrac{\mathrm{d}y}{\mathrm{d}x} = \dfrac{y}{x} + \tan\dfrac{y}{x}$ 满足初始条件 $y\Big|_{x=1} = \dfrac{\pi}{6}$ 的特解.

解　所给方程是齐次方程. 令 $u = \dfrac{y}{x}$,则 $y = ux$,$\dfrac{\mathrm{d}y}{\mathrm{d}x} = u + x\dfrac{\mathrm{d}u}{\mathrm{d}x}$,

代入原方程,得

$$u + x\frac{\mathrm{d}u}{\mathrm{d}x} = u + \tan u,$$

分离变量,得

$$\cot u\,\mathrm{d}u = \frac{\mathrm{d}x}{x},$$

两端积分,得

$$\ln|\sin u| = \ln|x| + C_1,$$

即

$$\sin u = Cx,$$

将 $u = \dfrac{y}{x}$ 回代,得原方程的通解为

$$\sin\frac{y}{x} = Cx.$$

代入初始条件 $y\Big|_{x=1} = \dfrac{\pi}{6}$,得 $C = \dfrac{1}{2}$,故所求特解为

$$\sin\frac{y}{x} = \frac{1}{2}x.$$

10.2.3　一阶线性微分方程

1. 一阶线性微分方程

方程

$$\frac{\mathrm{d}y}{\mathrm{d}x} + P(x)y = Q(x) \tag{10.2.8}$$

称为**一阶线性微分方程**,其特点是它关于未知函数 y 及其导数 y' 都是一次的.

如果 $Q(x) \equiv 0$, 则方程(10.2.8)变为

$$\frac{\mathrm{d}y}{\mathrm{d}x} + P(x)y = 0, \tag{10.2.9}$$

称为一阶齐次线性微分方程;如果 $Q(x)$ 不恒等于零,方程(10.2.8)称为一阶非齐次线性微分方程.把齐次方程(10.2.9)称为非齐次方程(10.2.8)对应的齐次方程.

一阶齐次线性微分方程(10.2.9)是可分离变量的微分方程.分离变量得

$$\frac{\mathrm{d}y}{y} = -P(x)\mathrm{d}x,$$

两端积分,得

$$\ln |y| = -\int P(x)\mathrm{d}x + C_1,$$

由此得到齐次线性微分方程(10.2.9)的通解

$$y = C\mathrm{e}^{-\int P(x)\mathrm{d}x}, \tag{10.2.10}$$

其中, C 为任意常数, $\int P(x)\mathrm{d}x$ 表示 $P(x)$ 的一个原函数.

下面使用**常数变易法**求得一阶非齐次线性微分方程(10.2.8)的通解.首先求出其对应的齐次方程(10.2.9)的通解,然后将通解(10.2.10)中的任意常数 C 换成一个待定函数 $u(x)$, 即设

$$y = u(x)\mathrm{e}^{-\int P(x)\mathrm{d}x}. \tag{10.2.11}$$

假设式(10.2.11)是非齐次线性微分方程(10.2.8)的通解,则

$$\frac{\mathrm{d}y}{\mathrm{d}x} = u'(x)\mathrm{e}^{-\int P(x)\mathrm{d}x} - u(x)\mathrm{e}^{-\int P(x)\mathrm{d}x}P(x),$$

将 y 和 $\frac{\mathrm{d}y}{\mathrm{d}x}$ 代入非齐次方程(10.2.8),得

$$u'(x)\mathrm{e}^{-\int P(x)\mathrm{d}x} - u(x)\mathrm{e}^{-\int P(x)\mathrm{d}x}P(x) + P(x)u(x)\mathrm{e}^{-\int P(x)\mathrm{d}x} = Q(x),$$

整理,得

$$u'(x)\mathrm{e}^{-\int P(x)\mathrm{d}x} = Q(x),$$

即

$$u'(x) = Q(x)\mathrm{e}^{\int P(x)\mathrm{d}x},$$

两端积分,得

$$u(x) = \int Q(x) e^{\int P(x)dx} dx + C,$$

最后将 $u(x)$ 的表达式代入式(10.2.11)中即得非齐次线性方程(10.2.8)的通解

$$y = e^{-\int P(x)dx} \left(\int Q(x) e^{\int P(x)dx} dx + C \right)$$

$$= C e^{-\int P(x)dx} + e^{-\int P(x)dx} \int Q(x) e^{\int P(x)dx} dx. \qquad (10.2.12)$$

可以看出,一阶非齐次线性微分方程的通解等于对应的齐次线性方程的通解与其本身的一个特解之和.

例 10.2.6 求微分方程 $\dfrac{dy}{dx} + y = e^{-x}$ 的通解.

解 所给方程是一阶非齐次线性微分方程,求解此方程可以利用常数变易法,也可以直接套用其通解公式(10.2.12).

方法 1 常数变易法.

先求对应齐次方程 $\dfrac{dy}{dx} + y = 0$ 的通解.

分离变量,得

$$\frac{dy}{y} = -dx,$$

两边积分,得

$$\ln|y| = -x + K,$$

所以,对应齐次方程的通解为

$$y = C_1 e^{-x} \quad (C_1 \text{ 为任意常数}).$$

用常数变易法,把 C_1 换成待定函数 $u(x)$,设原方程的通解为 $y = u(x)e^{-x}$,则

$$\frac{dy}{dx} = u'(x)e^{-x} - u(x)e^{-x},$$

代入所给非齐次方程,得

$$u'(x)e^{-x} - u(x)e^{-x} + u(x)e^{-x} = e^{-x}, \text{ 即 } u'(x) = 1$$

所以

$$u(x) = x + C \quad (C \text{ 为任意常数}).$$

把上式代入 $y = u(x)e^{-x}$ 中,即得原方程的通解为

$$y = (x + C)e^{-x}.$$

方法 2 直接套用通解公式(10.2.12).

设 $P(x) = 1$,$Q(x) = e^{-x}$,

则原方程的通解为

$$y = e^{-\int P(x)dx} \left(\int Q(x) e^{\int P(x)dx} dx + C \right)$$

$$= e^{-\int dx} \left(\int e^{-x} \cdot e^{\int dx} dx + C \right)$$

$$= e^{-x} \left(\int e^{-x} \cdot e^x dx + C \right)$$

$$= e^{-x} (x + C).$$

例 10.2.7 求微分方程 $y dx - (3x + y^4) dy = 0$ 的通解.

解 如果将原方程化为 $\dfrac{dy}{dx} = \dfrac{y}{3x + y^4}$，则不是线性微分方程. 但如果把 x 看作未知数，y 作为自变量，则原方程可化为

$$\frac{dx}{dy} - \frac{3x}{y} = y^3,$$

这是形如 $x' + P(y)x = Q(y)$ 的一阶线性微分方程，其中 $P(y) = -\dfrac{3}{y}$，$Q(y) = y^3$.

于是，原方程的通解为

$$x = e^{-\int P(y)dy} \left(\int Q(y) e^{\int P(y)dy} dy + C \right)$$

$$= e^{-\int \left(-\frac{3}{y} \right) dy} \left(\int y^3 e^{\int \left(-\frac{3}{y} \right) dy} dy + C \right)$$

$$= e^{3\ln y} \left(\int y^3 e^{-3\ln y} dy + C \right)$$

$$= y^3 \left(\int 1 dy + C \right)$$

$$= y^3 (y + C) = y^4 + Cy^3.$$

例 10.2.8 某商品的利润 $L(x)$ 与促销费用 x 有如下关系：

$$\frac{dL(x)}{dx} = 0.2[200 - L(x)],$$

在未进行促销活动前，利润 $L(0) = 100$ 万元. 试求利润与促销费用之间的函数关系.

解 这是一个一阶线性微分方程的初值问题：

$$\begin{cases} \dfrac{dL(x)}{dx} = 0.2[200 - L(x)], \\ L(0) = 100. \end{cases}$$

把微分方程化为 $L' + 0.2L = 40$，则其通解为

$$L = e^{-\int 0.2dx} \left(\int 40 \cdot e^{\int 0.2dx} dx + C \right)$$

$$= e^{-0.2x} \left(40 \int e^{0.2x} dx + C \right)$$

$$= 200 + C e^{-0.2x}.$$

将初始条件 $L(0)=100$ 代入上式,得 $C=-100$.

于是,所求的函数关系为

$$L=200-100\,\mathrm{e}^{-0.2x}.$$

2. 伯努利方程

形如

$$\frac{\mathrm{d}y}{\mathrm{d}x}+P(x)y=Q(x)y^n \quad (n\neq 0,1) \tag{10.2.13}$$

的微分方程称为**伯努利方程**,其中 n 为常数,当 $n=0$ 或 1 时,就是一阶线性微分方程. 伯努利方程是非线性微分方程,我们可以通过变换代换,把它化为一阶线性微分方程. 事实上,在微分方程(10.2.13)两端同除以 y^n,得

$$y^{-n}\frac{\mathrm{d}y}{\mathrm{d}x}+P(x)y^{1-n}=Q(x),$$

即

$$\frac{1}{1-n}\cdot\frac{\mathrm{d}(y^{1-n})}{\mathrm{d}x}+P(x)y^{1-n}=Q(x),$$

于是,令 $z=y^{1-n}$,则上式可化为

$$\frac{\mathrm{d}z}{\mathrm{d}x}+(1-n)P(x)z=(1-n)Q(x).$$

这是关于变量 z 的一阶线性微分方程,求出其通解后,再把 z 换成 y^{1-n},便可得到伯努利方程(10.2.13)的通解.

例 10.2.9 求微分方程 $\dfrac{\mathrm{d}y}{\mathrm{d}x}+\dfrac{y}{x}=y^2\ln x$ 的通解.

解 所给方程是一个伯努利方程.

方程两端除以 y^2,得

$$\frac{1}{y^2}\frac{\mathrm{d}y}{\mathrm{d}x}+\frac{1}{xy}=\ln x, \quad \text{即} \quad -\frac{\mathrm{d}(y^{-1})}{\mathrm{d}x}+\frac{1}{x}y^{-1}=\ln x,$$

令 $z=y^{-1}$,则方程可化为

$$\frac{\mathrm{d}z}{\mathrm{d}x}-\frac{1}{x}z=-\ln x.$$

这是一个一阶非齐次线性微分方程,它的通解为

$$z=\mathrm{e}^{-\int\left(-\frac{1}{x}\right)\mathrm{d}x}\left[\int(-\ln x)\cdot\mathrm{e}^{\int\left(-\frac{1}{x}\right)\mathrm{d}x}\mathrm{d}x+C\right]$$

$$=x\left[C-\frac{1}{2}(\ln x)^2\right]$$

把 z 换成 y^{-1},即得原方程的通解为

$$xy\left[C - \frac{1}{2}(\ln x)^2\right] = 1.$$

利用变量代换,把一个微分方程化为可分离变量的微分方程或一阶线性微分方程等已知其求解步骤的微分方程,这是解微分方程最常用的方法.

例 10.2.10 求微分方程 $\dfrac{\mathrm{d}y}{\mathrm{d}x} = (x+y)^2$ 的通解.

解 令 $u = x+y$,则有 $y = u - x$,$\dfrac{\mathrm{d}y}{\mathrm{d}x} = \dfrac{\mathrm{d}u}{\mathrm{d}x} - 1$,代入原方程得

$$\frac{\mathrm{d}u}{\mathrm{d}x} - 1 = u^2,$$

分离变量,得

$$\mathrm{d}x = \frac{\mathrm{d}u}{1 + u^2}.$$

两边积分,得

$$x = \arctan u + C,$$

将 $u = x + y$ 代入上式,得原方程的通解为

$$x = \arctan(x+y) + C, \quad \text{即 } y = \tan(x - C) - x.$$

习 题 10-2

1. 求下列微分方程的通解.

(1) $y' = 2xy$;

(2) $y'\tan x = y$;

(3) $\dfrac{\mathrm{d}y}{\mathrm{d}x} = 2\mathrm{e}^{2x}y$;

(4) $xy' - y\ln y = 0$;

(5) $\sqrt{1-x^2}\,y' = \sqrt{1-y^2}$;

(6) $x\,\mathrm{d}y + \mathrm{d}x = \mathrm{e}^y\,\mathrm{d}x$.

(7) $\dfrac{\mathrm{d}y}{\mathrm{d}x} = \dfrac{y}{x}\ln\dfrac{y}{x}$;

(8) $y^2\,\mathrm{d}x + (x^2 - xy)\,\mathrm{d}y = 0$;

(9) $xy' = x\mathrm{e}^{\frac{y}{x}} + y$;

(10) $\dfrac{\mathrm{d}y}{\mathrm{d}x} = \dfrac{y}{x} - \tan\dfrac{y}{x}$;

(11) $\dfrac{\mathrm{d}y}{\mathrm{d}x} - \dfrac{2y}{x} = x^{\frac{5}{2}}$;

(12) $y' + 2xy = 2\mathrm{e}^{-x^2}$;

(13) $\dfrac{\mathrm{d}y}{\mathrm{d}x} + \dfrac{y}{x} = \dfrac{\cos x}{x}$;

(14) $y' = y\tan x + \cos x$;

(15) $(y^2 - 6x)\dfrac{\mathrm{d}y}{\mathrm{d}x} + 2y = 0$;

(16) $y\,\mathrm{d}x + (x - y^3)\,\mathrm{d}y = 0 \ (y > 0)$.

2. 求下列初值问题的解.

(1) $y' = \mathrm{e}^{5x-2y}$, $y\Big|_{x=0} = 0$;

(2) $(1+y^2)y' = \ln x$, $y\Big|_{x=1} = 0$;

(3) $x(1+y^2)\mathrm{d}x - (1+x^2)y\mathrm{d}y = 0$, $y\big|_{x=0} = 1$;

(4) $xy\dfrac{\mathrm{d}y}{\mathrm{d}x} = x^2 + y^2$, $y\big|_{x=\mathrm{e}} = 2\mathrm{e}$;

(5) $y' = \mathrm{e}^{\frac{y}{x}} + \dfrac{y}{x}$, $y\big|_{x=1} = 0$;

(6) $xy' + y = x\mathrm{e}^{-x}$, $y\big|_{x=1} = 0$;

(7) $\dfrac{\mathrm{d}y}{\mathrm{d}x} + y\cot x = \mathrm{e}^{\cos x}$, $y\big|_{x=\frac{\pi}{2}} = -2$;

(8) $\dfrac{\mathrm{d}y}{\mathrm{d}x} + \dfrac{2-3x^2}{x^3}y = 1$, $y\big|_{x=1} = 0$.

3. 一曲线通过点 $(3,5)$, 且该曲线在两坐标轴间的任一切线线段均被切点所平分, 求这曲线方程.

4. 已知某商品的需求量 Q 对价格 P 的弹性为 $\eta = -\dfrac{1}{Q^2}$, 且当 $Q = 0$ 时, $P = 100$, 试求价格 P 与需求量 Q 的函数关系.

5. 设连续函数 $f(x)$ 满足方程 $f(x) + 2\displaystyle\int_0^x f(t)\mathrm{d}t = x^2$, 求 $f(x)$.

6. 求下列伯努利方程的通解.

(1) $\dfrac{\mathrm{d}y}{\mathrm{d}x} + \dfrac{1}{3}y = \dfrac{1}{3}(1-2x)y^4$; \qquad (2) $\dfrac{\mathrm{d}y}{\mathrm{d}x} + y = y^2(\cos x - \sin x)$;

(3) $\dfrac{\mathrm{d}y}{\mathrm{d}x} - 3xy = xy^2$; \qquad\qquad (4) $\dfrac{\mathrm{d}y}{\mathrm{d}x} + \dfrac{y}{x} = y^2\ln x$.

10.3 可降阶的高阶微分方程

二阶及二阶以上的微分方程称为高阶微分方程. 一般的高阶微分方程没有普遍的解法, 但对于某些特殊的高阶微分方程, 可以通过变量代换将它化为较低阶的微分方程来求解. 下面介绍三种可降阶的高阶微分方程的求解方法.

10.3.1 $y^{(n)} = f(x)$ 型的微分方程

这类微分方程的特点是其右端仅含有自变量 x, 只要把 $y^{(n-1)}$ 作为新的未知函数, 在方程 $y^{(n)} = f(x)$ 两端积分, 得到一个 $n-1$ 阶的微分方程

$$y^{(n-1)} = \int f(x)\mathrm{d}x + C_1,$$

再次积分, 得到 $n-2$ 阶的微分方程

$$y^{(n-2)} = \int\left[\int f(x)\mathrm{d}x + C_1\right]\mathrm{d}x + C_2,$$

连续积分 n 次, 可得该方程的含有 n 个任意常数的通解.

例 10.3.1 求微分方程 $y''' = \mathrm{e}^{2x} + \sin x$ 的通解.

解 对该方程连续积分 3 次, 得

$$y'' = \int (e^{2x} + \sin x) \, dx = \frac{1}{2} e^{2x} - \cos x + C_1,$$

$$y' = \int \left(\frac{1}{2} e^{2x} - \cos x + C_1 \right) dx = \frac{1}{4} e^{2x} - \sin x + C_1 x + C_2,$$

$$y = \int \left(\frac{1}{4} e^{2x} - \sin x + C_1 x + C_2 \right) dx = \frac{1}{8} e^{2x} + \cos x + \frac{1}{2} C_1 x^2 + C_2 x + C_3,$$

C_1, C_2, C_3 是三个任意常数,这就是原方程的通解.

10.3.2 $y'' = f(x, y')$ 型的微分方程

这类微分方程的特点是不显含未知函数 y, 对其进行变量替换, 令 $y' = p(x)$, 则 $y'' = p'(x)$, 原方程化为

$$p' = f(x, p),$$

这是一个关于 x, p 的一阶微分方程, 设其通解为 $p = \varphi(x, C_1)$, 则

$$y' = \varphi(x, C_1).$$

这是一个一阶微分方程, 对它进行积分, 即可得到原方程的通解

$$y = \int \varphi(x, C_1) \, dx + C_2.$$

例 10.3.2 求微分方程 $y'' = \frac{1}{x} y' + x$ 的通解.

解 令 $y' = p$, 则 $y'' = \frac{dp}{dx}$, 于是原方程化为

$$\frac{dp}{dx} - \frac{1}{x} p = x,$$

这是一个关于 p 的一阶线性微分方程, 由通解公式得

$$p = e^{-\int (-\frac{1}{x}) \, dx} \left[\int x \, e^{\int (-\frac{1}{x}) \, dx} \, dx + C_1 \right] = e^{\ln x} \left(\int x \, e^{-\ln x} \, dx + C_1 \right)$$

$$= x(x + C_1) = x^2 + C_1 x$$

所以

$$y' = x^2 + C_1 x.$$

两端积分, 得原方程的通解为

$$y = \int (x^2 + C_1 x) \, dx = \frac{1}{3} x^3 + \frac{1}{2} C_1 x^2 + C_2.$$

例 10.3.3 求微分方程 $(1 + x^2) y'' = 2xy'$ 满足 $y \big|_{x=0} = 1$, $y' \big|_{x=0} = 3$ 的特解.

解 令 $y' = p$, 则 $y'' = \frac{dp}{dx}$, 于是原方程化为

$$(1+x^2)\frac{\mathrm{d}p}{\mathrm{d}x}=2xp,$$

分离变量,得
$$\frac{\mathrm{d}p}{p}=\frac{2x}{1+x^2}\mathrm{d}x,$$

两端积分,得 $\ln|p|=\ln(1+x^2)+C$, 即 $p=C_1(1+x^2)$,
所以
$$y'=C_1(1+x^2).$$

由初值条件 $y'\Big|_{x=0}=3$, 得 $C_1=3$. 于是 $y'=3(1+x^2)$. 积分得

$$y=x^3+3x+C_2.$$

由初值条件 $y\Big|_{x=0}=1$, 得 $C_2=1$. 故所求特解为

$$y=x^3+3x+1.$$

10.3.3　$y''=f(y,y')$型的微分方程

这类微分方程的特点是不显含自变量 x, 令 $y'=p$, 此时把 p 看作是 y 的函数,利用复合函数的求导法则,有

$$y''=\frac{\mathrm{d}p}{\mathrm{d}x}=\frac{\mathrm{d}p}{\mathrm{d}y}\cdot\frac{\mathrm{d}y}{\mathrm{d}x}=p\frac{\mathrm{d}p}{\mathrm{d}y}.$$

这样,原方程化为

$$p\frac{\mathrm{d}p}{\mathrm{d}y}=f(y,p),$$

这是一个关于 y,p 的一阶微分方程,设它的通解为 $p=\varphi(y,C_1)$, 则

$$y'=p=\varphi(y,C_1),$$

这是一个可分离变量的微分方程,分离变量后两端积分即可得到原方程的通解

$$\int\frac{\mathrm{d}y}{\varphi(y,C_1)}=x+C_2.$$

例 10.3.4　求微分方程 $yy''+(y')^2=0$ 的通解.

解　令 $y'=p$, 则 $y''=p\dfrac{\mathrm{d}p}{\mathrm{d}y}$, 代入原方程,得

$$yp\frac{\mathrm{d}p}{\mathrm{d}y}+p^2=0,$$

当 $p\neq0,y\neq0$ 时,约去 p, 分离变量,得

$$\frac{\mathrm{d}p}{p}=-\frac{\mathrm{d}y}{y},$$

两端积分,得

$$\ln |p| = -\ln |y| + C, \quad 即 p = \frac{C_1}{y},$$

则

$$y' = \frac{C_1}{y},$$

分离变量,得
$$y \mathrm{d}y = C_1 \mathrm{d}x.$$

两端积分,得原方程的通解为

$$\frac{1}{2}y^2 = C_1 x + C_2.$$

习 题 10-3

1. 求下列微分方程的通解.

(1) $y'' = \ln x$;

(2) $y''' = \sin 2x$;

(3) $y'' + \sqrt{1 - (y')^2} = 0$;

(4) $y'' = y' + x$;

(5) $xy'' + y' = 0$;

(6) $yy'' - (y')^2 = 0$;

(7) $y^3 y'' = 1$;

(8) $y'' = (y')^3 + y'$.

2. 求下列微分方程满足所给初始条件的特解.

(1) $(1 + x^2)y'' = 1$, $y\big|_{x=0} = y'\big|_{x=0} = 1$;

(2) $y'' = \mathrm{e}^{2y}$; $y\big|_{x=0} = 0$, $y'\big|_{x=0} = 1$;

(3) $y'' = \frac{3}{2}y^2$, $y\big|_{x=3} = y'\big|_{x=3} = 1$;

(4) $y'' = 2yy'$, $y\big|_{x=0} = 1$, $y'\big|_{x=0} = 2$;

(5) $y'' = 3\sqrt{y}$, $y\big|_{x=0} = 1$, $y'\big|_{x=0} = 2$.

3. 试求 $y'' = x$ 的经过点 $M(0, 1)$ 且在此点与直线 $y = 2x + 1$ 相切的积分曲线.

10.4 高阶线性微分方程

未知函数 y 及其各阶导数 $y', y'', \cdots, y^{(n)}$ 均为一次的 n 阶微分方程称为 **n 阶线性微分方程**. 它的一般形式为

$$y^{(n)} + a_1(x)y^{(n-1)} + \cdots + a_{n-1}(x)y' + a_n(x)y = f(x),$$

其中 $a_i(x)\ (i = 1, 2, \cdots, n)$ 及 $f(x)$ 都是区间 I 上的连续函数.

如果 $f(x) \equiv 0$, 称方程 $y^{(n)} + a_1(x)y^{(n-1)} + \cdots + a_{n-1}(x)y' + a_n(x)y = 0$ 为 **n 阶齐

次线性微分方程；否则，称为 n 阶非齐次线性微分方程.

本节主要讨论在实际问题中应用得较多的一类高阶微分方程，以二阶线性微分方程为主.

10.4.1 二阶线性微分方程的通解结构

形如

$$y'' + P(x)y' + Q(x)y = f(x),   \tag{10.4.1}$$

的微分方程称为二阶线性微分方程，其中 $P(x)$，$Q(x)$，$f(x)$ 都是 x 的连续函数.

如果 $f(x) \not\equiv 0$，则方程(10.4.1)称为**二阶非齐次线性微分方程**；如果 $f(x) \equiv 0$，则方程

$$y'' + P(x)y' + Q(x)y = 0   \tag{10.4.2}$$

称为方程(10.4.1)对应的**二阶齐次线性微分方程**.

下面研究二阶线性微分方程的解的一些性质，这些性质可以推广到 n 阶线性微分方程.

先研究二阶齐次线性微分方程(10.4.2)，有下述两个定理.

定理 10.4.1 如果函数 $y_1(x)$ 与 $y_2(x)$ 是二阶齐次线性微分方程(10.4.2)的两个解，那么

$$y = C_1 y_1 + C_2 y_2$$

也是方程(10.4.2)的解，其中 C_1，C_2 是任意常数.

证明 因为 $y_1(x)$ 与 $y_1(x)$ 是方程(10.4.2)的两个解，则有

$$y_1'' + P(x)y_1' + Q(x)y_1 = 0,$$
$$y_2'' + P(x)y_2' + Q(x)y_2 = 0.$$

从而

$$(C_1 y_1 + C_2 y_2)'' + P(x)(C_1 y_1 + C_2 y_2)' + Q(x)(C_1 y_1 + C_2 y_2)$$
$$= C_1[y_1'' + P(x)y_1' + Q(x)y_1] + C_2[y_2'' + P(x)y_2' + Q(x)y_2]$$
$$= 0.$$

所以，$y = C_1 y_1 + C_2 y_2$ 是方程(10.4.2)的解.

这个性质表明齐次线性方程的解符合叠加原理.

从形式上看，叠加起来的解 $y = C_1 y_1 + C_2 y_2$ 含有两个任意常数 C_1 和 C_2，但它却不一定是方程(10.4.2)的通解. 例如，设 y_1 是方程(10.4.2)的一个解，当 $\dfrac{y_2}{y_1} = k$（k 为常数）时，$y_2 = ky_1$ 也是方程(10.4.2)的一个解. 这时 $y = C_1 y_1 + kC_2 y_1 = Cy_1 (C = C_1 + kC_2)$，只含有一个任意常数，因而不是方程(10.4.2)的通解. 那么，在什么情形下 $y = C_1 y_1 + C_2 y_2$ 才是方程(10.4.2)的通解？当 $\dfrac{y_2}{y_1} \neq k$（k 为常数）时，$y = C_1 y_1 + C_2 y_2$ 才含有两个任意常数. 为此，我们须引入新的概念，即函数的线性相关与线性无关.

设 $y_1(x)$，$y_2(x)$，$\cdots$，$y_n(x)$ 为定义在区间 I 上的 n 个函数.如果存在 n 个不全为零的

常数 k_1, k_2, $\cdots$, k_n, 使得在区间 I 内恒有

$$k_1 y_1(x) + k_2 y_2(x) + \cdots + k_n y_n(x) \equiv 0$$

成立,那么称这 n 个函数在区间 I 上**线性相关**;否则称为**线性无关**.

特别地,对于两个函数 $y_1(x)$, $y_2(x)$, 要判别它们是否线性相关,只要看它们的比是否为常数,如果 $\dfrac{y_2(x)}{y_1(x)} = k$ (常数),那么它们就线性相关,否则称为线性无关. 例如, $y_1 = \cos x$ 与 $y_2 = \sin x$ 线性无关, $y_1 = x$ 与 $y_2 = 4x$ 线性相关.

综上,可得二阶齐次线性微分方程的通解结构定理.

定理 10.4.2 如果函数 $y_1(x)$ 与 $y_2(x)$ 是二阶齐次线性微分方程(10.4.2)的两个线性无关的特解,那么

$$y = C_1 y_1 + C_2 y_2$$

就是方程(10.4.2)的通解,其中 C_1, C_2 是任意常数.

例 10.4.1 验证 $y_1 = e^{2x}$ 与 $y_2 = e^{-2x}$ 是微分方程 $y'' - 4y = 0$ 的两个线性无关的解,并写出该方程的通解.

解 因为

$$y_1'' - 4y_1 = 4e^{2x} - 4e^{2x} = 0,$$
$$y_2'' - 4y_2 = 4e^{-2x} - 4e^{-2x} = 0,$$

所以 $y_1 = e^{2x}$ 与 $y_2 = e^{-2x}$ 是微分方程 $y'' - 4y = 0$ 的两个特解,又由于

$$\frac{y_1}{y_2} = \frac{e^{2x}}{e^{-2x}} = e^{4x} \neq 常数,$$

所以, $y_1 = e^{2x}$ 与 $y_2 = e^{-2x}$ 是线性无关的,所以 $y_1 = e^{2x}$ 与 $y_2 = e^{-2x}$ 是微分方程 $y'' - 4y = 0$ 的两个线性无关的解.

该方程的通解为 $y = C_1 \cos x + C_2 \sin x$.

下面研究二阶非齐次线性微分方程(10.4.1)的通解结构. 由公式 (10.2.12)可知,一阶非齐次线性微分方程的通解等于对应的齐次线性方程的通解与其本身的一个特解之和. 实际上,不仅一阶非齐次线性微分方程的通解具有这样的结构,二阶甚至更高阶的非齐次线性微分方程的通解也有同样的结构.

定理 10.4.3 设 y^* 是二阶非齐次线性微分方程(10.4.1)的一个特解, Y 是其对应的二阶齐次线性微分方程(10.4.2)的通解,则

$$y = Y + y^* \tag{10.4.3}$$

是二阶非齐次线性微分方程(10.4.1)的通解.

证明 把式(10.4.3)代入方程(10.4.1)的左端,根据已知条件可得

$$(Y + y^*)'' + P(x)(Y + y^*)' + Q(x)(Y + y^*)$$
$$= Y'' + (y^*)'' + P(x)[Y' + (y^*)'] + Q(x)(Y + y^*)$$
$$= [Y'' + P(x)Y' + Q(x)Y] + [(y^*)'' + P(x)(y^*)' + Q(x)y^*]$$
$$= 0 + f(x)$$
$$= f(x).$$

所以，$y=Y+y^*$ 是方程(10.4.1)的解. 由于对应齐次方程(10.4.2)的通解 $Y=C_1y_1+C_2y_2$ 中含有两个相互独立的任意常数 C_1 和 C_2，故 $y=Y+y^*$ 中也含有两个相互独立的任意常数，从而它就是二阶非齐次线性微分方程(10.4.1)的通解.

例如，二阶非齐次线性微分方程 $y''-4y=-4x$，已知其对应的齐次方程 $y''-4y=0$ 的通解为 $y=C_1\mathrm{e}^{2x}+C_2\mathrm{e}^{-2x}$；又容易验证 $y=x$ 是该方程的一个特解，所以

$$y=C_1\mathrm{e}^{2x}+C_2\mathrm{e}^{-2x}+x$$

是所给非齐次方程的通解.

定理 10.4.4(解的叠加原理)　设 y_1^* 与 y_2^* 分别是方程

$$y''+P(x)y'+Q(x)y=f_1(x)$$

与

$$y''+P(x)y'+Q(x)y=f_2(x)$$

的特解，则 $y_1^*+y_2^*$ 是方程

$$y''+P(x)y'+Q(x)y=f_1(x)+f_2(x) \tag{10.4.4}$$

的特解.

证明　将 $y_1^*+y_2^*$ 代入方程(10.4.4)左端，得

$$
\begin{aligned}
&(y_1^*+y_2^*)''+P(x)(y_1^*+y_2^*)'+Q(x)(y_1^*+y_2^*)\\
&=[(y_1^*)''+P(x)(y_1^*)'+Q(x)y_1^*]+[(y_2^*)''+P(x)(y_2^*)'+Q(x)y_2^*]\\
&=f_1(x)+f_2(x).
\end{aligned}
$$

所以，$y_1^*+y_2^*$ 是方程(10.4.4)的一个特解.

定理 10.4.4 通常称为非齐次线性微分方程的解的叠加原理.

10.4.2　二阶常系数线性微分方程

二阶常系数非齐次线性微分方程的一般形式为

$$y''+py'+qy=f(x), \tag{10.4.5}$$

其中 p,q 为常数，$f(x)$ 不恒等于零. 方程(10.4.5)对应的二阶常系数齐次线性微分方程为

$$y''+py'+qy=0. \tag{10.4.6}$$

1. 二阶常系数齐次线性微分方程的通解

由齐次线性微分方程的通解结构定理 10.4.2 可知，只要求出方程(10.4.6)的两个线性无关的特解 y_1 与 y_2，就可求出该方程的通解为 $y=C_1y_1+C_2y_2$. 下面讨论这两个特解的求法.

由于方程(10.4.6)是 y''，y' 和 y 各乘以常数因子后相加等于零，如果能找到一个函数，它和它的各阶导数只相差一个常数因子，这样的函数就有可能是方程(10.4.6)的特解. 容易

看到,当 r 为常数时,指数函数 $y = e^{rx}$ 满足上述条件. 因此,我们用 $y = e^{rx}$ 来尝试,看能否取到适当的常数 r,使 $y = e^{rx}$ 满足方程(10.4.6).

将 $y = e^{rx}$,$y' = re^{rx}$,$y'' = r^2 e^{rx}$ 代入方程(10.4.6),得

$$(r^2 + pr + q)e^{rx} = 0,$$

由于 $e^{rx} \neq 0$,所以

$$r^2 + pr + q = 0. \tag{10.4.7}$$

由此可见,只要 r 是代数方程 $r^2 + pr + q = 0$ 的根,函数 $y = e^{rx}$ 就是微分方程(10.4.6)的解. 这样,微分方程(10.4.6)的求解问题就转化为代数方程(10.4.7)的求根问题. 称方程(10.4.7)为微分方程(10.4.6)的**特征方程**,并把特征方程的根称为**特征根**.

特征方程(10.4.7)是一个一元二次代数方程,它的两个根 r_1,r_2 可由求根公式

$$r_{1,2} = \frac{-p \pm \sqrt{p^2 - 4q}}{2}$$

求出. 它们有三种不同的情形,即相异实根、重根和共轭复根. 相应地,微分方程(10.4.6)的通解也有三种不同的情形,分别讨论如下:

(1) 特征根为相异实根.

由一元二次方程的求根公式,当判别式 $\Delta = p^2 - 4q > 0$ 时,特征方程(10.4.7)有两个不同的实根 r_1,r_2,这时 $y_1 = e^{r_1 x}$,$y_2 = e^{r_2 x}$ 是微分方程(10.4.6)的两个特解. 因为 $\frac{y_2}{y_1} = e^{(r_2 - r_1)x} \neq$ 常数,所以 $y_1 = e^{r_1 x}$,$y_2 = e^{r_2 x}$ 线性无关. 从而,方程(10.4.6)的通解是

$$y = C_1 e^{r_1 x} + C_2 e^{r_2 x} \quad (C_1, C_2 \text{ 是任意常数}).$$

(2) 特征根为重根.

当判别式 $\Delta = p^2 - 4q = 0$ 时,特征方程(10.4.7)有两个相同的实根 $r_1 = r_2 = -\frac{p}{2}$,这样只能得到方程(10.4.6)的一个特解 $y_1 = e^{r_1 x}$. 要得到方程(10.4.6)的通解,还需找出另一个特解 y_2,并使得 y_1,y_2 线性无关,即要求 $\frac{y_2}{y_1}$ 不是常数. 为此可设 $y_2 = u(x)e^{r_1 x}$,其中 $u(x)$ 为待定函数. 对 y_2 求导,得 $y_2' = (u' + r_1 u)e^{r_1 x}$,$y_2'' = (u'' + 2r_1 u' + r_1^2 u)e^{r_1 x}$. 将 y_2,y_2',y_2'' 代入微分方程(10.4.6),得

$$(u'' + 2r_1 u' + r_1^2 u)e^{r_1 x} + p(u' + r_1 u)e^{r_1 x} + que^{r_1 x} = 0,$$

消去非零因子 $e^{r_1 x}$,整理得

$$u'' + (2r_1 + p)u' + (r_1^2 + pr_1 + q)u = 0.$$

由 r_1 是特征方程(10.4.7)的重根可得,$r_1^2 + pr_1 + q = 0$ 且 $2r_1 + p = 0$,于是得

$$u'' = 0.$$

因为这里只要得到一个不为常数的解，所以不妨取这个方程最简单的一个解 $u(x)=x$. 这样就得到了微分方程(10.4.6)的另一个解 $y_2=x\mathrm{e}^{r_1x}$，且 y_1，y_2 线性无关. 所以方程 (10.4.6)的通解为

$$y=C_1\mathrm{e}^{r_1x}+C_2x\mathrm{e}^{r_1x}=(C_1+C_2x)\mathrm{e}^{r_1x}\quad(C_1,C_2\text{ 是任意常数}).$$

（3）特征根为共轭复根.

当判别式 $\Delta=p^2-4q<0$ 时，特征方程(10.4.7)有一对共轭复根 $r_1=\alpha+\mathrm{i}\beta$，$r_2=\alpha-\mathrm{i}\beta$，这时，$y_1=\mathrm{e}^{(\alpha+\mathrm{i}\beta)\cdot x}$，$y_2=\mathrm{e}^{(\alpha-\mathrm{i}\beta)\cdot x}$ 是微分方程(10.4.6)的两个特解. 但这种复数形式的解应用不方便，在实际问题中常常需要实数形式的解，可以借助欧拉公式 $\mathrm{e}^{\mathrm{i}\theta}=\cos\theta+\mathrm{i}\sin\theta$ 将 y_1，y_2 改写成

$$y_1=\mathrm{e}^{(\alpha+\mathrm{i}\beta)\cdot x}=\mathrm{e}^{\alpha x}\cdot\mathrm{e}^{\mathrm{i}\beta x}=\mathrm{e}^{\alpha x}(\cos\beta x+\mathrm{i}\sin\beta x),$$

$$y_2=\mathrm{e}^{(\alpha-\mathrm{i}\beta)\cdot x}=\mathrm{e}^{\alpha x}\cdot\mathrm{e}^{-\mathrm{i}\beta x}=\mathrm{e}^{\alpha x}(\cos\beta x-\mathrm{i}\sin\beta x).$$

由定理 10.4.1 知，

$$\widetilde{y}_1=\frac{1}{2}(y_1+y_2)=\mathrm{e}^{\alpha x}\cos\beta x,$$

$$\widetilde{y}_2=\frac{1}{2\mathrm{i}}(y_1-y_2)=\mathrm{e}^{\alpha x}\sin\beta x,$$

也是方程(10.4.6)的解，且由于 $\dfrac{\widetilde{y}_2}{\widetilde{y}_1}=\dfrac{\mathrm{e}^{\alpha x}\sin\beta x}{\mathrm{e}^{\alpha x}\cos\beta x}=\tan\beta x$ 不是常数，所以 $\widetilde{y}_1$，$\widetilde{y}_2$ 线性无关. 所以方程(10.4.6)的通解为

$$y=\mathrm{e}^{\alpha x}(C_1\cos\beta x+C_2\sin\beta x)\quad(C_1,C_2\text{ 是任意常数}).$$

综上所述，求二阶常系数齐次线性微分方程(10.4.6)的通解，首先要先求出其特征方程 (10.4.7)的根，再根据根的不同情况确定方程的通解，如表 10-4-1 所示.

表 10-4-1

特征方程 $r^2+pr+q=0$ 的根	微分方程 $y''+py'+qy=0$ 的通解
两个相异实根 r_1,r_2	$y=C_1\mathrm{e}^{r_1x}+C_2\mathrm{e}^{r_2x}$
重根 $r_1=r_2$	$y=(C_1+C_2x)\mathrm{e}^{r_1x}$
一对共轭复根 $r_{1,2}=\alpha\pm\mathrm{i}\beta$	$y=\mathrm{e}^{\alpha x}(C_1\cos\beta x+C_2\sin\beta x)$

例 10.4.2　求微分方程 $y''-y'-6y=0$ 的通解.

解　所给微分方程的特征方程为

$$r^2-r-6=0,\quad\text{即 }(r-3)(r+2)=0,$$

特征根为 $r_1=3$，$r_2=-2$，因此所求微分方程的通解为

$$y=C_1\mathrm{e}^{3x}+C_2\mathrm{e}^{-2x}.$$

例 10.4.3 求微分方程 $y'' + 2y' + y = 0$ 满足初始条件 $y\big|_{x=0} = 1$，$y'\big|_{x=0} = 2$ 的特解.

解 所给微分方程的特征方程为

$$r^2 + 2r + 1 = 0, \quad 即 \ (r+1)^2 = 0,$$

特征根为 $r_1 = r_2 = -1$，所求微分方程的通解为

$$y = (C_1 + C_2 x)e^{-x}.$$

将初始条件 $y\big|_{x=0} = 1$，$y'\big|_{x=0} = 2$ 代入通解，可得 $C_1 = 1$，$C_2 = 3$. 因此所求微分方程的特解为

$$y = (1 + 3x)e^{-x}.$$

例 10.4.4 求微分方程 $y'' - 4y' + 13y = 0$ 的通解.

解 所给微分方程的特征方程为

$$r^2 - 4r + 13 = 0,$$

它有一对共轭复根 $r_{1,2} = \dfrac{4 \pm \sqrt{16 - 4 \times 13}}{2} = 2 \pm 3\mathrm{i}$，则 $\alpha = 2$，$\beta = 3$. 因此所求微分方程的通解为

$$y = e^{2x}(C_1 \cos 3x + C_2 \sin 3x).$$

2. 二阶常系数非齐次线性微分方程的通解

由非齐次线性微分方程的通解结构定理 10.4.3 可知，二阶常系数非齐次线性微分方程 (10.4.5)的通解等于对应的齐次方程的通解 Y 与其本身的一个特解 y^* 之和. 而与其对应的二阶常系数齐次方程(10.4.6)的通解 Y 在前面已经解决. 所以，接下来要解决的问题是如何求得二阶常系数非齐次线性微分方程(10.4.5)的一个特解 y^*.

下面只讨论当方程(10.4.5)中的 $f(x)$ 取两种常见的函数形式时，用待定系数法求解特解 y^* 的方法. 先确定特解的形式，然后把特解代入非齐次方程中求出特解中包含的一些待定系数的值，求出特解 y^*，把这种方法称为待定系数法.

(1) $f(x) = P_m(x)e^{\lambda x}$ 型.

这里 λ 是常数，$P_m(x) = a_0 x^m + a_1 x^{m-1} + \cdots + a_{m-1}x + a_m$ 是 x 的一个 m 次多项式. 当方程(10.4.5)右端 $f(x) = P_m(x)e^{\lambda x}$ 是多项式与指数函数的乘积，可以推测方程 (10.4.5)的特解也具有这种形式. 因此，设特解形式为 $y^* = Q(x)e^{\lambda x}$（其中 $Q(x)$ 为待定多项式），则

$$(y^*)' = [\lambda Q(x) + Q'(x)]e^{\lambda x}, \quad (y^*)'' = [\lambda^2 Q(x) + 2\lambda Q'(x) + Q''(x)]e^{\lambda x},$$

将 y^*，$(y^*)'$，$(y^*)''$ 代入非齐次方程(10.4.5)，并约去非零因子 $e^{\lambda x}$，得

$$Q''(x) + (2\lambda + p)Q'(x) + (\lambda^2 + p\lambda + q)Q(x) = P_m(x). \tag{10.4.8}$$

为了得到 $Q(x)$ 的形式，可分为下面几种情况进行讨论.

① 如果 λ 不是特征方程 $r^2 + pr + q = 0$ 的根, 则 $\lambda^2 + p\lambda + q \neq 0$. 由于等式(10.4.8) 右端 $P_m(x)$ 是一个 m 次多项式, 所以左端也应该是一个 m 次多项式, 则 $Q(x)$ 可设为

$$Q_m(x) = b_0 x^m + b_1 x^{m-1} + \cdots + b_{m-1} x + b_m.$$

这时 $y^* = Q_m(x) e^{\lambda x}$, 将其代入方程(10.4.8)中, 比较等式两端 x 的同次幂的系数, 就得到关于未知数 $b_0, b_1, \cdots, b_m$ 的 $m+1$ 个方程联立的方程组, 从而可求出这些待定系数 b_0, $b_1, \cdots, b_m$, 从而得到二阶常系数非齐次线性微分方程(10.4.5)的一个特解:

$$y^* = Q_m(x) e^{\lambda x}.$$

② 如果 λ 是特征方程 $r^2 + pr + q = 0$ 的单根, 则 $\lambda^2 + p\lambda + q = 0$, 但 $2\lambda + p \neq 0$, 要使等式(10.4.8)成立, $Q'(x)$ 须为 m 次多项式, $Q(x)$ 是一个 $m+1$ 次多项式, 则 $Q(x)$ 可设为

$$Q(x) = x Q_m(x),$$

可用与①同样的方法求出 $Q_m(x)$ 的待定系数 $b_0, b_1, \cdots, b_m$, 从而得到二阶常系数非齐次线性微分方程(10.4.5)的一个特解:

$$y^* = x Q_m(x) e^{\lambda x}.$$

③ 如果 λ 是特征方程 $r^2 + pr + q = 0$ 的重根, 则 $\lambda^2 + p\lambda + q = 0$ 且 $2\lambda + p = 0$, 要使等式(10.4.11)成立, $Q''(x)$ 须为 m 次多项式, $Q(x)$ 是一个 $m+2$ 次多项式, 则 $Q(x)$ 可设为

$$Q(x) = x^2 Q_m(x),$$

可用同样的方法求出 $Q_m(x)$ 的待定系数 $b_0, b_1, \cdots, b_m$, 从而得到二阶常系数非齐次线性微分方程(10.4.5)的一个特解:

$$y^* = x^2 Q_m(x) e^{\lambda x}.$$

综上所述, 当二阶常系数非齐次线性微分方程(10.4.5)的右端 $f(x) = P_m(x) e^{\lambda x}$ 时, 则可设其特解为

$$y^* = x^k Q_m(x) e^{\lambda x},$$

其中 $Q_m(x)$ 是与 $P_m(x)$ 同次的多项式, 而 k 按 λ 不是特征方程的根, 是特征方程的单根或是特征方程的的重根依次取为 $0, 1$ 或 2.

例 10.4.5 求微分方程 $y'' + y = 2x^2 - 3$ 的一个特解.

解 所给方程对应的齐次方程的特征方程为

$$r^2 + 1 = 0,$$

特征根为

$$r_1 = i, \quad r_2 = -i.$$

由于 $f(x) = 2x^2 - 3$ 是 $P_m(x) e^{\lambda x}$ 型, 其中 $P_m(x) = 2x^2 - 3, m = 2$, 且 $\lambda = 0$ 不是特征方程的根, 故设所给方程的一个特解为

$$y^* = b_0 x^2 + b_1 x + b_2,$$

代入所给方程, 得

$$b_0 x^2 + b_1 x + (2b_0 + b_2) = 2x^2 - 3.$$

比较同类项系数，得

$$\begin{cases} b_0 = 2, \\ b_1 = 0, \\ 2b_0 + b_2 = -3, \end{cases}$$

解得 $b_0 = 2$，$b_1 = 0$，$b_2 = -7$. 于是所给方程的一个特解为 $y^* = 2x^2 - 7$.

例 10.4.6 求微分方程 $y'' - 3y' + 2y = x\mathrm{e}^{2x}$ 的通解.

解 所给方程对应的齐次方程的特征方程为

$$r^2 - 3r + 2 = 0,$$

特征根为 $r_1 = 1$，$r_2 = 2$，则对应的齐次方程的通解为

$$Y = C_1 \mathrm{e}^x + C_2 \mathrm{e}^{2x}.$$

由于 $f(x) = x\mathrm{e}^{2x}$ 是 $P_m(x)\mathrm{e}^{\lambda x}$ 型，其中 $P_m(x) = x$，$m = 1$，且 $\lambda = 2$ 是特征方程的单根，故设所给方程的一个特解为

$$y^* = x(b_0 x + b_1)\mathrm{e}^{2x},$$

代入所给方程，得

$$2b_0 x + (2b_0 + b_1) = x.$$

比较同类项系数，得

$$\begin{cases} 2b_0 = 1, \\ 2b_0 + b_1 = 0. \end{cases}$$

解得 $b_0 = \dfrac{1}{2}$，$b_1 = -1$. 于是所给方程的一个特解为

$$y^* = x\left(\frac{1}{2}x - 1\right)\mathrm{e}^{2x}.$$

所以原方程的通解为

$$y = C_1 \mathrm{e}^x + C_2 \mathrm{e}^{2x} + x\left(\frac{1}{2}x - 1\right)\mathrm{e}^{2x}.$$

例 10.4.7 求微分方程 $y'' - 2y' + y = \mathrm{e}^x$ 满足初始条件 $y\big|_{x=0} = 1$，$y'\big|_{x=0} = 0$ 的特解.

解 所给方程对应的齐次方程的特征方程为

$$r^2 - 2r + 1 = 0,$$

特征根为 $r_1 = r_2 = 1$，则对应的齐次方程的通解为

$$Y = (C_1 + C_2 x)\mathrm{e}^x.$$

由于 $f(x) = e^x$ 是 $P_m(x)e^{\lambda x}$ 型,其中 $P_m(x) = 1$, $m = 0$,且 $\lambda = 1$ 是特征方程的重根,故应设所给方程的一个特解为

$$y^* = bx^2 e^x,$$

代入所给方程,得

$$2be^x = e^x.$$

解得 $b = \dfrac{1}{2}$. 于是所给方程的一个特解为

$$y^* = \frac{1}{2}x^2 e^x.$$

从而所给方程的通解为

$$y = (C_1 + C_2 x)e^x + \frac{1}{2}x^2 e^x.$$

初始条件 $y\Big|_{x=0} = 1$, $y'\Big|_{x=0} = 0$ 代入,可求得 $C_1 = 1$, $C_2 = -1$. 所以所给方程满足初始条件的特解为

$$y = (1-x)e^x + \frac{1}{2}x^2 e^x = \left(1 - x + \frac{1}{2}x^2\right)e^x.$$

(2) $f(x) = e^{\lambda x}\left[P_l(x)\cos\omega x + P_n(x)\sin\omega x\right]$ 型.

这里 λ, ω 是常数,$P_l(x)$, $P_n(x)$ 分别是 x 的 l 次和 n 次多项式. 如果当二阶常系数非齐次线性微分方程(10.4.5)的右端为 $f(x) = e^{\lambda x}\left[P_l(x)\cos\omega x + P_n(x)\sin\omega x\right]$,应用欧拉公式可得

$$
\begin{aligned}
f(x) &= e^{\lambda x}\left[P_l(x)\cos\omega x + P_n(x)\sin\omega x\right] \\
&= e^{\lambda x}\left[P_l(x)\frac{e^{i\omega x} + e^{-i\omega x}}{2} + P_n(x)\frac{e^{i\omega x} - e^{-i\omega x}}{2i}\right] \\
&= \frac{1}{2}\left[P_l(x) - iP_n(x)\right]e^{(\lambda + i\omega)x} + \frac{1}{2}\left[P_l(x) + iP_n(x)\right]e^{(\lambda - i\omega)x} \\
&= P(x)e^{(\lambda + i\omega)x} + \bar{P}(x)e^{(\lambda - i\omega)x},
\end{aligned}
$$

其中 $P(x) = \dfrac{1}{2}\left[P_l(x) - iP_n(x)\right]$, $\bar{P}(x) = \dfrac{1}{2}\left[P_l(x) + iP_n(x)\right]$ 是互为共轭的 m 次多项式,而 $m = \max\{l, n\}$.

对于 $f(x)$ 的第一项 $P(x)e^{(\lambda + i\omega)x}$,可设方程 $y'' + py' + qy = P(x)e^{(\lambda + i\omega)}$ 的特解为

$$y_1^* = x^k Q_m(x)e^{(\lambda + i\omega)},$$

其中 $Q_m(x)$ 是 m 次多项式,而 k 按 $\lambda + i\omega$ 不是特征方程的根或是特征方程的单根依次取 0 或 1. 由于 $f(x)$ 的第二项 $\bar{P}(x)e^{(\lambda - i\omega)x}$ 和第一项 $P(x)e^{(\lambda + i\omega)x}$ 共轭,则

$$y_2^* = \overline{y_1^*} = x^k \overline{Q}_m(x) e^{(\lambda - i\omega)}$$

必是方程 $y'' + py' + qy = \overline{P}(x) e^{(\lambda - i\omega)}$ 的特解. 根据解的叠加原理,方程(10.4.5)的一个特解为

$$y^* = x^k Q_m(x) e^{(\lambda + i\omega)x} + x^k \overline{Q}_m(x) e^{(\lambda - i\omega)x}$$

$$= x^k e^{\lambda x} [Q_m(x)(\cos \omega x + i \sin \omega x) + \overline{Q}_m(x)(\cos \omega x - i \sin \omega x)].$$

由于括号内的两项互为共轭,相加后即无虚部,所以可以写成实函数的形式

$$y^* = x^k e^{\lambda x} [R_m^{(1)}(x) \cos \omega x + R_m^{(2)}(x) \sin \omega x].$$

综上所述,如果 $f(x) = e^{\lambda x}[P_l(x) \cos \omega x + P_n(x) \sin \omega x]$,则二阶常系数非齐次线性微分方程(10.4.5)的特解可设为

$$y^* = x^k e^{\lambda x} [R_m^{(1)}(x) \cos \omega x + R_m^{(2)}(x) \sin \omega x],$$

其中 $R_m^{(1)}(x)$, $R_m^{(2)}(x)$ 是 m 次多项式,而 $m = \max\{l, n\}$,而 k 按 $\lambda + i\omega$ (或 $\lambda - i\omega$) 不是特征方程的根或是特征方程的单根依次取 0 或 1.

特别地,如果 $f(x) = A e^{\lambda x} \cos \omega x$ 或 $f(x) = B e^{\lambda x} \sin \omega x$ 时,特解可设为

$$y^* = x^k e^{\lambda x} (D_1 \cos \omega x + D_2 \sin \omega x),$$

而 k 按 $\lambda + i\omega$ (或 $\lambda - i\omega$) 不是特征方程的根或是特征方程的单根依次取 0 或 1.

例 10.4.8 求微分方程 $y'' + 4y = x \cos x$ 的一个特解.

解 所给方程对应的齐次方程的特征方程为

$$r^2 + 4 = 0,$$

特征根为 $r_1 = 2i$, $r_2 = -2i$.

由于 $f(x) = x \cos x$ 属于 $e^{\lambda x}[P_l(x) \cos \omega x + P_n(x) \sin \omega x]$ 型,其中 $\lambda = 0$, $\omega = 1$, $P_l(x) = 0$, $P_n(x) = x$. 由于 $\lambda + i\omega = i$ 不是特征方程的根,所以应设特解为

$$y^* = (Ax + B) \cos x + (Cx + D) \sin x,$$

代入所给方程,得

$$(3Ax + 3B + 2C) \cos x + (3Cx + 3D - 2A) \sin x = x \cos x,$$

比较同类项系数,得

$$\begin{cases} 3A = 1, \\ 3B + 2C = 0, \\ 3C = 0, \\ 3D - 2A = 0, \end{cases}$$

解得 $A = \dfrac{1}{3}$, $B = 0$, $C = 0$, $D = \dfrac{2}{9}$.

于是所给方程的一个特解为 $y^* = \dfrac{1}{3} x \cos x + \dfrac{2}{9} \sin x$.

例 10.4.9　求微分方程 $y'' + y = e^x + \cos x$ 的通解.

解　所给方程对应的齐次方程的特征方程为 $r^2 + 1 = 0$, 特征根 $r_1 = i$, $r_2 = -i$. 对应齐次方程通解为 $Y = C_1 \cos x + C_2 \sin x$.

先求 $y'' + y = e^x$ 的特解. 设特解为 $y_1^* = b_0 e^x$, 代入解得 $b_0 = \dfrac{1}{2}$.

再求 $y'' + y = \cos x$ 的特解. 设特解 $y_2^* = x[A \cos x + B \sin x]$, 代入解得 $A = 0$, $B = \dfrac{1}{2}$.

根据解的叠加原理, 得

$$y^* = y_1^* + y_2^* = \frac{1}{2} e^x + \frac{1}{2} x \sin x.$$

是所给方程的一个特解. 于是所给方程的通解为

$$y = C_1 \cos x + C_2 \sin x + \frac{1}{2} e^x + \frac{1}{2} x \sin x.$$

习　题　10-4

1. 验证 $y_1 = e^{x^2}$, $y_2 = x e^{x^2}$ 都是微分方程 $y'' - 4xy' + (4x^2 - 2)y = 0$ 的解, 并写出该方程的通解.

2. 验证 $y = C_1 e^x + C_2 e^{-x} - \dfrac{4}{25} \cos 2x - \dfrac{1}{5} x \sin 2x$ (C_1, C_2 是任意常数) 是微分方程 $y'' - y = x \sin 2x$ 的通解.

3. 求下列微分方程的通解.

(1) $y'' + 2y' - 8y = 0$; 　　　　　　　　(2) $y'' - 6y' + 9y = 0$;

(3) $y'' + 2y' + 5y = 0$; 　　　　　　　　(4) $4y'' - 20y' + 25y = 0$;

(5) $y'' + 2y' + 3y = 0$; 　　　　　　　　(6) $y'' + \mu y' = 0$ (μ 为实数).

4. 求下列微分方程满足所给初始条件的特解.

(1) $y'' + 25y = 0$, $y\big|_{x=0} = 2$, $y'\big|_{x=0} = 5$;

(2) $y'' - 4y' + 3y = 0$, $y\big|_{x=0} = 6$, $y'\big|_{x=0} = 10$;

(3) $4y'' + 4y' + y = 0$, $y\big|_{x=0} = 2$, $y'\big|_{x=0} = 0$.

5. 求下列微分方程的通解.

(1) $y'' - 7y' + 12y = 6x - 5$; 　　　　　(2) $y'' + a^2 y = e^x$;

(3) $y'' - 6y' + 9y = (x + 1)e^{3x}$; 　　　(4) $y'' - y = 2x e^x$;

(5) $y'' - 2y' + 5y = e^x \sin 2x$; 　　　　(6) $y'' + y' - 2y = 8 \cos 2x$;

(7) $y'' - y = 2\sin^2 x$; 　　　　　　　　(8) $y'' + y = e^x + \cos x$.

6. 求下列微分方程满足所给初始条件的特解.

(1) $y'' - 3y' + 2y = 5$, $y\big|_{x=0} = 1$, $y'\big|_{x=0} = 2$;

(2) $y'' + y = \sin x$, $y\Big|_{x=\pi} = 1$, $y'\Big|_{x=\pi} = 1$;

(3) $y'' - y = 4x e^x$, $y\Big|_{x=0} = 0$, $y'\Big|_{x=0} = 1$.

7. 求连续函数 $f(x)$, 且满足 $f(x) = e^x + \int_0^x t f(t) dt - x \int_0^x f(t) dt$.

10.5 差 分 方 程

本节将介绍差分方程的一些基本概念. 解的基本定理及几种常见的差分方程的求解方法. 差分方程的理论和方法与微分方程的相应的内容非常类似, 可仿照微分方程的知识学习本节内容.

10.5.1 差分的概念与性质

一般地, 如果变量 y 关于时间 t 的函数 $y = y(t)$ 是连续且可导的, 则变量 y 关于时间 t 的变化率是用 $\dfrac{dy}{dt}$ 来刻画的; 对离散型的变量 y, 我们常取在规定的时间区间上的差商 $\dfrac{\Delta y}{\Delta t}$ 来刻画变量 y 的变化率. 如果选择 $\Delta t = 1$, 则

$$\Delta y = y(t+1) - y(t)$$

可以近似代表变量 y 的变化率. 由此我们给出差分的定义.

定义 10.5.1 设函数 $y = y(t)$, 简记为 y_t, 当自变量 t 依次取遍非负整数 $t = 0, 1, 2, \cdots$ 时, 相应的函数值 y_t 可以排列成一个序列

$$y_0, y_1, \cdots, y_t, y_{t+1}, \cdots,$$

当自变量由 t 变到 $t+1$ 时, 相应的函数的增量 $y_{t+1} - y_t$ 称为函数 $y_t = y(t)$ 在点 t 的**一阶差分**, 简称**差分**, 记作 Δy_t, 即

$$\Delta y_t = y_{t+1} - y_t = y(t+1) - y(t) \quad (t = 0, 1, 2, \cdots).$$

例 10.5.1 已知 $y_t = C$ (C 为常数), 求 Δy_t.

解 由差分的定义, 可得

$$\Delta y_t = y_{t+1} - y_t = C - C = 0.$$

可得常数的差分为零.

例 10.5.2 已知 $y_x = a^x$ (其中 $a > 0$ 且 $a \neq 1$), 求 Δy_x.

解 由差分的定义, 可得

$$\Delta y_x = y_{x+1} - y_x = a^{x+1} - a^x = a^x(a-1).$$

可得指数函数的差分等于该指数函数乘于一个常数.

例 10.5.3 已知 $y_x = x^2$ (其中 $a > 0$ 且 $a \neq 1$), 求 Δy_x.

解 由差分的定义, 可得

$$\Delta y_x = y_{x+1} - y_x = a^{x+1} - a^x = (x+1)^2 - x^2 = 2x + 1.$$

由一阶差分的定义,我们可以得到差分的四则运算法则:

(1) $\Delta(Cy_t) = C y_t$;

(2) $\Delta(y_t \pm z_t) = \Delta y_t \pm \Delta z_t$;

(3) $\Delta(y_t \cdot z_t) = y_{t+1} \cdot \Delta z_t + z_t \cdot \Delta y_t = y_t \cdot \Delta z_t + z_{t+1} \cdot \Delta y_t$;

(4) $\Delta\left(\dfrac{y_t}{z_t}\right) = \dfrac{z_t \cdot \Delta y_t - y_t \cdot \Delta z_t}{z_t \cdot z_{t+1}} = \dfrac{z_{t+1} \cdot \Delta y_t - y_{t+1} \cdot \Delta z_t}{z_t \cdot z_{t+1}}$

仅给出(4)式的证明,其余的读者可以自己证明.

$$
\begin{aligned}
\Delta\left(\frac{y_t}{z_t}\right) &= \frac{y_{t+1}}{z_{t+1}} - \frac{y_t}{z_t} = \frac{y_{t+1} \cdot z_t - y_t \cdot z_{t+1}}{z_{t+1} \cdot z_t} \\
&= \frac{y_{t+1} \cdot z_t - y_t \cdot z_t + y_t \cdot z_t - y_t \cdot z_{t+1}}{z_{t+1} \cdot z_t} \\
&= \frac{(y_{t+1} - y_t) \cdot z_t - y_t \cdot (z_{t+1} - z_t)}{z_{t+1} \cdot z_t} \\
&= \frac{z_t \cdot \Delta y_t - y_t \cdot \Delta z_t}{z_t \cdot z_{t+1}}.
\end{aligned}
$$

类似可证 $\Delta\left(\dfrac{y_t}{z_t}\right) = \dfrac{z_{t+1} \cdot \Delta y_t - y_{t+1} \cdot \Delta z_t}{z_t \cdot z_{t+1}}$.

例 10.5.4　已知 $y_t = t^2 \cdot 2^t$,求 Δy_t.

解　由差分的运算法则,得

$$
\begin{aligned}
\Delta y_t &= 2^t \cdot \Delta(t^2) + (t+1)^2 \cdot \Delta(2^t) \\
&= 2^t \cdot (2t+1) + (t+1)^2 \cdot 1 \cdot 2^t \\
&= 2^t(t^2 + 4t + 2).
\end{aligned}
$$

与高阶导数类似,可以定义函数的高阶差分.

当自变量由 t 变到 $t+1$ 时,函数 $y_t = y(t)$ 在 t 的一阶差分的差分称为函数的**二阶差分**,记作 $\Delta^2 y_t$,即

$$
\begin{aligned}
\Delta^2 y_t &= \Delta(\Delta y_t) = \Delta y_{t+1} - \Delta y_t \\
&= (y_{t+2} - y_{t+1}) - (y_{t+1} - y_t) \\
&= y_{t+2} - 2y_{t+1} + y_t.
\end{aligned}
$$

类似地,函数 $y_t = y(t)$ 的二阶差分的差分称为函数 $y_t = y(t)$ 的**三阶差分**,记作 $\Delta^3 y_t$,即

$$
\begin{aligned}
\Delta^3 y_t &= \Delta(\Delta^2 y_t) = \Delta^2 y_{t+1} - \Delta^2 y_t \\
&= \Delta y_{t+2} - 2\Delta y_{t+1} + \Delta y_t \\
&= y_{t+3} - 3y_{t+2} + 3y_{t+1} - y_t.
\end{aligned}
$$

依此类推,函数 $y_t = y(t)$ 的 $n-1$ 阶差分的差分称为函数 $y_t = y(t)$ 的 **n 阶差分**,记作 $\Delta^n y_t$,即

$$
\Delta^n y_t = \Delta(\Delta^{n-1} y_t) = \Delta^{n-1} y_{t+1} - \Delta^{n-1} y_t = \sum_{k=0}^{n} (-1)^k C_n^k y_{t+n-k}.
$$

上式表明，函数 $y_t = y(t)$ 的 n 阶差分是该函数的 n 个函数值 $y_{t+n}, y_{t+n-1}, \cdots, y_t$ 的一个线性组合.

二阶及二阶以上的差分称为高阶差分.

例 10.5.5 设 $y = e^t$，求 $\Delta^2 y_t$.

解
$$\Delta y_t = \Delta(e^t) = e^{t+1} - e^t = (e-1)e^t,$$

$$\Delta^2 y_t = \Delta[(e-1)e^t] = (e-1)\Delta(e^t) = (e-1)^2 e^t.$$

本例还可以直接利用公式 $\Delta^2 y_t = y_{t+2} - 2y_{t+1} + y_t$ 求解

$$\Delta^2 y_t = y_{t+2} - 2y_{t+1} + y_t = e^{t+2} - 2e^{t+1} + e^t$$
$$= (e^2 - 2e + 1)e^t = (e-1)^2 e^t.$$

例 10.5.6 设 $y_t = 5t^2 - 2t + 3$，求 $\Delta y_t, \Delta^2 y_t, \Delta^3 y_t$.

解
$$\Delta y_t = \Delta(5t^2 - 2t + 3) = 5\Delta(t^2) - 2\Delta(t) + \Delta(3)$$
$$= 5(2t+1) - 2[(t+1) - t] + 0 = 10t + 3,$$
$$\Delta^2 y_t = \Delta(\Delta y_t) = \Delta(10t + 3) = 10\Delta(t) + \Delta(3) = 10,$$
$$\Delta^3 y_t = \Delta(10) = 0.$$

一般地，若函数 $y_t = y(t)$ 是 t 的 k 次多项式函数，则 $\Delta^k y_t$ 为常数，$\Delta^m y_t = 0 (m > k)$.

10.5.2 差分方程的基本概念

定义 10.5.2 含有未知函数的差分或含有未知函数的几个不同时期值的符号的方程，称为**差分方程**，其一般形式可表示为

$$F(t, y_t, \Delta y_t, \Delta^2 y_t, \cdots, \Delta^n y_t) = 0,$$

或 $G(t, y_t, y_{t+1}, \cdots, y_{t+n}) = 0$，或 $H(t, y_t, y_{t-1}, \cdots, y_{t-n}) = 0$.

由差分的定义及性质可知，差分方程的不同表达形式之间可以互相转化. 例如，$\Delta^2 y_t - \Delta y_t + 2y_t = e^t$ 是一个差分方程，它又可以表示为 $y_{t+2} - 3y_{t+1} + 4y_t = e^t$. 由于在经济应用中经常遇到形如 $G(t, y_t, y_{t+1}, \cdots, y_{t+n}) = 0$ 的差分方程，所以我们通常只讨论这种形式的差分方程.

在差分方程中，未知函数下标的最大值与最小值的差，称为**差分方程的阶**. 例如，上述差分方程为二阶差分方程；又如，差分方程 $\Delta^3 y_t + y_t + 1 = 0$，虽然它含有三阶差分 $\Delta^3 y_t$，但它可以化为 $y_{t+3} - 3y_{t+2} + 3y_{t+1} + 1 = 0$，实际上是二阶差分方程.

定义 10.5.3 如果把一个函数代入差分方程使其成为恒等式，则称该函数为差分方程的**解**. 若差分方程的解中含有相互独立的任意常数的个数等于差分方程的阶数，把这种解称为差分方程的**通解**.

用来确定差分方程的通解中任意常数的条件称为**初始条件**. 通解中的任意常数被初始条件确定，这样的解称为差分方程的**特解**. 通常一阶差分方程的初始条件为一个，一般是 $y_0 = a_0 (a_0$ 是常数)；二阶差分方程的初始条件为两个，一般是 $y_0 = a_0, y_1 = a_1 (a_0, a_1$ 是常数)；n 阶差分方程的初始条件为 n 个，一般是 $y_0 = a_0, y_1 = a_1, \cdots, y_{n-1} = a_{n-1} (a_0, a_1, \cdots, a_{n-1}$ 是 n 个已知常数).

例 10.5.7　验证 $y_t = \dfrac{1}{2}t^2 + \dfrac{1}{2}t + C$（$C$ 为任意常数）是差分方程 $y_{t+1} - y_t = t + 1$ 的通解,并求其满足初始条件 $y_0 = 2$ 的一个特解.

解　将 $y_t = \dfrac{1}{2}t^2 + \dfrac{1}{2}t + C$ 代入该方程,得

$$\text{左边} = y_{t+1} - y_t = \left[\frac{1}{2}(t+1)^2 + \frac{1}{2}(t+1) + C \right] - \left(\frac{1}{2}t^2 + \frac{1}{2}t + C \right) = t + 1 = \text{右边}$$

等式恒成立,因而 $y_t = \dfrac{1}{2}t^2 + \dfrac{1}{2}t + C$ 是该方程的解,且它含有一个任意常数 C,又所给差分方程是一阶的,因此 $y_t = \dfrac{1}{2}t^2 + \dfrac{1}{2}t + C$ 是该差分方程通解.

将初始条件 $y_0 = 2$ 代入通解中,得 $C = 2$,所以

$$y_t = \frac{1}{2}t^2 + \frac{1}{2}t + 2$$

是该方程满足初始条件 $y_0 = 2$ 的一个特解.

10.5.3　常系数线性差分方程解的结构

n 阶常系数线性差分方程的一般形式为

$$y_{t+n} + a_1 y_{t+n-1} + \cdots + a_{n-1} y_{t+1} + a_n y_t = f(t) \tag{10.5.1}$$

其中,$a_i(i = 1, 2, \cdots, n)$ 为常数,且 $a_n \neq 0$,$f(t)$ 为已知函数.

若 $f(t) \not\equiv 0$,则方程(10.5.1)称为 n 阶常系数非齐次线性差分方程.若 $f(t) \equiv 0$,方程

$$y_{t+n} + a_1 y_{t+n-1} + \cdots + a_{n-1} y_{t+1} + a_n y_t = 0 \tag{10.5.2}$$

称为非齐次方程(10.5.1)对应的 n 阶常系数齐次线性差分方程.

类似线性微分方程的结构定理,n 阶常系数线性差分方程有以下的结论.

定理 10.5.1　若函数 $y_1(t)$,$y_2(t)$,$\cdots$,$y_n(t)$ 是 n 阶常系数齐次线性差分方程(10.5.2)的解,则它们的线性组合

$$y_t = C_1 y_1(t) + C_2 y_2(t) + \cdots + C_n y_n(t)$$

也是方程(10.5.2)的解,其中 C_1,C_2,$\cdots$,C_n 是任意常数.

定理 10.5.2(齐次线性差分方程解的结构定理)　若函数 $y_1(t)$,$y_2(t)$,$\cdots$,$y_n(t)$ 是 n 阶常系数齐次线性差分方程(10.5.2)的 n 个线性无关的解,则

$$y_t = C_1 y_1(t) + C_2 y_2(t) + \cdots + C_n y_n(t)$$

是方程(10.5.2)的通解,其中 C_1,C_2,$\cdots$,C_n 是任意常数.

定理 10.5.3(非齐次线性差分方程解的结构定理)　若 y_t^* 是 n 阶常系数非齐次线性差分方程(10.5.1)的一个特解,Y_t 是其对应齐次线性差分方程(10.5.2)的通解,则非齐次线性差分方程(10.5.1)的通解为

$$y_t = Y_t + y_t^*.$$

定理 10.5.4(解的叠加原理) 若函数 $y_1^*(t)$，$y_2^*(t)$ 分别是 n 阶常系数非齐次线性差分方程(10.5.1)

$$y_{t+n} + a_1 y_{t+n-1} + \cdots + a_{n-1} y_{t+1} + a_n y_t = f_1(t)$$

与

$$y_{t+n} + a_1 y_{t+n-1} + \cdots + a_{n-1} y_{t+1} + a_n y_t = f_2(t)$$

的特解，则 $y^* = y_1^*(t) + y_2^*(t)$ 是差分方程

$$y_{t+n} + a_1 y_{t+n-1} + \cdots + a_{n-1} y_{t+1} + a_n y_t = f_1(t) + f_2(t)$$

的特解.

10.5.4 一阶常系数齐次线性差分方程

一阶常系数齐次线性差分方程的一般形式为

$$y_{t+1} - a y_t = 0 \quad (a \neq 0). \tag{10.5.3}$$

对于一阶常系数齐次线性差分方程(10.5.3)，常用的解法有以下两种.

1. 迭代法

假设 y_0 已知，则由方程(10.5.3)依次可得

$$y_1 = a y_0,$$
$$y_2 = a y_1 = a^2 y_0,$$
$$y_3 = a y_2 = a^3 y_0,$$
$$\cdots$$

于是可得 $y_t = a^t y_0$，令 $y_0 = C$（C 是任意常数），则齐次方程(10.5.3)的通解为

$$y_t = C a^t.$$

2. 特征根法

方程(10.5.3)等价于 $\Delta y_t = (a-1) y_t$，即一阶差分等于常数乘以函数 y_t 本身，而指数函数能满足这一特点. 故设方程(10.5.3)具有形如

$$y_t = \lambda^t$$

的特解，其中 λ 是非零待定常数. 将其代入方程(10.5.3)中，有

$$\lambda^{t+1} - a \lambda^t = 0,$$

即

$$\lambda^t (\lambda - a) = 0.$$

因为 $\lambda^t \neq 0$，所以 $y_t = \lambda^t$ 是方程(10.5.3)的解的充分必要条件为 $\lambda - a = 0$.

称一次代数方程 $\lambda-a=0$ 为一阶常系数齐次线性差分方程(10.5.3)的特征方程;而 $\lambda=a$ 为特征方程的根,简称特征根.

于是,$y_t=a^t$ 是一阶常系数线性齐次差分方程(10.5.3)的非零特解,从而其通解为

$$y_t=Ca^t \quad (C\text{ 为任意常数}).$$

因此,求常系数齐次线性差分方程(10.5.3)的通解,只需先写出其特征方程,求出特征根,即可写出其通解了.

例 10.5.8　求差分方程 $3y_{t+1}-y_t=0$ 的通解.

解　特征方程为 $3\lambda-1=0$,解得特征根为 $\lambda=\dfrac{1}{3}$. 所以原方程的通解为

$$y_t=C\left(\frac{1}{3}\right)^t \quad (C\text{ 为任意常数}).$$

例 10.5.9　求差分方程 $2y_t+y_{t-1}=0$ 满足初始条件 $y_0=5$ 的解.

解　原方程可改写为 $2y_{t+1}+y_t=0$,其特征方程为 $2\lambda+1=0$;特征根为 $\lambda=-\dfrac{1}{2}$,故原方程的通解为

$$y_t=C\cdot\left(-\frac{1}{2}\right)^t \quad (C\text{ 为任意常数}).$$

将初始条件 $y_0=5$ 代入,得 $C=5$;故所求特解为

$$y_t=5\cdot\left(-\frac{1}{2}\right)^t.$$

10.5.5　一阶常系数非齐次线性差分方程

一阶常系数非齐次线性差分方程的一般形式为

$$y_{t+1}-ay_t=f(t). \tag{10.5.4}$$

其中,常数 $a\neq0$,$f(t)$ 为已知函数.

由定理 10.5.3 可知,一阶常系数非齐次线性差分方程(10.5.4)的通解等于其对应的齐次方程的通解和该方程的一个特解 y_t^* 之和. 由于对应的齐次差分方程的通解已经会求,因此现在要解决的问题是如何求得非齐次方程(10.5.4)的一个特解 y_t^*.

当非齐次差分方程(10.5.4)的右端项 $f(t)$ 是某些特殊形式的函数时,用待定系数法求其特解,首先确定其特解的形式,然后把特解代入非齐次方程中来确定特解中的待定系数的值,进而求出特解 y_t^*.

1. $f(t)=P_m(t)$型

这里 $P_m(t)$ 表示 t 的 m 次多项式,非齐次差分方程(10.5.4)为

$$y_{t+1}-ay_t=P_m(t) \quad (a\neq0).$$

由 $\Delta y_t=y_{t+1}-y_t$,上式可改写成

$$\Delta y_t + (1-a)y_t = P_m(t).$$

设 y_t^* 是它的一个解，则 $\Delta y_t^* + (1-a)y_t^* = P_m(t)$，由于方程的右端 $P_m(t)$ 是一个 m 次多项式，左端为函数的一阶差分与函数的代数和，则所求的非齐次方程的特解 y_t^* 应该是一个多项式函数.

若 $a \neq 1$，即 1 不是对应齐次方程的特征根，则该方程的解也应该是一个 m 次多项式，故可设方程的特解为

$$y_t^* = Q_m(t) = b_0 t^m + b_1 t^{m-1} + \cdots + b_{m-1} t + b_m,$$

把其代入原方程，比较等式两边同类项的系数，可确定系数 $b_i(i=0, 1, 2, \cdots, m)$.

若 $a = 1$，即是对应齐次方程的特征根，这时 $\Delta y_t = P_m(t)$，则该方程的解应该是一个 $m+1$ 次多项式，可设方程的特解为

$$y_t^* = tQ_m(t) = t(b_0 t^m + b_1 t^{m-1} + \cdots + b_{m-1} t + b_m),$$

把其代入原方程，比较等式两边同类项的系数，可确定系数 $b_i(i=0, 1, 2, \cdots, m)$.

综上所述，可归纳如下：

如果一阶常系数非齐次线性差分方程(10.5.4)中的 $f(t)=P_m(t)$，其中 $P_m(t)$ 为 t 的 m 次多项式，则该方程具有形如

$$y_t^* = t^k Q_m(t)$$

的特解，其中 $Q_m(t)$ 是与 $P_m(t)$ 同次的多项式，k 的取值如下确定：

(1) 如果 1 不是特征方程的根，则 $k=0$；

(2) 如果 1 是特征方程的根，则 $k=1$.

例 10.5.10　求差分方程 $y_{t+1} - y_t = t+1$ 的通解.

解　(1) 求对应齐次方程的通解.

特征方程为 $\lambda - 1 = 0$，则特征根 $\lambda = 1$，所以对应齐次差分方程的通解为

$$Y_t = C \cdot 1^t = C \quad (C \text{ 为任意常数}).$$

(2) 求非齐次方程的一个特解.

由于 $f(t) = t+1$，1 是特征方程的根；因此可设非齐次差分方程的特解为

$$y_t^* = t(b_0 + b_1 t),$$

将其代入原方程，整理得

$$2b_1 t + b_0 + b_1 = t+1.$$

比较等式两边同类项的系数，解得 $b_0 = \dfrac{1}{2}$，$b_1 = \dfrac{1}{2}$. 故原方程的一个特解为

$$y_t^* = \frac{1}{2}t^2 + \frac{1}{2}t.$$

(3) 原方程的通解为

$$y_t = Y_t + y_t^* = C + \frac{1}{2}t^2 + \frac{1}{2}t \quad (C \text{ 为任意常数}).$$

例 10.5.11　求差分方程 $y_{t+1} - 2y_t = 3t^2$ 满足 $y_0 = 1$ 的特解.

解　(1) 求对应齐次方程的通解.

特征方程为 $\lambda - 2 = 0$，则特征根 $\lambda = 2$，所以对应齐次差分方程的通解为

$$Y_t = C \cdot 2^t \quad (C \text{ 为任意常数}).$$

(2) 求非齐次方程的一个特解.

由于 $f(t) = 3t^2$，1 不是特征方程的根，因此可设非齐次差分方程的特解为

$$y_t^* = b_0 + b_1 t + b_2 t^2.$$

将其代入原方程，整理得

$$(-b_0 + b_1 + b_2) + (-b_1 + 2b_2)t - b_2 t^2 = 3t^2.$$

比较等式两边同类项的系数，可解得 $b_0 = -9$，$b_1 = -6$，$b_2 = -3$. 故原方程的一个特解为

$$y_t^* = -9 - 6t - 3t^2.$$

(3) 原方程的通解为

$$y_t = Y_t + y_t^* = C \cdot 2^t - 9 - 6t - 3t^2 \quad (C \text{ 为任意常数}).$$

(4) 由 $y_0 = 1$，可得 $C = 10$，所以原方程满足初始条件的特解为

$$y_t = 10 \cdot 2^t - 9 - 6t - 3t^2.$$

2. $f(t) = \mu^t P_m(t)$ 型

非齐次差分方程 (10.5.4) 为

$$y_{t+1} - a y_t = \mu^t P_m(t).$$

其中，常数 $\mu \neq 0$ 且 $\mu \neq 1$，$P_m(t)$ 为 t 的 m 次多项式. 对于这一类型的差分方程，我们可通过合适的变换化为可求类型.

令 $y_t = \mu^t \cdot z_t$，代入原方程，得

$$\mu^{t+1} \cdot z_{t+1} - a \cdot \mu^t \cdot z_t = \mu^t \cdot P_m(t).$$

消去 μ^t，得

$$\mu z_{t+1} - a z_t = P_m(t).$$

这个方程的特征方程是 $\mu \lambda - a = 0$，特征根为 $\lambda = \dfrac{a}{\mu}$.

由上一类型的求法可得此方程的特解，设为

$$z_t^* = t^k Q_m(t).$$

其中，$Q_m(t)$ 是与 $P_m(t)$ 同次的多项式，k 的取值如下确定：

（1）如果 1 不是特征方程的根，即 $\lambda = \dfrac{a}{\mu} \neq 1 \Rightarrow \mu \neq a$，则 $k = 0$；

（2）如果 1 是特征方程的根，即 $\lambda = \dfrac{a}{\mu} = 1 \Rightarrow \mu = a$，则 $k = 1$.

从而，原方程的特解为

$$y_t^* = \mu^t \cdot z_t^* = \mu^t t^k Q_m(t).$$

综上所述，有如下结论.

如果一阶常系数非齐次线性差分方程(10.5.4)中的的 $f(t) = \mu^t P_m(t)$，其中常数 $\mu \neq 0$ 且 $\mu \neq 1$，$P_m(t)$ 为 t 的 m 次多项式，则该方程具有形如

$$y_t^* = \mu^t t^k Q_m(t)$$

的特解，其中 $Q_m(t)$ 是与 $P_m(t)$ 同次的多项式，k 的取值如下确定：

（1）如果 μ 不是特征方程的根，则 $k = 0$；

（2）如果 μ 是特征方程的根，则 $k = 1$.

例 10.5.12 求差分方程 $y_{t+1} - 2y_t = 4t \cdot 2^t$ 的通解.

解 （1）求对应齐次方程的通解.

特征方程为 $\lambda - 2 = 0$，则特征根 $\lambda = 2$，所以对应齐次差分方程的通解为 $Y_t = C \cdot 2^t$（C 为任意常数）.

（2）求非齐次方程的一个特解.

由于 $f(t) = 4t \cdot 2^t$，$\mu = 2$ 是特征根，因此设此非齐次差分方程的特解为

$$y_t^* = 2^t \cdot t \cdot (b_0 + b_1 t).$$

将其代入原方程，消去 2^t，整理得

$$2(b_0 + b_1) + 4b_1 t = 4t,$$

比较等式两边同类项的系数，可解得 $b_0 = -1$，$b_1 = 1$，故原方程的一个特解为

$$y_t^* = 2^t \cdot t(t-1).$$

（3）原方程的通解为

$$y_t = Y_t + y_t^* = C \cdot 2^t + 2^t \cdot t(t-1) \quad （C \text{ 为任意常数}）.$$

例 10.5.13 求差分方程 $y_{t+1} - ay_t = \mu^t$ 的通解.

解 （1）求对应齐次方程的通解.

特征方程为 $\lambda - a = 0$，则特征根 $\lambda = a$，所以对应齐次差分方程的通解为 $Y_t = C \cdot a^t$（C 为任意常数）.

（2）求非齐次方程的一个特解.

由于 $f(t) = \mu^t$，当 $\mu = a$ 时，μ 是特征根，因此设此非齐次差分方程的特解为

$$y_t^* = \mu^t \cdot t \cdot b,$$

将其代入原方程，消去 μ^t，整理得 $b = \dfrac{1}{\mu}$，故此时原方程的一个特解为 $y_t^* = t\mu^{t-1}$.

当 $\mu \neq a$ 时，μ 不是特征根，因此设此非齐次差分方程的特解为

$$y_t^* = \mu^t \cdot b,$$

将其代入原方程，消去 μ^t，整理得 $b = \dfrac{1}{\mu - a}$，故此时原方程的一个特解为 $y_t^* = \dfrac{\mu^t}{\mu - a}$.

（3）原方程的通解为

$$y_t = Y_t + y_t^* = \begin{cases} Ca^t + \dfrac{\mu^t}{\mu - a}, & \mu \neq a, \\ Ca^t + t\mu^{t-1}, & \mu = a \end{cases} \quad （C \text{ 为任意常数}）.$$

3. $f(t) = b_1 \cos \omega t + b_2 \sin \omega t$ 型

非齐次差分方程(10.5.4)为

$$y_{t+1} - a y_t = b_1 \cos \omega t + b_2 \sin \omega t, \tag{10.5.5}$$

其中 a，b_1，b_2，ω 为已知常数且 $a \neq 0$，则该方程的特解形如

$$y_t^* = B_1 \cos \omega t + B_2 \sin \omega t \quad （B_1，B_2 \text{ 是待定常数}），$$

代入方程(10.5.5)，得

$$\begin{cases} B_1(\cos \omega - a) + B_2 \sin \omega = b_1, \\ -B_1 \sin \omega + B_2(\cos \omega - a) = b_2. \end{cases}$$

（1）当系数行列式 $D = (\cos \omega - a)^2 + \sin^2 \omega \neq 0$ 时，求得 B_1，B_2 的唯一解为

$$\begin{cases} B_1 = \overline{B}_1 = \dfrac{1}{D}[b_1(\cos \omega - a) - b_2 \sin \omega], \\ B_2 = \overline{B}_2 = \dfrac{1}{D}[b_2(\cos \omega - a) + b_1 \sin \omega]. \end{cases}$$

于是 $y_t^* = \overline{B}_1 \cos \omega t + \overline{B}_2 \sin \omega t$，原方程的通解为 $y_t = Ca^t + \overline{B}_1 \cos \omega t + \overline{B}_2 \sin \omega t$.

（2）当 $D = (\cos \omega - a)^2 + \sin^2 \omega = 0$ 时，则 $\sin \omega = 0$，$\cos \omega = a = \pm 1$，方程(10.5.5)化为

$$y_{t+1} - y_t = b_1 \quad 或 \quad y_{t+1} + y_t = b_1(-1)^t,$$

可求得原方程的通解为

$$y_t = C + b_1 t \quad 或 \quad y_t = (C - b_1 t)(-1)^t.$$

例 10.5.14　求差分方程 $y_{t+1} - 3y_t = \sin \dfrac{\pi}{2} t$ 的通解.

解　（1）先求对应齐次方程的通解.

因其特征方程为 $\lambda - 3 = 0$，则特征根 $\lambda = 3$，所以其对应齐次差分方程的通解为

$$Y_t = C \cdot 3^t \quad （C \text{ 为任意常数}）.$$

（2）再求非齐次方程的一个特解.

这里 $f(t) = \sin\dfrac{\pi}{2}t$，$b_1 = 0$，$b_2 = 1$，$\omega = \dfrac{\pi}{2}$.

因为 $D = (\cos\omega - a)^2 + \sin^2\omega = 10 \neq 0$，设特解

$$y_t^* = B_1\cos\frac{\pi}{2}t + B_2\sin\frac{\pi}{2}t,$$

将其代入原方程有

$$B_1\cos\frac{\pi}{2}(t+1) + B_2\sin\frac{\pi}{2}(t+1) - 3\left(B_1\cos\frac{\pi}{2}t + B_2\sin\frac{\pi}{2}t\right) = \sin\frac{\pi}{2}t$$

因为 $\cos\dfrac{\pi}{2}(t+1) = -\sin\dfrac{\pi}{2}t$，$\sin\dfrac{\pi}{2}(t+1) = \cos\dfrac{\pi}{2}t$，将其代入上式，并整理得

$$(B_2 - 3B_1)\cos\frac{\pi}{2}t - (B_1 + 3B_2)\sin\frac{\pi}{2}t = \sin\frac{\pi}{2}t.$$

比较上式两端的系数，解得 $B_1 = -\dfrac{1}{10}$，$B_2 = -\dfrac{3}{10}$. 故非齐次差分方程的特解

$$y_t^* = -\frac{1}{10}\cos\frac{\pi}{2}t - \frac{3}{10}\sin\frac{\pi}{2}t.$$

（3）原方程的通解为

$$y_t = Y_t + y_t^* = C\cdot 3^t - \frac{1}{10}\cos\frac{\pi}{2}t - \frac{3}{10}\sin\frac{\pi}{2}t \quad （C\text{ 为任意常数}）.$$

习 题 10-5

1. 求下列函数的各阶差分.

(1) $y_t = \cos t$，求 Δy_t；

(2) $y_t = e^{2t}$，求 Δy_t，$\Delta^2 y_t$；

(3) $y_t = 3t^2 - 4t + 2$，求 Δy_t，$\Delta^2 y_t$，$\Delta^3 y_t$；

(4) $y_t = \ln t$，求 $\Delta^2 y_t$.

2. 设阶乘函数 $t^{(n)} = t(t-1)(t-2)\cdots(t-n+1)$，$t^{(0)} = 1$，证明：$\Delta(t^{(n)}) = nt^{(n-1)}$.

3. 确定下列差分方程的阶.

(1) $2y_{t-3} + y_{t-1} = y_{t+2}$；

(2) $y_{t+2} - 5y_t + 2y_{t-2} + 12 = 0$；

(3) $y_{t+3} - t^2 y_{t+1} + 2y_t = \cos t$；

(4) $y_{t+2} - y_{t-4} = 2y_{t-2}$；

(5) $3\Delta^2 y_t + 3y_{t+1} - 2y_t = e^t$.

4. 验证 $y_1(t) = 1$，$y_2(t) = \dfrac{1}{t+1}$ 是方程 $y_{t+2} - \dfrac{2(t+2)}{t+3}y_{t+1} + \dfrac{t+1}{t+3}y_t = 0$ 的解，并求该差分方程的通解.

5. 验证 $y_t = C_1 + C_2 2^t - t$（C_1, C_2 为任意常数）是方程 $y_{t+2} - 3y_{t+1} + 2y_t = 1$ 的通解，并求满足初始条件 $y_0 = 0$，$y_1 = 3$ 的特解.

6. 求下列差分方程的通解.

(1) $3y_{t+1} - 2y_t = 0$；

(2) $7y_{t+1} + 5y_t = 0$；

(3) $y_{t+1} - y_t = 2t - 1$；

(4) $y_{t+1} - 2y_t = 2^t(4t+1)$；

(5) $y_{t+1} + y_t = t \cdot 2^t$;

(6) $y_{t+1} - 2y_t = 3t^2 + 2^t(4t+1)$.

7. 求下列差分方程满足给定初始条件的特解.

(1) $y_t - 6y_{t-1} = 0$, $y_0 = 5$;

(2) $3y_{t+1} - y_t = 0$, $y_0 = 2$;

(3) $y_{t+1} - 2y_t = 3t^2$, $y_0 = 1$;

(4) $y_{t+1} - y_t = t + 1$, $y_0 = 1$;

(5) $y_{t+1} - \dfrac{1}{2}y_t = 3\left(\dfrac{3}{2}\right)^t$, $y_0 = 5$.

综合练习 10

一、选择题

1. 一阶线性非齐次微分方程 $y' = P(x)y + Q(x)$ 的通解是( ).

A. $y = e^{-\int P(x)dx}\left[\int Q(x)e^{\int P(x)dx}dx + C\right]$;

B. $y = e^{-\int P(x)dx}\int Q(x)e^{\int P(x)dx}dx$;

C. $y = e^{\int P(x)dx}\left[\int Q(x)e^{-\int P(x)dx}dx + C\right]$;

D. $y = ce^{-\int P(x)dx}$.

2. 方程 $xy' = \sqrt{x^2+y^2} + y$ 是( ).

A. 齐次方程;　　B. 一阶线性方程;

C. 伯努利方程;　　D. 可分离变量方程.

3. 已知 $y = \dfrac{x}{\ln x}$ 是微分方程 $y' = \dfrac{y}{x} + \varphi\left(\dfrac{x}{y}\right)$ 的解,则 $\varphi\left(\dfrac{x}{y}\right)$ 的表达式为( ).

A. $-\dfrac{y^2}{x^2}$;　　B. $\dfrac{y^2}{x^2}$;　　C. $-\dfrac{x^2}{y^2}$;　　D. $\dfrac{x^2}{y^2}$.

4. $\dfrac{dy}{y^2} + \dfrac{dx}{x^2} = 0$, $y(1) = 2$ 的特解是( ).

A. $x^2 + y^2 = 2$;　　B. $\dfrac{1}{x} + \dfrac{1}{y} = \dfrac{3}{2}$;

C. $x^3 + y^3 = 1$;　　D. $\dfrac{x^3}{3} + \dfrac{y^3}{3} = 1$.

5. 方程 $y''' = \sin x$ 的通解是( ).

A. $y = \cos x + \dfrac{1}{2}C_1 x^2 + C_2 x + C_3$;

B. $y = \sin x + \dfrac{1}{2}C_1 x^2 + C_2 x + C_3$;

C. $y = \cos x + C_1$;　　D. $y = 2\sin 2x$.

6. 方程 $y''' + y' = 0$ 的通解是( ).

A. $y = \sin x - \cos x + C_1$;

B. $y = C_1\sin x - C_2\cos x + C_3$;

C. $y = \sin x + \cos x + C_1$;

D. $y = \sin x - C_1$.

7. 若 y_1 和 y_2 是二阶齐次线性方程 $y'' + P(x)y' + Q(x)y = 0$ 的两个特解,则 $y = C_1 y_1 + C_2 y_2$(其中 C_1, C_2 为任意常数)( ).

A. 是该方程的通解;　　B. 是该方程的解;

C. 不是该方程的解;　　D. 不一定是该方程的解.

8. 求方程 $yy'' - (y')^2 = 0$ 的通解时,可令( ).

A. $y' = P$,则 $y'' = P'$;

B. $y' = P$,则 $y'' = P\dfrac{dP}{dy}$;

C. $y' = P$,则 $y'' = P\dfrac{dP}{dx}$;

D. $y' = P$,则 $y'' = P'\dfrac{dP}{dy}$.

9. 设线性无关的函数 y_1, y_2, y_3 都是二阶非齐次线性方程 $y'' + p(x)y' + q(x)y = f(x)$ 的解,C_1,

C_2 为任意常数，则该非齐次方程的通解是（ ）.

A. $y = C_1 y_1 + C_2 y_2 + y_3$；

B. $y = C_1 y_1 + C_2 y_2 - (C_1 + C_2) y_3$；

C. $y = C_1 y_1 + C_2 y_2 + (1 - C_1 - C_2) y_3$；

D. $y = C_1 y_1 + C_2 y_2 - (1 - C_1 - C_2) y_3$.

10. 方程 $y'' - 3y' + 2y = e^x \cos 2x$ 的一个特解形式是（ ）.

A. $y = A_1 e^x \cos 2x$；

B. $y = A_1 x e^x \cos 2x + B_1 x e^x \sin 2x$；

C. $y = A_1 e^x \cos 2x + B_1 e^x \sin 2x$；

D. $y = A_1 x^2 e^x \cos 2x + B_1 x^2 e^x \sin 2x$.

二、选择题

1. 含导数的方程 $f(x^{2022}, y, y', \cdots, y^{(2023)}) = 0$ 为_____阶微分方程.

2. 分离微分方程 $\dfrac{\mathrm{d}x}{\mathrm{d}y} = f(x)g(y)$ 的变量后，有 $\displaystyle\int \dfrac{\mathrm{d}x}{f(x)} = $_____.

3. 若 $y' + y \tan x = \cos x$，则 $y = $_____.

4. 若 $y'' = x^2$，则 $y = $_____.

5. 若 $y'' - y' - 6y = 0$，则 $y = $_____.

6. 若 $y'' - 6y' + 9y = 0$，则 $y = $_____.

7. 若 $yy'' = y'^2$，则 $y = $_____.

8. 若 $y''' = e^{2x} - \cos x$，则 $y = $_____.

三、求下列微分方程的解

1. $xy' \ln x + y = ax(\ln x + 1)$.

2. $(y^2 - 6x)\dfrac{\mathrm{d}y}{\mathrm{d}x} + 2y = 0$.

3. $(1 + 2e^{\frac{x}{y}})\mathrm{d}x + 2e^{\frac{x}{y}}\left(1 - \dfrac{x}{y}\right)\mathrm{d}y = 0$.

4. $y'' = y' + x$.

5. $4\dfrac{\mathrm{d}^2 x}{\mathrm{d}t^2} - 20\dfrac{\mathrm{d}x}{\mathrm{d}t} + 25x = 0$.

6. $y'' + y = x^2 e^x$.

7. $y^3 \mathrm{d}x + 2(x^2 - xy^2)\mathrm{d}y = 0$，$x = 1$ 时，$y = 1$.

8. $y'' + 2y' + y = \cos x$，$x = 0$ 时，$y = 0$，$y' = \dfrac{3}{2}$.

四、解答题

1. 设可导函数 $\varphi(x)$ 满足 $\varphi(x)\cos x + 2\displaystyle\int_0^x \varphi(t)\sin t\,\mathrm{d}t = x + 1$，求函数 $\varphi(x)$.

2. 已知某曲线经过点 $(1, 1)$，它的切线在纵轴上的截距等于切点的横坐标，求它的方程.

部分习题参考答案

第6章　向量代数与空间解析几何

习题 6-1

1. A：Ⅷ；B：Ⅴ；C：Ⅲ；D：Ⅳ；E：Ⅶ；F：Ⅵ.

2. A：在 xoy 平面上；B：在 yoz 平面上；C：在 y 轴上；D：在 z 轴上.

3. $(a, b, -c)$，$(-a, b, -c)$，$(-a, -b, -c)$.

4. 与 x 轴的距离为：$\sqrt{34}$；与 y 轴的距离为：$\sqrt{41}$；与 z 轴的距离为：5.

5. $(0, 3, 3,)$，$(0, -3, -3)$.

习题 6-2

1. (1) $\{2, 1, -1\}$；　(2) $\sqrt{6}$.

2. $3\boldsymbol{a} + 2\boldsymbol{b} = \{8, 7, 11\}$，$\boldsymbol{a} - 3\boldsymbol{b} = \{-1, 6, -11\}$.

3. 单位向量 $\left\{-\dfrac{1}{2}, \dfrac{1}{2}, -\dfrac{\sqrt{2}}{2}\right\}$；方向余弦：$\cos\alpha = -\dfrac{1}{2}$，$\cos\beta = \dfrac{1}{2}$，$\cos\gamma = -\dfrac{\sqrt{2}}{2}$；方向角：$\alpha = \dfrac{2}{3}\pi$，$\beta = \dfrac{\pi}{3}$，$\gamma = \dfrac{3}{4}\pi$.

4. $\cos\alpha = \cos\beta = \cos\gamma = \pm\dfrac{\sqrt{3}}{3}$.

6. $\pm\left\{-\dfrac{1}{\sqrt{30}}, \dfrac{5}{\sqrt{30}}, -\dfrac{2}{\sqrt{30}}\right\}$.

7. $A(-2, 3, 0)$.

8. 13，$7\boldsymbol{j}$.

9. $\pm\{12, 6, -4\}$.

习题 6-3

1. 9.　2. $\pm\dfrac{3}{5}$.　3. $\pm\left\{\dfrac{3}{5}, \dfrac{4}{5}, 0\right\}$.

4. (1) 3，　(2) $5\boldsymbol{i} + \boldsymbol{j} + 7\boldsymbol{k}$，　(3) -18.

5. (1) $-\dfrac{26}{3}$；　(2) $\dfrac{2}{3}$.

6. $\pm\left\{\dfrac{1}{3}, -\dfrac{2}{3}, \dfrac{2}{3}\right\}$.

7. $S_{\triangle ABC} = \sqrt{14}$.

8. $S = \sqrt{318}$.

9. (1) $\sqrt{5}$，　(2) 1，　(3) $\arccos\left(-\dfrac{1}{\sqrt{5}}\right)$.

10. $k=-5$；$\lambda=\pm\dfrac{1}{\sqrt{70}}$.

11. $-\dfrac{3}{2}$.

12. (1) $-8\boldsymbol{j}-24\boldsymbol{k}$；（2）$-\boldsymbol{j}-\boldsymbol{k}$；（3）2.

习题 6-4

1. $3x-7y+5z-4=0$.

2. $x+y-1=0$.

3. $\cos\alpha=\dfrac{1}{3}$，$\cos\beta=\dfrac{2}{3}$，$\cos\gamma=\dfrac{2}{3}$.

4. $x+y-3z-4=0$.

5. $2x-y-z=0$.

6. $x+y+z=0$.

7. (1) $y-3z=0$；（2）$y+5=0$；（3）$9y-z-2=0$；（4）$7x-z-2=0$.

习题 6-5

1. $\dfrac{x-1}{2}=\dfrac{y+2}{-3}=\dfrac{z-4}{1}$.

2. $\dfrac{x-2}{-1}=\dfrac{y-1}{1}=\dfrac{z-1}{3}$.

3. $\dfrac{x-1}{2}=\dfrac{y+2}{3}=\dfrac{z-1}{1}$.

4. $\dfrac{x-1}{4}=\dfrac{y}{-1}=\dfrac{z+2}{-3}$.

5. $16x-14y-11z-65=0$.

6. $\dfrac{\pi}{4}$.

7. $(1,2,2)$.

8. $8x-9y-22z-59=0$.

10. $4x-3y-18z-18=0$.

11. (1) 平行；（2）垂直；（3）直线在平面上.

习题 6-6

1. $4x+4y+10z-63=0$.

2. $x^2+y^2+z^2-2x-6y+4z=0$.

3. 以$(1,-2,-1)$点为球心，半径为$\sqrt{6}$的球面.

4. $y^2+z^2=5x$.

5. $4x^2-y^2-z^2=0$ 圆锥面.

6. $4x^2-9y^2-9y^2=36$　旋转双叶双曲面.

　$4x^2+4z^2-9y^2=36$　旋转单叶双曲面.

7. (1) 垂直,平面；（2）垂直,平面；（3）圆,圆柱面；

（4）双曲线,双曲柱面；（5）抛物线,抛物柱面.

习题 6-7

1. （1）圆；　（2）抛物线．

2. $\begin{cases} y^2 = 2x - 9, \\ z = 0, \end{cases}$　位一直在平面 $z = 3$ 上的抛物线．

3. $\begin{cases} 2x^2 + y^2 - 2x = 8, \\ z = 0. \end{cases}$

4. （1）$\begin{cases} 5x^2 - 3y^2 = 1, \\ z = 0; \end{cases}$

　（2）$\begin{cases} (x - 12)^2 + 20y^2 = 180, \\ z = 0; \end{cases}$

　（3）$\begin{cases} y = \pm b, \\ z = 0. \end{cases}$

综合练习 6

一、选择题

　1. B；　2. D；　3. B；　4. C；　5. C；　6. A；　7. C；　8. A；　9. D；　10. B.

二、填空题

　1. $(4, -2, -3)$；　2. $15, -\dfrac{1}{5}$；　3. 2；　4. $6x + 5y = 0$；

　5. $\dfrac{x-1}{-2} = \dfrac{y-1}{1} = \dfrac{z-1}{3}$；　6. $(x-2)^2 + (y+3)^2 + (z-5)^2 = 38$；

　7. 椭圆，椭圆柱面；　8. $4x^2 - 9(y^2 + z^2) = 36, 4(x^2 + z^2) - 9y^2 = 36$.

三、1. $(0, -8, -24)$；　2. $(0, -1, -1)$.

四、$|\overrightarrow{M_1 M_2}| = 2$；$\cos\alpha = -\dfrac{1}{2}$，$\cos\beta = \dfrac{1}{2}$，$\cos\gamma = -\dfrac{\sqrt{2}}{2}$；$\alpha = \dfrac{2}{3}\pi$，$\beta = \dfrac{\pi}{3}$，$\gamma = \dfrac{3}{4}\pi$.

五、$(x-1)^2 + (y+1)^2 - z + 4 = 0$.

六、$\dfrac{x-2}{2} = \dfrac{y-1}{-1} = \dfrac{z-3}{4}$.

七、$-11(x-4) + 30(y+3) - 2(z-1) = 0$ 或 $11x - 30y + 2z - 136 = 0$.

八、（1）曲面方程：$z^2 = 9(x^2 + y^2)$，是椭圆锥面；

　（2）曲面方程：$z = x^2 + y^2$，是旋转抛物面．

九、（1）对 xOy 面的投影柱面方程：$y^2 - 2x + 9 = 0$；

　　　对 xOy 面的投影曲线方程：$\begin{cases} y^2 - 2x + 9 = 0, \\ z = 0. \end{cases}$

　（2）对 yOz 面的投影柱面方程：$z = 3$；

　　　在 yOz 面上的投影曲线方程：$\begin{cases} z = 3, \\ x = 0. \end{cases}$

十、对 xOy 面的投影柱面方程：$y^2 + x^2 - ax = 0$；

　　对 xOy 面的投影曲线为：$\begin{cases} y^2 + x^2 - ax = 0, \\ z = 0. \end{cases}$

　　立体在 xOy 面上的的投影区域为：$\{(x, y) \mid y^2 + x^2 - ax \leqslant 0\}$，是一个圆形区域．

第7章 多元函数微分学

习题 7-1

1. $f(1, 2) = -\dfrac{3}{4}$, $f\left(\dfrac{1}{x}, \dfrac{1}{y}\right) = \dfrac{y^2 - x^2}{2xy}$, $f(y, -x) = \dfrac{x^2 - y^2}{2xy}$.

2. (1) $\{(x, y) \mid 4x^2 + y^2 \geqslant 1\}$;　(2) $\{(x, y) \mid 0 \leqslant x^2 + y^2 \leqslant 1\}$

　(3) $\{(x, y) \mid xy > 0\}$;　(4) $\{(x, y) \mid \mid x \mid + \mid y \mid \leqslant 1\}$;

　(5) $\{(x, y, z) \mid r^2 < x^2 + y^2 + z^2 \leqslant R^2\}$.

3. (1) 1;　(2) 0;　(3) 2;　(4) 2;　(5) 3;　(6) 0;　(7) -12;　(8) $\ln 2$.

5. 连续.

6. (1) 间断点为 $(0, 0)$;　(2) 间断点集为 $\{(x, y) \mid x^2 + y^2 = 1\}$.

习题 7-2

1. $f_x(x, 0) = 2x$, $f_x(1, 0) = 2$.

2. $f_x(1, \mathrm{e}) = \dfrac{1}{2}$, $f_y(1, \mathrm{e}) = \dfrac{1}{2\mathrm{e}}$.

3. (1) $\dfrac{\partial z}{\partial x} = 1 + y^2$, $\dfrac{\partial z}{\partial y} = 2xy$;　(2) $\dfrac{\partial z}{\partial x} = \dfrac{2x^3}{\sqrt{x^4 + y^2}}$, $\dfrac{\partial z}{\partial y} = \dfrac{y}{\sqrt{x^4 + y^2}}$;

　(3) $\dfrac{\partial z}{\partial x} = 2x \ln(x + 2y) + \dfrac{x^2}{x + 2y}$, $\dfrac{\partial z}{\partial y} = \dfrac{2x^2}{x + 2y}$;　(4) $\dfrac{\partial z}{\partial x} = y - \dfrac{y}{x^2}$, $\dfrac{\partial z}{\partial y} = x + \dfrac{1}{x}$;

　(5) $\dfrac{\partial z}{\partial x} = \dfrac{x^2 - y^2}{x^2 y}$, $\dfrac{\partial z}{\partial y} = \dfrac{y^2 - x^2}{xy^2}$;　(6) $\dfrac{\partial z}{\partial x} = -\dfrac{y}{x^2} \sec^2 \dfrac{y}{x}$, $\dfrac{\partial z}{\partial x} = \dfrac{1}{x} \sec^2 \dfrac{y}{x}$;

　(7) $\dfrac{\partial z}{\partial x} = y^2 (1 + xy)^{y-1}$, $\dfrac{\partial z}{\partial y} = (1 + xy)^y \left[\ln(1 + xy) + \dfrac{xy}{1 + xy}\right]$;

　(8) $\dfrac{\partial u}{\partial x} = \dfrac{x}{\sqrt{x^2 + y^2 + z^2}}$, $\dfrac{\partial u}{\partial y} = \dfrac{y}{\sqrt{x^2 + y^2 + z^2}}$, $\dfrac{\partial u}{\partial z} = \dfrac{z}{\sqrt{x^2 + y^2 + z^2}}$.

5. (1) $\dfrac{\partial^2 z}{\partial x^2} = 6xy^2$, $\dfrac{\partial^2 z}{\partial y^2} = 2x^3$, $\dfrac{\partial^2 z}{\partial x \partial y} = \dfrac{\partial^2 z}{\partial y \partial x} = 6x^2 y + 1$;

　(2) $\dfrac{\partial^2 z}{\partial x^2} = \dfrac{x + 2y}{(x + y)^2}$, $\dfrac{\partial^2 z}{\partial y^2} = \dfrac{-x}{(x + y)^2}$, $\dfrac{\partial^2 z}{\partial x \partial y} = \dfrac{\partial^2 z}{\partial y \partial x} = \dfrac{y}{(x + y)^2}$;

　(3) $\dfrac{\partial^2 z}{\partial x^2} = y^x \ln^2 y$, $\dfrac{\partial^2 z}{\partial y^2} = x(x - 1)y^{x-2}$, $\dfrac{\partial^2 z}{\partial x \partial y} = \dfrac{\partial^2 z}{\partial y \partial x} = xy^{x-1} \ln y + y^{x-1}$;

　(4) $\dfrac{\partial^2 z}{\partial x^2} = -2\cos(2x + 4y)$, $\dfrac{\partial^2 z}{\partial y^2} = -8\cos(2x + 4y)$, $\dfrac{\partial^2 z}{\partial x \partial y} = \dfrac{\partial^2 z}{\partial y \partial x} = -4\cos(2x + 4y)$.

8. (1) $U_x(x, y) = 2(x + 2)(y + 3)^2$, $U_x(x, y) = 2(x + 2)^2 (y + 3)$;

　(2) $U_x(3, 3) = 360$.

习题 7-3

1. (1) $\mathrm{d}z = (2xy + 2y)\mathrm{d}x + (x^2 + 2y + 2x)\mathrm{d}y$;

　(2) $\mathrm{d}z = \dfrac{-xy}{(x^2 + y^2)^{\frac{3}{2}}}\mathrm{d}x + \dfrac{x^2}{(x^2 + y^2)^{\frac{3}{2}}}\mathrm{d}y = \dfrac{x}{(x^2 + y^2)^{\frac{3}{2}}}(x\mathrm{d}y - y\mathrm{d}x)$;

　(3) $\mathrm{d}z = y\cos(x + 2y)\mathrm{d}x + [\sin(x + 2y) + 2y\cos(x + 2y)]\mathrm{d}y$;

(4) $dz = \left(y + \dfrac{1}{y}\right)dx + \left(x - \dfrac{x}{y^2}\right)dy$;

(5) $dz = \left(1 + \dfrac{y}{x^2 + y^2}\right)dx + \left(\dfrac{1}{2}\sin\dfrac{y}{2} - \dfrac{x}{x^2 + y^2}\right)dy$;

(6) $dz = \dfrac{2}{y}\csc\dfrac{2x}{y}\left(dx - \dfrac{x}{y}dy\right)$;

(7) $du = e^{xy+z}(y\,dx + x\,dy + dz)$;

(8) $du = \dfrac{1}{x^2 + y^2 + z^2}(x\,dx + y\,dy + z\,dz)$.

2. $\Delta z \approx -0.119$, $dz = -0.125$.

3. $\dfrac{1}{3}dx + \dfrac{2}{3}dy$.

4. 2.95.

5. 1.08.

6. $43.96\ \text{cm}^2$.

习题 7−4

1. $\dfrac{dz}{dt} = (2e^t\sin t + 3\sin^4 t)e^t + (e^{2t} + 12e^t\sin^3 t)\cos t$.

2. $\dfrac{dz}{dt} = e^t(\cos t - \sin t) + \cos t$.

3. $\dfrac{dz}{dx} = \dfrac{3(1 - x^2)}{\sqrt{1 - (3x - x^3)^2}}$.

4. $\dfrac{\partial z}{\partial x} = (x + 2y)(x - y)^2(5x + 4y)$, $\dfrac{\partial z}{\partial y} = (x + 2y)(x - y)^2(x - 10y)$.

5. $\dfrac{\partial z}{\partial x} = \dfrac{2(x - 2y)(x + 3y)}{(2x + y)^2}$, $\dfrac{\partial z}{\partial y} = \dfrac{-(x - 2y)(9x + 2y)}{(2x + y)^2}$.

6. $\dfrac{\partial z}{\partial x} = e^{xy}[y\sin(x - y) + \cos(x - y)]$, $\dfrac{\partial z}{\partial y} = e^{xy}[x\sin(x - y) - \cos(x - y)]$.

7. $\dfrac{\partial z}{\partial x} = \cos y f_1' + \sin y f_2'$, $\dfrac{\partial z}{\partial y} = -x\sin y f_1' + x\cos y f_2'$.

8. $\dfrac{\partial u}{\partial x} = f_1' + yf_2' + yzf_3'$, $\dfrac{\partial u}{\partial y} = xf_2' + xzf_3'$, $\dfrac{\partial u}{\partial z} = xyf_3'$.

9. $\dfrac{\partial^2 z}{\partial x^2} = y^2 f_{11}'' + 4xy f_{12}'' + 4x^2 f_{22}'' + 2f_2'$, $\dfrac{\partial^2 z}{\partial x \partial y} = f_1' + xy f_{11}'' + 2(x^2 + y^2)f_{12}'' + 4xy f_{22}''$.

10. $\dfrac{\partial^2 z}{\partial x \partial y} = -\dfrac{2y}{x^2}f_2' + \dfrac{2y}{x}\left(f_{12}'' - \dfrac{y^2}{x^2}f_{22}''\right)$.

11. $\dfrac{\partial^2 z}{\partial x^2} = f_{11}'' + 2yf_{12}'' + y^2 f_{22}''$.

12. $\dfrac{\partial u}{\partial x} = 2xf'$, $\dfrac{\partial u}{\partial y} = 2yf'$, $\dfrac{\partial u}{\partial z} = 2zf'$.

习题 7−5

1. $\dfrac{dy}{dx} = -\dfrac{e^y + y\cos x}{xe^y + \sin x}$.

解 令 $F(x, y) = xe^y + y\sin x$，则有

179

$$F_x = e^y + y\cos x, \quad F_y = x e^y + \sin x,$$

所以

$$\frac{dy}{dx} = -\frac{F_x}{F_y} = -\frac{e^y + y\cos x}{x e^y + \sin x}.$$

2. $\dfrac{dy}{dx} = \dfrac{x+y}{x-y}$.

3. $\dfrac{dy}{dx} = -\dfrac{y}{x}, \dfrac{d^2 y}{dx^2} = \dfrac{2y}{x^2}$.

解 令 $F(x, y) = xy + \ln y + \ln x - 1$，则有

$$F_x = y + \frac{1}{x}, \quad F_y = x + \frac{1}{y},$$

因为 $x > 0, y > 0$，故 $F_y \neq 0$，所以

$$\frac{dy}{dx} = -\frac{F_x}{F_y} = -\frac{y + \dfrac{1}{x}}{x + \dfrac{1}{y}} = -\frac{y}{x},$$

$$\frac{d^2 y}{dx^2} = -\frac{x\dfrac{dy}{dx} - y}{x^2} = -\frac{-\dfrac{y}{x}x - y}{x^2} = \frac{2y}{x^2}.$$

4. $\dfrac{\partial z}{\partial x} = \dfrac{z}{x+z}, \dfrac{\partial z}{\partial y} = \dfrac{z^2}{y(x+z)}$.

5. $\dfrac{\partial z}{\partial x} = \dfrac{y e^{-xy}}{e^z - 2}, \dfrac{\partial z}{\partial y} = \dfrac{x e^{-xy}}{e^z - 2}$.

6. $\dfrac{\partial z}{\partial x} = \dfrac{e^x - yz}{xy}, \dfrac{\partial z}{\partial y} = -\dfrac{z}{y}$.

7. $\dfrac{\partial^2 z}{\partial y \partial x} \bigg|_{(1, -2, 1)} = 2$.

8. $dz = -\dfrac{z f_1'}{x f_1' + f_2' - 1} dx + \dfrac{f_2'}{x f_1' + f_2' - 1} dy$.

9. $\dfrac{\partial z}{\partial x} = \dfrac{F_1'}{F_2'}, \dfrac{\partial z}{\partial y} = \dfrac{F_2' - F_1'}{F_2'}$.

习题 7-6

1. 极小值 $f(2, 4) = -19, f(-2, -4) = -19$.

2. 极大值：$f(2, -2) = 8$.

3. -5.

4. 极小值：$z\left(\dfrac{ab^2}{a^2 + b^2}, \dfrac{a^2 b}{a^2 + b^2}\right) = \dfrac{a^2 b^2}{a^2 + b^2}$.

5. 当两条直角边为 $\dfrac{\sqrt{2}}{2} l$ 时，有周长最大.

6. 当长、宽都是 $\sqrt[3]{2a}$，高为 $\dfrac{1}{2} \sqrt[3]{2a}$ 时，表面积最小.

7. A 原料 100 吨，B 原料 25 吨.

8. (1) $x = 3$(台)，$y = 2$(台)，11 万元；

(2) $x = 5$(台)，$y = 3$(台)，28 万元.

9. 生产 120 件产品Ⅰ，80 件产品Ⅱ时获得的利润最大.

10. $Q_1 = 13$，$Q_2 = 26$.

综合练习 7

一、选择题

1. D； 2. D； 3. B； 4. C； 5. D； 6. D.

二、填空题

1. $\{(x，y) \mid x^2 + y^2 < 4，2x > y^2\}$； 2. $2(x - y)f'_1 + 5f'_2$.

3. 1.   4. -1.

5. $du = \dfrac{2}{x^2 + y^2 + z^2}(x\,dx + y\,dy + z\,dz)$.

6. $-\dfrac{1}{xy}$.   7. $(1, -1)$.

三、计算题

1. $f_y(1，1) = \cos 1 - \dfrac{1}{2}$， $f_x(1，1) = \dfrac{1}{2} + \cos 1$.

2. $dz = -\dfrac{y e^{-xy}}{e^{-z} + 2}dx - \dfrac{x e^{-xy}}{e^{-z} + 2}dy$.

3. $\dfrac{\partial z}{\partial x} = f'_1 + 2x f'_2$， $\dfrac{\partial z}{\partial y} = 2f'_1 - 2y f'_2$， $\dfrac{\partial^2 z}{\partial x \partial y} = 2f''_{11} - (2y - 4x)f''_{12} - 4xy f''_{22}$.

4. $\dfrac{\partial z}{\partial x} = e^{xy}[y\sin(x + y) + \cos(x + y)]$， $\dfrac{\partial z}{\partial y} = e^{xy}[x\sin(x + y) + \cos(x + y)]$.

5. $Z_{xy} = \dfrac{z^5 - 2xyz^3 - x^2y^2z}{(z^2 - xy)^3}$.

6. $\dfrac{\partial z}{\partial x} = 2x\sin y\, f'_1 + y e^{xy} f'_2$， $\dfrac{\partial z}{\partial y} = x^2\cos y\, f'_1 + x e^{xy} f'_2$.

四、应用题

1. 函数 $f(x，y)$ 在点 $(0，0)$ 处有极大值 $f(0，0) = 3$.

2. 最大利润为 $L(8，4) = 605$(万元).

3. 当 $Q_1 = 6$(吨)，$Q_2 = 2$(吨)时利润最大，此时售价为 $P = 56$(万元/吨).

第 8 章 多元函数积分学

习题 8-1

1. $I_1 = 4I_2$.

2. (1) $I_1 \geqslant I_2$； (2) $I_1 < I_2$； (3) $I_1 < I_2$.

3. (1) $2 \leqslant I \leqslant 8$； (2) $ab\pi \leqslant I \leqslant ab\pi e^{a^2}$； (3) $0 \leqslant I \leqslant \pi^2$.

习题 8-2

1. (1) $\displaystyle\int_1^2 dx \int_1^x f(x，y)dy$ 或 $\displaystyle\int_1^2 dy \int_y^2 f(x，y)dx$；

(2) $\displaystyle\int_{-1}^1 dx \int_{x-1}^{1-x} f(x，y)dy$ 或 $\displaystyle\int_{-1}^0 dy \int_0^{1+y} f(x，y)dx + \int_0^1 dy \int_0^{1-y} f(x，y)dx$；

(3) $\int_0^1 dx \int_{x^2}^{\sqrt{x}} f(x, y) dy$ 或 $\int_0^1 dy \int_{y^2}^{\sqrt{y}} f(x, y) dx$;

(4) $\int_1^2 dx \int_0^{\ln x} f(x, y) dy$ 或 $\int_0^{\ln 2} dy \int_{e^y}^2 f(x, y) dx$;

(5) $\int_{-3}^3 dx \int_0^{\sqrt{9-x^2}} f(x, y) dy$ 或 $\int_0^3 dy \int_{-\sqrt{9-y^2}}^{\sqrt{9-y^2}} f(x, y) dx$.

2. (1) 8; (2) $\dfrac{45}{8}$; (3) $-\dfrac{3}{2}\pi$; (4) $e - \dfrac{1}{e}$; (5) $\dfrac{9}{4}$; (6) $\dfrac{29}{15}$;

(7) $\dfrac{1}{4}(e^{b^2} - e^{a^2})(e^{d^2} - e^{c^2})$; (8) $\dfrac{3}{2}$.

3. (1) $\int_0^1 dy \int_0^{\sqrt{y}} f(x, y) dx$; (2) $\int_1^e dx \int_0^{\ln x} f(x, y) dy$;

(3) $\int_{\sqrt{2}}^{\sqrt{3}} dy \int_0^{\sqrt{y^2-2}} f(x, y) dx + \int_{\sqrt{3}}^2 dy \int_0^{\sqrt{4-y^2}} f(x, y) dx$;

(4) $\int_0^1 dy \int_{\sqrt{y}}^{2-y} f(x, y) dx$; (5) $\int_0^2 dy \int_{\frac{1}{2}y}^y f(x, y) dx + \int_2^4 dy \int_{\frac{1}{2}y}^2 f(x, y) dx$;

(6) $\int_0^{\frac{1}{2}} dx \int_{x^2}^x f(x, y) dy$; (7) $\int_0^1 dy \int_{1-\sqrt{1-y^2}}^{2-y} f(x, y) dx$;

(8) $\int_1^2 dx \int_{2-x}^{\sqrt{2x-x^2}} f(x, y) dy$.

5. $\dfrac{4}{3}$. 6. $\dfrac{5}{6}$.

习题 8–3

1. (1) $\int_0^{2\pi} d\theta \int_1^3 f(\rho\cos\theta, \rho\sin\theta)\rho d\rho$; (2) $\int_0^\pi d\theta \int_0^{2\sin\theta} f(\rho\cos\theta, \rho\sin\theta)\rho d\rho$;

(3) $\int_{\frac{\pi}{4}}^{\frac{3\pi}{4}} d\theta \int_{\frac{R}{\sin\theta}}^{2R\sin\theta} f(\rho\cos\theta, \rho\sin\theta)\rho d\rho$; (4) $\int_0^{\frac{\pi}{2}} d\theta \int_{\frac{1}{\sin\theta+\cos\theta}}^1 f(\rho\cos\theta, \rho\sin\theta)\rho d\rho$.

2. (1) $\int_0^{\frac{\pi}{4}} d\theta \int_0^{\sec\theta} f(\rho\cos\theta, \rho\sin\theta)\rho d\rho$; (2) $\int_0^{\frac{\pi}{2}} d\theta \int_0^R f(\rho\cos\theta, \rho\sin\theta)\rho d\rho$;

(3) $\int_0^{\frac{\pi}{2}} d\theta \int_0^{2\sin\theta} f(\rho\cos\theta, \rho\sin\theta)\rho d\rho$; (4) $\int_{\frac{\pi}{4}}^{\frac{\pi}{3}} d\theta \int_{\sec\theta}^{2\sec\theta} f(\rho)\rho d\rho$.

3. (1) $\dfrac{8}{15}$; (2) $\dfrac{\pi}{18}$; (3) $\sqrt{2} - 1$; (4) $\dfrac{8}{3}\left(\dfrac{\pi}{2} - \dfrac{2}{3}\right)$.

4. (1) $\dfrac{\pi}{4}(2\ln 2 - 1)$; (2) $\dfrac{\pi}{2} - \ln 2$; (3) $-6\pi^2$; (4) $14a^4$.

5. (1) $\dfrac{45}{8}$; (2) $\dfrac{\sqrt{2}}{3} - \dfrac{1}{3}$; (3) $\dfrac{\pi}{4}(2\ln 2 - 1)$; (4) $\dfrac{\pi}{8}a^4$.

综合练习 8

一、选择题

1. C; 2. C; 3. B; 4. D; 5. A; 6. B; 7. B; 8. D; 9. B; 10. C.

二、填空题

1. $\dfrac{3}{2}$; 2. 3π; 3. $\dfrac{1}{3}$; 4. 8; 5. $\dfrac{1}{e}$; 6. 3;

7. $\int_0^1 dx \int_x^{2-x} f(x, y) dy$; 8. $\int_0^1 dy \int_{\sqrt{y}}^{\sqrt{4-y}} f(x, y) dx + \int_1^3 dy \int_1^{\sqrt{4-y}} f(x, y) dx$;

9. $\int_0^{2\pi} d\theta \int_a^b f(r\cos\theta, r\sin\theta) r\,dr$;   10. 15π.

三、计算题

1. $\dfrac{9}{4}$;   2. $\dfrac{\pi}{4}(2\ln 2 - 1)$;   3. $\dfrac{e^4 - 1}{2}$;   4. $\dfrac{1}{3}(\sqrt{2} - 1)$;

5. $\dfrac{1}{2}$;   6. $\dfrac{3}{2}$;   7. $\dfrac{8}{3}\left(\dfrac{\pi}{2} - \dfrac{2}{3}\right)$;   8. $\dfrac{\pi}{4}(2\ln 2 - 1)$.

习题 9-1

1. (1) 收敛, 和为 1; (2) 发散; (3) 收敛, 和为 2; (4) 发散.

2. (1) 发散; (2) 发散; (3) 收敛, 和为 $\dfrac{1}{2}$; (4) 收敛, 和为 $\dfrac{8}{3}$; (5) 发散.

3. 提示: 利用反证法.   4. 提示: 利用性质.   5. A.

习题 9-2

1. (1) 发散; (2) 收敛; (3) 发散; (4) 发散; (5) 收敛;

   (6) 发散; (7) 收敛; (8) 收敛; (9) 收敛; (10) 发散.

2. (1) 收敛; (2) 发散; (3) 发散; (4) 收敛; (5) 发散;

   (6) 收敛; (7) 发散; (8) 收敛.

3. (1) 条件收敛; (2) 绝对收敛; (3) 条件收敛; (4) 绝对收敛;

   (5) 绝对收敛; (6) 条件收敛; (7) 绝对收敛.

4. D.

习题 9-3

1. (1) $R = 1$, $(-1, 1]$;   (2) $R = +\infty$, $(-\infty, +\infty)$;   (3) $R = 0$, $\{1\}$;

   (4) $R = 1$, $[-1, 1]$;   (5) $R = 2$, $(0, 4)$;   (6) $R = 1$, $(2, 4)$.

2. (1) $\dfrac{1}{(1-x)^2}$, $(-1, 1)$;   (2) $-\ln(1-x)$, $[-1, 1)$;

   (3) $\begin{cases} -\dfrac{1}{x}\ln(1-x), & \text{当} -1 \leqslant x < 0 \text{ 或 } 0 < x < 1, \\ 1, & \text{当} x = 0. \end{cases}$

3. $f'(x) = \displaystyle\sum_{n=1}^{\infty} \frac{2n(n+1)}{3^n} x^{2n-1}$, $x \in (-\sqrt{3}, \sqrt{3})$;

   $\displaystyle\int_0^x f(t)\,dt = \sum_{n=1}^{\infty} \frac{n+1}{(2n+1) \cdot 3^n} x^{2n+1}$, $x \in (-\sqrt{3}, \sqrt{3})$.

4. $f(x) = \dfrac{1}{2}\ln\dfrac{1+x}{1-x}$, $x \in (-1, 1)$; $\displaystyle\sum_{n=1}^{\infty} \frac{1}{(2n-1) \cdot 2^n} = \frac{\sqrt{2}}{2}\ln(1+\sqrt{2})$.

5. 收敛域 $[-1, 1]$,

   和函数 $S(x) = \begin{cases} \dfrac{\arctan x}{x} + \dfrac{1}{x}\ln\dfrac{2+x}{2-x}, & x \in [-1, 0) \cup (0, 1], \\ 2, & x = 0. \end{cases}$

习题 9-4

1. (1) $\displaystyle\sum_{n=0}^{\infty} (-1)^n \frac{x^{2n}}{n!}$, $x \in (-\infty, +\infty)$;   (2) $-\displaystyle\sum_{n=1}^{\infty} \frac{2 + (-1)^n}{n} x^n$, $x \in (-1, 1)$;

(3) $\displaystyle\sum_{n=1}^{\infty}(-1)^{n+1}\frac{2^{2n-1}}{(2n)!}x^{2n}$, $x\in(-\infty,+\infty)$;

(4) $\displaystyle\sum_{n=0}^{\infty}\frac{1}{3}\left[1+\frac{(-1)^n}{2^{n+1}}\right]x^{n+1}$, $x\in(-1,1)$;

(5) $\displaystyle\sum_{n=0}^{\infty}(-1)^n\frac{x^{2n+1}}{2n+1}$, $x\in[-1,1]$.

2. $\ln 2+\displaystyle\sum_{n=1}^{\infty}\frac{(-1)^{n-1}}{n\cdot 2^n}(x-2)^n$, $x\in(0,4]$.

3. $\dfrac{1}{2}\displaystyle\sum_{n=0}^{\infty}(-1)^n\left[\frac{\left(x+\frac{\pi}{3}\right)^{2n}}{(2n)!}+\sqrt{3}\frac{\left(x+\frac{\pi}{3}\right)^{2n+1}}{(2n+1)!}\right]$, $x\in(-\infty,+\infty)$.

4. $-\dfrac{1}{5}\displaystyle\sum_{n=0}^{\infty}\left[\frac{1}{3^{n+1}}+\frac{(-1)^n}{2^{n+1}}\right](x-1)^n$, $x\in(-1,3)$.

习题 9-5

1. (1) 3.004 9；　(2) 0.693 1.　2. (1) 0.494 0；　(2) 0.520 5.　3. 3 980 万元.

综合练习 9

一、1. C.　2. B.　3. B.　4. C.　5. D.
6. C.　7. A.　8. B.　9. D.　10. D.

二、1. $\dfrac{1}{2}$.　2. $\dfrac{3}{2}$.　3. 2.　4. 2e.　5. $p<1$.
6. 收敛.　7. $A-S$.　8. 4.　9. $(-2,2)$.　10. $(-\infty,+\infty)$.

三、1. (1)收敛；　(2) 收敛；　(3) 发散；　(4) 收敛；
(5) 发散；　(6) 发散；　(7) 收敛.
2. 条件收敛.　3. 条件收敛.　4. 条件收敛.　5. 绝对收敛.
6. $(-1,1]$.　7. $[-3,3)$.　8. $s(x)=\left(\dfrac{x}{1-x}\right)'=\dfrac{1}{(1-x)^2}$, $x\in(-1,1)$.

第 10 章　微分方程和差分方程

习题 10-1

1. (1) 一阶；　(2) 二阶；　(3) 一阶；　(4) 三阶.
2. (1) 是,特解；　(2) 是,通解；　(3) 是,特解；　(4) 是,通解.
3. $y=(1+x)e^{-2x}$.
4. $y=2\cos\omega x$.
5. $y=x^2-1$.
6. $Q=300e^{-2P}$.
7. $\dfrac{\mathrm{d}P}{\mathrm{d}t}=k[Q(P)-S(P)]$.

习题 10-2

1. (1) $y=Ce^{x^2}$；　(2) $y=C\sin x$；
(3) $y=Ce^{e^{2x}}$；　(4) $y=e^{Cx}$；

(5) $y = \sin(\arcsin x + C)$;　　　(6) $e^{-y} = 1 - Cx$;

(7) $y = x e^{Cx+1}$;　　　　　(8) $\ln|y| = \dfrac{y}{x} + C$;

(9) $y = -x\ln(-\ln|x| + C)$;　　　(10) $x\sin\dfrac{y}{x} = C$;

(11) $y = x^2\left(\dfrac{2}{3}x^{\frac{3}{2}} + C\right)$;　　　(12) $y = e^{-x^2}(2x + C)$;

(13) $y = \dfrac{1}{x}(\sin x + C)$;　　　(14) $y = C\sec x + \dfrac{x}{2}\sec x + \dfrac{1}{2}\sin x$;

(15) $x = \dfrac{1}{2}y^2 + Cy^3$;　　　(16) $x = \dfrac{1}{y}\left(\dfrac{1}{4}y^4 + C\right)$.

2. (1) $y = \dfrac{1}{2}\ln\left(\dfrac{2}{5}e^{5x} + \dfrac{3}{5}\right)$;　　　(2) $y + \dfrac{y^3}{3} - x\ln x + x = 1$;

(3) $y^2 = 2x^2 + 1$;　　　(4) $y^2 = 2x^2(\ln|x| + 1)$;

(5) $e^{-\frac{y}{x}} = \ln\dfrac{1}{x} + 1 = \ln\dfrac{e}{x}$;　　　(6) $y = -\dfrac{1}{x}(x+1)e^{-x} + \dfrac{2}{xe}$;

(7) $y = -\csc x(e^{\cos x} + 1)$;　　　(8) $y = \dfrac{1}{2}x^3(1 - e^{\frac{1-x^2}{x^2}})$.

3. $xy = 15$.

4. $P = 100e^{-\frac{1}{2}Q^2}$.

5. $f(x) = x - \dfrac{1}{2} + \dfrac{1}{2}e^{-2x}$.

6. (1) $y^3(Ce^x - 2x - 1) = 1$;　　　(2) $y(Ce^x - \sin x) = 1$;

(3) $y\left(Ce^{-\frac{3}{2}x^2} - \dfrac{1}{3}\right) = 1$;　　　(4) $yx\left[C - \dfrac{1}{2}(\ln x)^2\right] = 1$.

习题 10-3

1. (1) $y = \dfrac{1}{2}x^2\ln x - \dfrac{3}{4}x^2 + C_1 x + C_2$;　　　(2) $y = \dfrac{1}{8}\cos 2x + \dfrac{C_1}{2}x^2 + C_2 x + C_3$;

(3) $y = \cos(x - C_1) + C_2$;　　　(4) $y = C_1 e^x - \dfrac{1}{2}x^2 - x + C_2$;

(5) $y = C_1\ln x + C_2$;　　　(6) $y = C_2 e^{C_1 x}$;

(7) $C_1 y^2 - 1 = (C_1 x + C_2)^2$;　　　(8) $y = \arcsin(C_2 e^x) + C_1$.

2. (1) $y = x\arctan x - \ln\sqrt{1 + x^2} + x + 1$;　　　(2) $y = -\ln(1 - x)$;

(3) $y = \dfrac{4}{(x-5)^2}$;　　　(4) $y = \left(\tan x + \dfrac{\pi}{4}\right)$;

(5) $y = \left(\dfrac{1}{2}x + 1\right)^4$.

3. $y = \dfrac{1}{6}x^3 + 2x + 1$.

习题 10-4

1. $y = C_1 e^{x^2} + C_2 x e^{x^2}$.

3. (1) $y = C_1 e^{2x} + C_2 e^{-4x}$;　　　　　(2) $y = (C_1 + C_2 x)e^{3x}$;

(3) $y = e^{-x}(C_1\cos 2x + C_2\sin 2x)$；　　　　(4) $y = e^{\frac{5}{2}x}(C_1 + C_2 x)$；

(5) $y = e^{-x}(C_1\cos\sqrt{2}x + C_2\sin\sqrt{2}x)$；　　(6) $y = e^{\frac{5}{2}x}(C_1 + C_2 x)$．

4. (1) $y = 2\cos 5x + \sin 5x$；　　　　　　　(2) $y = 4e^x + 2e^{3x}$；

(3) $y = (2 + x)e^{-\frac{1}{2}x}$．

5. (1) $y = C_1 e^{3x} + C_2 e^{4x} + \dfrac{1}{2}x - \dfrac{1}{8}$；　　(2) $y = C_1\cos ax + C_2\sin ax + \dfrac{e^x}{1 + a^2}$；

(3) $y = e^{3x}\left(C_1 + C_2 x + \dfrac{1}{2}x^2 + \dfrac{1}{6}x^3\right)$；　　(4) $y = C_1 e^x + C_2 e^{-x} + \dfrac{1}{2}x(x - 1)e^x$；

(5) $y = e^x(C_1\cos 2x + C_2\sin 2x) - \dfrac{1}{4}x e^x\cos 2x$；

(6) $y = C_1 e^x + C_2 e^{-2x} - \dfrac{6}{5}\cos 2x + \dfrac{2}{5}\sin 2x$；

(7) $y = C_1 e^{-x} + C_2 e^x + \dfrac{1}{5}\cos 2x - 1$；

(8) $y = C_1 e^x + C_2 e^{-x} + \dfrac{1}{2}x(x - 1)e^x - \dfrac{4}{25}\cos 2x - \dfrac{1}{5}x\sin 2x$．

6. (1) $y = -5e^x + \dfrac{7}{2}e^{2x} + \dfrac{5}{2}$；

(2) $y = -\cos x - \dfrac{1}{3}\sin x + \dfrac{1}{3}\sin 2x$；

(3) $y = e^x - e^{-x} + x(x - 1)e^x$．

7. $f(x) = \dfrac{1}{2}(\cos x + \sin x + e^x)$．

习题 10-5

1. (1) $\Delta y_t = -2\sin\left(t + \dfrac{1}{2}\right)\sin\dfrac{1}{2}$；

(2) $\Delta y_t = e^{2t}(e^2 - 1)$，$\Delta^2 y_t = e^{2t}(e^2 - 1)^2$；

(3) $\Delta y_t = 6t - 1$，$\Delta^2 y_t = 6$，$\Delta^3 y_t = 0$；

(4) $\Delta^2 y_t = \ln\dfrac{t^2 + 2t}{t^2 + 2t + 1}$．

3. (1) 五阶；　(2) 四阶；　(3) 三阶；　(4) 六阶；　(5) 二阶．

4. $y_t = C_1 + \dfrac{C_2}{t + 1}$（$C_1$，$C_2$ 为任意常数）．

5. $C_1 = -4$，$C_2 = 4$．

6. (1) $y_t = C\left(\dfrac{2}{3}\right)^t$；　　　　　　　(2) $y_t = C\left(-\dfrac{5}{7}\right)^t$；

(3) $y_t = C + t^2 - 2t$；　　　　　　(4) $y_t = C \cdot 2^t + 2^t \cdot t\left(t - \dfrac{1}{2}\right)$；

(5) $y_t = C \cdot (-1)^t + 2^t\left(\dfrac{1}{3}t - \dfrac{2}{9}\right)$；　(6) $y_t = C \cdot 2^t - 9 - 6t - 3t^2 + 2^t \cdot t\left(t - \dfrac{1}{2}\right)$．

7. (1) $y_t = 5 \cdot 6^t$；　　　　　　　　(2) $y_t = 2 \cdot \left(\dfrac{1}{3}\right)^t$；

(3) $y_t = 10 \cdot 2^t - 9 - 6t - 3t^2$；　　(4) $y_t = 1 + \dfrac{1}{2}t + \dfrac{1}{2}t^2$；

(5) $y_t = 2\left(\dfrac{1}{2}\right)^t + 3\left(\dfrac{3}{2}\right)^t$.

综合练习 10

一、选择题

1. C; 2. A; 3. A; 4. B; 5. A; 6. B; 7. B; 8. B; 9. C; 10. C.

二、填空题

(1) 2 023;   (2) $\int g(y)\mathrm{d}y$;

(3) $(x + C)\cos x$;   (4) $\dfrac{x^4}{12} + C_1 x + C_2$;

(5) $C_1 \mathrm{e}^{3x} + C_2 \mathrm{e}^{-2x}$;   (6) $(C_1 + C_2 x)\mathrm{e}^{3x}$;

(7) $C_1 \mathrm{e}^{C_2 x}$;   (8) $\dfrac{\mathrm{e}^{2x}}{8} + \sin x + C_1 x^2 + C_2 x + C_3$.

三、 1. $y = ax + \dfrac{c}{\ln x}$.

2. $x = \dfrac{y^2}{2} + cy^3$.

3. $x + 2y\mathrm{e}^{\frac{x}{y}} = c$.

4. $y = c_1 \mathrm{e}^x - \dfrac{1}{2}x^2 - x + c_2\, y' + 1$.

5. $x = (c_1 + c_2 t)\mathrm{e}^{\frac{5t}{2}}$.

6. $y = C_1 \sin x + C_2 \cos x + \left(\dfrac{1}{2}x^2 - x + \dfrac{1}{2}\right)\mathrm{e}^x$.

7. $x(1 + 2\ln y) - y^2 = 0$.

8. $y = x\mathrm{e}^{-x} + \dfrac{1}{2}\sin x$.

四、 1. $\varphi(x) = \cos x + \sin x$.

2. $y = x - x\ln x$.

参 考 文 献

［1］同济大学应用数学系. 高等数学(第六版)［M］. 北京：高等教育出版社,2002.

［2］赵树嫄. 微积分［M］. 北京：中国人民大学出版社,1988.

［3］唐晓文,赵利彬,张文军. 高等数学［M］. 牡丹江：黑龙江朝鲜民族出版社,1999.

［4］傅英定,谢云荪. 微积分［M］. 北京：高等教育出版社,2003.

［5］龚德恩,范培华. 微积分(第二版)［M］. 北京：高等教育出版社,2012.

［6］吴赣昌. 高等数学(理工类)第三版［M］. 北京：中国人民大学出版社,2009.

［7］赵利彬. 高等数学 第2版［M］. 上海：同济大学出版社,2010.

［8］杨海涛. 高等数学 第2版［M］. 上海：同济大学出版社,2010.

［9］田秋野,侯明华. 高等数学：经济管理类［M］. 北京：北京大学出版社,2004.

［10］唐晓文,高等数学［M］. 上海：同济大学出版社,2012.